スパイス百科

起源から効能、利用法まで

日本薬科大学　丁宗鐵 編著

丸善出版

はじめに

　私は漢方専門医として長年医療や医学研究・教育の現場に携わり、漢方生薬の認知・普及にも取り組んで参りました。漢方の領域発展を願う者の一人として、漢方および漢方生薬への理解が深まってきていることは、実に喜ばしく思っています。

　漢方薬に使われる生薬は、栽培方法や薬理活性、臨床応用について研究が重ねられ、それぞれについての文献も多数著されてきました。生薬に使われている植物には、古くから民間医療に用いられているハーブも多く、ハーブを用いた植物療法が日常的なセルフケアとして認知・活用されている国・地域があります。また料理を引き立て、風味づけには欠かせないスパイス類にも気分をリラックスさせたり、気持ちを高揚させたりするものが数多く存在します。

　ところが同じ植物由来のものであっても、スパイスやハーブ類については、料理に加える材料として、あるいは調理時の使い方を解説するレシピ本などは数多ありますが、薬理活性や臨床応用についての説明を詳しく書いたものはこれまであまりありませんでした。またそのような記載・記述があったとしても、科学的な根拠がはっきりしないなど、玉石混交としているのが現状です。これをいま改めて整理し定義して、漢方薬として使われる生薬と同じレベルで、科学的な観点からもう一度見直す必要があるのではないか、と考えました。

　そこで、本書では漢方学的な見地と健康増進に役立つ利用方法の両面から、それぞれのスパイス・ハーブが持つ力を明らかにしていくことを心掛け、まとめていきました。

　漢方薬は、その人の体質や現在の症状に合わせて複数の生薬を調合し、病態には穏やかに作用しながら全体的に良い状態へ導いていく処方を目指しますが、スパイスやハーブはもっと気楽に生活の中に取り入れることができます。好きな香りで気分を整えたり、食が進まないときにはエスニックなテイストのスパイスを料理に加えてみたりすることも、体調管理に役立つでしょう。それぞれの味や香りは穏やかでも、複数を組み合わせると途端にパンチのある風味が加わるところは、漢方薬の特長である"複合薬理"ともよく似ています。

　本書がカレーをはじめとするスパイス・ハーブ料理に興味をお持ちの方、栄養学を勉強している人、薬膳の専門家・薬剤師、植物薬理に関する研究者の方々にとっての必携書となることを期待しています。

平成 29 年 12 月吉日

日本薬科大学 学長　丁　宗鐵

編集委員・執筆者一覧

目　　次

コラム

付　録

謝　辞

※写真提供：ハウス食品グループ本社株式会社

概　説

第1章
スパイスの定義・歴史と分類

インド・デリーの，世界最大級のスパイス市場．

1 スパイスとは

　日本語で香辛料と訳されるスパイスは，「食品の調理のために用いる芳香性と刺激性を持った植物（全日本スパイス協会ホームページより抜粋）」と定義されています．さらに厳密に分類すると，植物体のうち茎と葉と花は「ハーブ」や「野菜」として利用され，それ以外の部分である種子や果皮・果実が「スパイス」とされるのですが，現在そこに明確な線引きはありません．スパイスは，主に乾燥させた種子や果実，いわゆる『シーズ』と呼ばれるものが主であり，おなじみのコショウ（ブラックペッパー・ホワイトペッパー）は蔓性植物の「果実」を乾燥させたものとなります．これをホール（粒）状のまま，あるいは細かく粉砕して調理などに利用します．甘くスパイシーな香りを持つシナモンは，その芳香に霊的な力があると信じられて，古くから宗教儀式や医療にも用いられてきた歴史があります．これも，原料となっているのはクスノキ科の常緑樹の「樹皮」です．また，薬味として利用されるショウガはショウガ科多年草の「地下根茎」です．このように，植物のさまざまな部位が持つ特性を，食材の臭み消しや防腐・抗菌効果に用いたり，料理のおいしさを引き立てる

香りや色，辛みなどの風味付け・色付けに用いたりするものすべてを，スパイスと呼ぶのが正しいのかもしれません．

2 スパイスの歴史

　スパイスを効かせた料理，というと文明的な香りがしますが，意外にも人類がスパイスを生活の中に取り入れ利用してきた歴史は長いのです．紀元前7000年には南米の山岳地帯でカイエンヌ（トウガラシ）が栽培されていたことが明らかとなっていますし，インドでは紀元前3000年頃はすでに黒コショウやクローブなどが使われていたことが記録に残っています．日本においても，奈良・正倉院の御物（光明皇后が60種の薬物を東大寺大仏に献納した際の目録「種々薬帳」）に，「胡椒（コショウ）」やクローブ，「桂心（＝桂皮，シナモン）」の名が残っていたことから，少なくとも700年代にはスパイスが伝来したと考えられます．古代の人々は，刺激的な香りや味を持つスパイスを，調理や食材の保存だけでなく，けがや病気を防ぎ治療する医療用あるいは呪術・信仰に有益なものとしても利用しました．これは，食品の腐敗を防ぐ防腐効果や，虫やハエが嫌う揮発成分や芳香成分などの効果を経験から学び取り伝承してきた知恵であり，味や香りといった実体のつかめないものへの畏怖でもあったと考えられます．

　さて，インドおよび東南アジア諸国で栽培されたスパイス類は，アラブやフェニキアの商人たちによって陸路で西へと運ばれ，ギリシャや地中海沿岸地域にスパイス文化をもたらしました．そしてさらに海路を通じ，ヨーロッパ地域へと広まっていったのです．しかし相当の日数を費やし，人手を介して運ばれてきたスパイスは貴重品であり，調理にふんだんに使えるということはありませんでした．とりわけ肉類の保存に珍重された黒コショウ（ブラックペッパー）は，金と同じ価値があるものとして通貨の役割を担っていたこともあり，ギリシャの上流階級の人たちは純銀製のポット（壺）に入れて大切に扱っていました．

　人々の生活で欠かせないものとなったスパイスは貿易の主要な取引品目となり，商人たちはスパイスを求めて，アジア各地や新大陸へと進出していきました．その結果，生産に適した土地は次々とヨーロッパの国々のプランテーションとなっていくのですが，これによって，新しいスパイスが発見されたり，さまざまな地域にスパイスの利用方法が広まったりして，スパイスは私たちの生活に身近で不可欠な存在となっていきました．

3 スパイスの分類

　世界に数百あるといわれるスパイスは，料理に香りや辛みといった風味をつけたり，あるいは食材の臭みや独特な匂いを中和させたり，料理や食材を鮮やかに着色するなど，さまざまな用途・目的で使い分けられています．

　以下に，利用部位・栽培採取される国や地域・使い方・体への作用，での分類を表記します．

● 利用部位による分類

　原料となる植物の利用部位によって，そのスパイスの特性を知ることができます．独特で揮発性のある香りを持ち味とするスパイスは「種子・果実」に多く，ハーブとしてそのまま生食できるものは「葉・茎葉」，風味付けにトッピングして使えるスパイスは「果皮」や「花穂」「花蕾」などに多いことがわかります．

A　種子・果実を乾燥させたもの
　アサノミ，コショウ，フェンネル，花椒，クミン，カルダモン，ゴマ，サンショウ，スターアニス，ジュニパーベリー，トウガラシなど

B　葉・茎葉の生葉または乾燥させたもの
　フェンネル（葉），クレソン，セージ，スペアミント，タイム，チャービル，ドクダミ，ヨモギなど

C　植物の根茎・鱗茎部を生のまま，あるいは乾燥させたもの
　ワサビ，ショウガ，ニンニク，ガランガル，カンゾウ，ホースラディッシュなど

D　そのほか(樹皮，果皮，種皮，花蕾，花穂，花柱・めしべ，花萼，種子の仁など)
　シソ，セイボリー，ケーパー，サフラン，クローブ，シナモン，ナツメグ，ヒソップ，ユズ，メースなど

| 実 | 【ペパー】【オールスパイス】【カルダモン】ペパー（黒コショウ、白コショウ）、オールスパイス、レッドペパー（唐辛子）、パプリカ、カルダモン、サンショウ | 花 | 【サフラン】サフラン（めしべ） |
| | | つぼみ | 【クローブ】クローブ |

種
ディルシード、カルダモンシード、セロリシード、フェンネルシード、フェヌグリークシード、コリアンダーシード
（上記は、種＝シード以外もスパイスとして使っています）
【フェンネル】【コリアンダー】

クミン、ポピー、キャラウェイ、マスタード（からし）、ゴマ、アジョワン
【キャラウェイ】

葉・茎
【セージ】【ローズマリー】【オレガノ】
セージ、タラゴン、ローズマリー、ローリエ（＝ベイリーフ、月桂樹の葉）バジル、タイム、パセリ、マジョラム、オレガノ、ミント類（スペアミント、ペパーミント、ほか）

樹皮
【シナモン】シナモン

根茎
【ガーリック】【ワサビ】
ジンジャー（ショウガ）
ガーリック（ニンニク）
ターメリック（ウコン）
ホースラディッシュ（西洋ワサビ）
ワサビ

その他
【メース】【ナツメグ】
種子の周りの網目状の赤い皮の部分がメース
赤い皮の内側の、黒い種子を割った中の部分がナツメグ
メース（種の周りの仮種皮）
ナツメグ（種の中の仁の部分）

ハウス食品「ハウスの出張授業」HP を一部改変

●国・地域による分類

　スパイスとなる植物の多くが熱帯性のため，現在も温帯〜亜熱帯地域にある主要産地から世界の国々へ輸出されています．日本で使われているスパイスも，ほぼすべてが外国産となり，インドやアジア各国からやってきています．

いろいろな国からスパイスがやってくる

● アジア・オセアニア地域のスパイス

　世界一のスパイス王国であるインドをはじめ，タイやベトナム，スリランカ，インドネシアなどのスパイス量産地域では，栽培される種類・量も多く，調理の味付けにスパイスを多用するのが特徴でもあります．多民族の移民が文化を創りあげてきたオセアニアでは，ヨーロッパ各国の味とともにさまざまなスパイスも持ち込まれ，活用されてきました．

アジア・オセアニア地域を主要産地とするスパイス・ハーブ

アニス，ターメリック，シナモン，カルダモン，ゴマ，クローブ，コショウ，シソ，サンショウ，ショウガ，スターアニス，ナツメグ

●アメリカ大陸のスパイス

　15世紀末のコロンブス「新大陸」発見以前から，中南米の先住民インディオたちはチリ（トウガラシ）を利用していました．その後，ヨーロッパに持ち帰られると商人たちによって世界中へと伝わり，各地方で品種改良が行われてその国の気候風土に応じた栽培種が作られていきました．

アメリカ大陸を主要産地とするスパイス・ハーブ

オールスパイス，コショウ，ジュニパーベリー，ミント，チャービル，トウガラシ，ガーリック，バニラ，ベルガモット，マスタード

●ヨーロッパ地域のスパイス

　ヨーロッパでも偏西風がもたらす温暖な気候に恵まれた地中海沿岸地方では，ハーブ類の栽培が盛んに行われ，それらを使った料理のレパートリーも数多くあります．ローマ帝国時代に南ヨーロッパや西アジアから持ち込まれたハーブ文化は北方へも次第に広がり，中世14〜15世紀のイギリスでは，ベリー類，タイム，ミントからバラ，サフランまで多品種のハーブが植栽されていました．

ヨーロッパを主要産地とするスパイス・ハーブ

アンゼリカ，エシャロット，オレガノ，カモミール，カレープラント，キャラウェイ，クレソン，ケーパー，サフラン，パプリカ，セージ，タイム，タラゴン，バジル，マジョラム

●使い方による分類

　市販されているスパイスには，種子や葉をそのまま乾燥させた状態のホール状のもの，それを細かく粉砕したパウダー状のもの，パウダー状のスパイスを複数混ぜ合わせたもの（カレーパウダーなど）があります．スパイスの「香り」成分は，揮発性のものが多く時間が経過すると香りや風味が失われてしまうため，なるべくなら新鮮なものをそろえて，使う間際にすり潰して使うなどしたいものです．原形で使用するホールスパイスは，煮込み料理など長時間加熱する料理に適しています．そのまま振りかけて使うことができるパウダータイプのスパイスは，下ごしらえから調理，トッピングまで適宜適量を便利に使うことができます．また，スパイスを加えるタイミングでは，食材の臭み消しや料理の色付けを目的とするときには下ごしらえの段階で加えます．調理法に合わせるなら，油溶性の成分を含むスパイス（クミン，クローブ，カレーリーフなど）は油と一緒に炒めて成分を溶出させ，香りや風味を食材やソースに移して際立たせます．ところがスパイスの特性を生かすためには，油ではなく水が必要なものもあります．使い方で失敗しがちなスパイスといえ

ばサフランでしょう．パエリアやブイヤベースに欠かせないサフランの色素は水溶性のため，炒めるだけでは色付けできないのです．このように，油溶性のもの，水溶性のもの，あるいは加熱が必要なもの，また料理と一緒に口に入れてコンビネーションを楽しむものなど，スパイスには多様で奥深い世界があります．そこに人々は引かれ，世界中でさまざまな使い方が発展していったのでしょう．

●体への作用による分類

　スパイスには熱帯地域でとれるものが多くありますが，漢方の考えと同じようにその性質は温（体を温める作用）・寒（体の熱を取り去って冷やす作用）・平（温でも寒でもないもの）に分けられます．おおよその目安として，葉っぱの類は「平」，果実や種子類は「温〜辛（熱感をもたらす作用）」と考えるといいでしょう．ただし，生の状態と乾燥させたときでは性質が異なってきますし，調理方法で加熱して使う場合にも，本来の性質とは異なる効果をもたらすようになってきます．

　スパイスには風味を加えるとともに，辛さや刺激で体温を上げ代謝を高める作用を持つものも多くあります．スパイスが持つ体に対する作用を知り，体調や気候に合わせて使い分けることも賢い利用法といえるでしょう．スパイスは生薬として使われているものも多いのですが，料理に加える程度であれば問題視することはないでしょう．スパイスの持つ効果を過信せず，夏バテや病後で弱った食欲を増進させたり，代謝を高めて冷えを改善させたりするもの，として利用することをお勧めします．まれに体質に合わないスパイスで腹痛や膀胱炎などを起こす場合もありますので，特定のスパイスをとりすぎたりせず，体調がすぐれないときには刺激の多いものは避けるようにしましょう．

●**COLUMN** ●

辛みは味覚？

　あるテレビ番組でトウガラシの辛さについて実験をした際に，生のトウガラシは種の部分も果肉の部分も辛みが少なかったのですが，乾燥させた途端に種も果肉も辛みを増すことがわかりました．その後判明したことは，生のトウガラシのワタ（種がついている白い部分）に辛み成分があり，乾燥する際に種や果肉に辛み成分を飛散・浸透させるために乾燥させたトウガラシは全体が辛くなるということでした．口の中が焼けつくようなトウガラシの辛みは，カプサイシンが引き起こす痛覚神経の刺激によるものです．そのため辛みは，味覚ではなく"痛み"だとして，五味（苦味，酸味，甘味，塩味，旨味）と呼ばれる基本の味とは区別されています．　　　　　　　　**（丁　宗鐵）**

4 日本人とスパイス

　日本にスパイスが伝わったのは今からおよそ1200年前とされ，正倉院に納められていたコショウは鑑真が中国から日本に持ち帰った最古のスパイスといわれています．このコショウのほか，シナモンや丁子（クローブ）などのスパイスを聖武天皇は薬として用いていたという記録も残っています．仏教国であった日本では，「殺生禁止」の戒律を重んじて長らく肉食が禁じられていました．そのためヨーロッパのようなスパイスに対する渇望や栽培の奨励は起きなかったものの，民間薬として植物を疾病やけがの治療に用いることは広く行われていたために，殺菌や防腐といった効果や利用法は，古からの知恵として伝承されていきました．

表1　薬味と効能の早見表

	マスタード	ゴマ	サンショウ	シソ	ジンジャー	トウガラシ	ガーリック	ワサビ
免疫力向上				●			●	●
殺菌・抗菌作用	●		●	●	●		●	●
消化機能向上			●	●	●			●
食欲増進	●		●	●	●			
新陳代謝促進					●			
血行改善		●					●	
発汗作用					●	●		
疲労回復					●		●	
滋養強壮						●	●	
鎮静効果				●				
風邪予防					●			
がん予防				●			●	●
認知症予防				●				
高血圧予防		●						
動脈硬化予防		●					●	●
貧血予防		●		●				
肥満予防						●		

和食に欠かすことのできない薬味は，合わせる食材の旨さを際立たせるだけでなく，殺菌・防腐効果で腐敗を防ぎながら，口に含んだ時の辛みや刺激で唾液の分泌を促し消化作用を高める効果も持っています．刺身に添えられるワサビやタデ，ダイコン，シソなど，和のスパイスを代表するこれらの薬味に共通するのは，殺菌効果や防腐効果を持つ植物ということです．周りを海に囲まれ，古代から生魚などを生食してきた日本人は，寄生虫や腐敗による体調異変に苦しみ，食中毒を恐れてきたはずです．そのため，人体に害がなく，消化を助けて体の負担を軽減する植物を「薬」として捉え，和食文化に取り込んでいったのでしょう．

　また，くちなしで着色した栗きんとんやたくあん漬けは食卓を飾る彩りとなっていたり，独特な香りを持つ除虫菊を粉末にして固め，蚊取り線香として利用するなど，日本人も植物の持つ力を生活の一部に上手に取り入れてきました．

5 世界のスパイスと料理

●ヨーロッパ〜ロシア

フランス〜南欧料理とスパイス

　現代のような冷蔵技術がなかった時代には，肉の保存方法は塩蔵することが一般的でした．新鮮な肉類が手に入りにくかったり，安定して手に入らなかったりした時代に，よりおいしく食べるため，より長く保存するための知恵として，香辛料や酒が使われるようになり，そのような工夫が現在に続く食文化としてヨーロッパ諸国には受け継がれています．

　したがってフランスをはじめとするヨーロッパの国々では，肉類と相性の良い，ナツメグ，オールスパイス，マスタード，ローズマリー，セージといったスパイス＆ハーブが下ごしらえや調理に多用されています．

　スパイスを用いる伝統料理の一つに，香辛料の効いたスパイスケーキがあります．例えば，フランスではパン・デピス（Pain c' épices[*]）と呼ばれる菓子（小

ディジョネ・エスカルゴ．フランス．

[*] エピ・エピス（Épice）とは，フランス語で香辛料を意味する単語．

18

麦粉またはライ麦粉にシナモンやナツメグ，アニス，クローブなどの香辛料とハチミツを合わせて焼いたパン状またはクッキー状の粉菓子）が食べられ，ドイツやベルギーなどでも，これによく似た焼き菓子が地方の名物として残っています．

また，地中海沿岸地域では，新鮮な魚介類がふんだんに獲れるため，魚との相性が良いサフランやタイム，フェンネルなどのスパイス＆ハーブもよく使われます．地中海料理を代表するブイヤベースは，白身魚やカニ，エビ，貝などの魚介類をトマトと一緒に煮込み，サフランで色と香りをつけたスープ料理です．魚介の滋味をぎゅっと凝縮させた黄赤色のスープは，サフランなくしては成立しえない味わいなのです．

イギリスの伝統的なハンティング料理.

イギリス料理とスパイス

中世のイギリス貴族は，日曜日に牛を屠殺してローストビーフを食べる習慣があり，月曜から土曜までは大量に残った冷たい肉をアレンジして食べていたため，スパイスやハーブが活躍する場面も当然多かったと考えられます．カレーも本場インドではなく，イギリスで発展していった歴史があり，タンドリーチキン（香辛料で味付けした鶏肉を円筒型オーブンで焼いたもの）をカレーソースで煮込む料理「チキンティッカマサラ」などは，イギリス発祥の代表的なインド料理でイギリス人の大好物でもあります．イギリス風のミートパイ「シェパーズパイ（shepherd's pie）またはコテージパイ（cottage pie）」は，残ったロースト肉（牛または羊）を利用したひき肉とジャガイモの料理で，肉の臭み消しにセロリやタイム，ローズマリーといったスパイスやハーブが多用されています．また，前項で紹介した「パン・デピス」は，イギリスではショウガが加えられて「ジンジャー・ブレッド」として親しまれています．

イタリア料理とスパイス

古代ローマの時代から，食に情熱を捧げてきた歴史を持つイタリアですが，スパイスが料理に融合するのは，やはり商人たちによってインドや東南アジア地域の珍しい植物や食材が持ち込まれた15世紀以降となります．北部イタリアの伝統的な煮込み料理「オッソ・ブーコ（Ossobuco）仔牛の骨付きすね肉をトマトや香味野菜と煮込んだもの」も，トマトが伝来する以前は，アンチョビの魚醤とイタリアの薬味・グレモラータ（ニンニク，パセリ，

レモンの皮のみじん切りをオリーブオイルで炒めたもの）で調味されたものだったそうです．イタリア料理に欠かせないトマトにしても，もともとは観賞用として南米から移植されたもので意外なことに食用とされた歴史は浅いのです．

東欧料理とスパイス

東欧の食文化を語るうえで，世界三大料理の一つでもあるトルコ料理を外すわけにはいかないでしょう．アジアとヨーロッパ双方から多大な影響を受け独自に発展したトルコ料理は，多彩な食材を組み合わせアレンジしたバラエティ豊かな料理が特徴．スパイス類も多用され，羊の肉や鶏肉を使ったケバブやキョフテ（ひき肉をまとめて焼いたハンバーグに似た料理），前菜の定番フムス（ひよこ豆のペースト）にも，クミンやクローブ，パプリカなど数種類のスパイスがブレンドされ使われています．

北欧～ロシア料理とスパイス

あまりスパイスが主張しない穏やかな味付けの料理が多い土地ではありますが，ロシア～東欧に伝わる「プリャーニキ（プリャーニク）」と呼ばれる伝統的な焼き菓子（ハチミツ入りのパンのようなもの）には，さまざまなスパイスが使われています．9世紀ごろには存在していたとされるプリャーニキの基本レシピは小麦粉とハチミツ．ここに木の実や果実，ジャムを加えて焼くのですが，風味づけに使われていた野草の葉や根に代わったのが，インドや中近東から運ばれてきたスパイスたちでした．そしてさまざまなアレンジが加わり，現在の甘く複雑な味わいの焼き菓子が完成したとされています．これに使われる代表的なスパイスは，黒コショウやイノンド，レモン，ミント，バニラ，ショウガ，アニス，ナツメグ，ウイキョウ，クローブなどです．クリスマスなどの祭日のシンボルとして，菓子作りの伝統が残る街の名物として，多くの人に親しまれています．

● *COLUMN* ●

かやく飯

鶏肉や薄揚げ，ニンジンなどの具を，米と一緒に炊き込んだ「五目飯（ごもくめし）」，いわゆる「炊き込みご飯」は，関西地方で「かやく飯」と呼ばれることもあります．「加薬（かやく）」，つまり「薬味」を加えたという意味通りに，ショウガやネギなど，古くから漢方薬の材料とされてきた香辛料を「加薬味」と称し，一般家庭でも料理の中に応用されてきたことから，この名が残ったようです．「かやく飯」は，ときに「加益（ご利益を増す）飯」や「加役（主役に加える）飯」とも表記され，庶民の思いを込めて作られる家庭料理となりました． **（丁 宗鐵）**

●アフリカ

アフリカは先住民の伝統的な食文化に加え，植民地時代に入ってきたヨーロッパ諸国や，インド洋を通じて入ってきたイスラム圏の食文化の影響を受け，バラエティ豊かなものとなっています．地域によっても使われる食材や味付けの特徴は異なりますが，シナモン，クミン，コリアンダー，ナツメグ，チリ（トウガラシ）などのスパイスが共通して料理によく使われています．

16世紀から香辛料貿易の中継地でもあったモザンビークの伝統料理「フランゴ・ア・アフリカーナ」は，鶏肉をスパイスに付け込んでから焼き，ココナッツミルクのソースをかけて食べるものですが，ここに使われるチリ（トウガラシ）やニンニク，レモンなどはすべて南米やヨーロッパから運ばれてきています．豊かな自然に育まれた食材がスパイスと出会い，より味に深みを増してアフリカの食文化を彩っているともいえるでしょう．

●アジア・オセアニア

インド料理とスパイス

広大なインド亜大陸では，地域それぞれに，そして民族や宗教，階層によってもさまざ

タンドールチキン

第1章──スパイスの定義・歴史と分類

北インド地方の料理　　　　　　　　　　　南インド地方の料理

まな料理のバリエーションがあるため，インド料理と一括りにはできません．しかし共通
するのは，どの地域の料理でも，多種類のスパイスを組み合わせていることです．インド
の食文化はスパイスで通じ合っているのです．ここでは大まかに，北インド料理，南イン
ド料理，ベンガル料理の3つに分けて説明します．

北インド料理

　イランやアフガニスタンと国境を接するパキスタンやパンジャーブ地方では，チャパテ
ィやナンなどの小麦粉で作ったパンを主食としていて，クミンやコリアンダー，カルダモ
ン，シナモン，あるいはこれらを調合したガラムマサラなどのスパイスを多用した料理を
特徴とします．タンドール料理（円筒型オーブンを用いて調理する肉の串焼きなど）のチキ
ンティッカやタンドリーチキンは代表的なパンジャーブ料理であり，世界にもよく知られ
ています．

南インド料理

　稲作を行うこの地方では，米を主食にしていてココナッツミルクを多用した料理が特長
です．ベジタリアンが多い地域でもあり，野菜や豆を使ったおかずとライスを手で混ぜて
食べる食文化が今も残っています．スパイスではカレーリーフが好んで用いられ，乾燥し
た赤トウガラシや生の青トウガラシも使われますが，味付けは比較的マイルドです．イン
ド料理でポピュラーなビリヤニ（スパイスを用いた炊き込みご飯の一種）は，南インド料理
とされています．中でも，ハイデラバードで食べられている「ハイデラバディ・ビリヤニ」
はおもてなし料理としても有名で，宴席やお祭りで供される名物メニューです．

ベンガル地方の料理

ベンガル料理

東側のバングラデシュを含むベンガル地方では，米とマスタード油で揚げた魚がよく食べられ，「パンチ・フォロン（5つの調整剤の意．配合されているのは，ブラッククミン，クミン，マスタード，フェヌグリーク，フェンネルシード）」と呼ばれるミックススパイスが多用されます．名物は淡水魚・イリッシュ（ニシン科の大型魚）を使ったカレー料理です．

東南アジア料理とスパイス

東〜東南アジア地域には，魚介類を原料とした発酵調味料のナンプラーやニョクマムといった魚醤が料理に広く用いられています．これは味のベースとなるうま味を加えるものなので，日本におけるだしや味噌・醤油に似たものであり，スパイスとは一線を画す調味料と考えられます．しかしながら，東南アジア〜南アジアはスパイスやハーブの一大産地でもあり，これらを用いた国・地域独自の食文化があります．タイの「トムヤムクン（世界三大スープの1つ）」は魚介のだしのうま味にトウガラシの辛みとライムの酸味が合わさった複雑な味わいのスープで，さらにレモングラスやカフェライムリーフなどのさわやかな香りが加わって，複雑なおいしさが味わえます．ほかにも，フィリピンの「シニガン（酸味のあるスープ）」やベトナムの「バインミー（香草やパテを挟んだサンドイッチ）」など，その土地の歴史と文化が反映された地域ごとの名物料理が豊富です．

中華料理とスパイス

中国もインド同様に地方ごとにバラエティ豊かな料理や調理法が見られる土地であり，中華八大料理（山東料理，江蘇料理，浙江料理，安徽料理，福建料理，広東料理，湖南料理，四川料理）とも四大料理（山東料理，上海料理，広東料理，四川料理）ともいわれます．

ダックカレー（左）と使用するスパイス（右）．インドネシア・バリ島．

この中でスパイスの特性を生かした料理は，トウガラシや花椒を効かせた四川料理の名が
挙がるのではないでしょうか．麻婆豆腐や担担麺，酸辣湯などは，日本でもおなじみの味
となっています．

オーストラリア料理とスパイス

　オセアニア地域に点在する島国では，その島で獲れた魚介をココナッツやパイナップル
などの果物で調味する料理が多く見られます．スパイスを多用するのは，主に植民地時代
に強精入植させられたインド系住民が住む地域に限られるようです．フィジーにはインド
系住民が多く住み，カレー味の料理も多く作られています．ヨーロッパからの移民が多く
住んだオーストラリアでは，イギリス式のミートパイ「オージーミートパイ」やバービー
（Berbie）と呼ばれるバーベキューも盛
んに行われますが，スパイスを多用す
るような料理は少なく，手軽に調理し
てそのまま食べられるものが好まれて
いるようです．

●アメリカ大陸
北米料理とスパイス

　移民文化から誕生したケイジャン料
理（フランス系移民が多く住んだルイ
ジアナ州南部地方の伝統料理）とクレ

クレオール料理．アメリカ．

昔ながらの作り方でメキシコ料理モウレイを作る. 平らな長方形の石臼と乳鉢を使用する. サンタ・ローサ修道院（メキシコ・ブエブラ）.

オール料理（田舎風フランス料理をもとにしたケイジャン料理に対し，多様な国の食文化を混合させた料理スタイル）があり，「ジャンバラヤ（スパイシーな炊き込みご飯の一種）」や「ガンボ（魚介類のスープ料理）」などが特徴的です.

メキシコ・中南米料理とスパイス

南米原産のトウガラシ（チリ・カイエンヌ）は，世界最古ともいわれるスパイスです. 当然，調理にも多用され，本場メキシコの代表料理「タコス（肉・野菜のトルティーヤサンド）」や「ワカモーレ（アボカドのディップソース）」には欠かせません. メキシコ料理は2010年にユネスコ無形文化遺産に登録されましたが，ヨーロッパ植民地時代に持ち込まれた料理や調理法も土地に根付いており，代表的なものに豚肉とスパイスの腸詰「チョリソ」や，トウモロコシの粉で作ったマサ（生地）に肉やトウガラシを詰めトウモロコシの皮やバナナの葉で包んで蒸した「タマル」などがあります.

●見直される和のスパイス

お刺身にワサビ，冷奴におろしショウガ，ウナギのかば焼きには粉サンショウ…. 私たちが親しんでいる日本料理の名脇役といえば，個性的な和のスパイスたちでしょう. 素材の持ち味を引き出して風味や味を際立たせつつ，生臭み，あるいは脂っこさを抑えて食べやすくさせます. それぞれに個性がある和のスパイスですので，苦手な方もいるかもしれません. でも，もともとは淡白な素材が多い日本料理の味を引き締め，辛みや風味を添えるものですので，使い方次第で塩や醤油などの調味料を控えながらおいしく仕上げることができ，健康を気遣う人にとっては活用するメリットがたくさんあるのです.

いわゆる「薬膳」として和のスパイスを見ると，魚など海のものを多色する日本人にとってはショウガやサンショウ，ワサビといった辛みを持つスパイスは，殺菌や防腐効果で食材が持つ毒や腐敗菌を抑えて人体を守るとともに，体を冷やす作用の強い食材に対して血行を促して体を温める効果を発揮します. 味わいを深めおいしさを倍増させる和のスパイスが，食材のマイナス作用から体を守ってくれているというのは，日本料理の奥深さといえるかもしれません.

（丁　宗鐡）

第2章
スパイスと医学

インドネシア・アンボンの市場風景.

1 医学の歴史におけるスパイス

　一般的に医学の始まりはギリシャといわれていますが，医学の祖であるヒポクラテスはギリシャ時代の紀元前400年頃に，すでに400種類ものハーブやスパイスなどの薬草を応用していたといいます．その後，紀元50～70年頃に活躍したローマ時代の医師ディオスコリデスは，植物・動物・鉱物万般を収れん，利尿，下剤など，薬理機能上から分類した『マテリア・メディカ（薬物誌）』を著しました．その時に載せられている植物は600種，薬物全体で1,000項目にも及ぶといいます．こうして古代ギリシャ・ローマを中心とした国々で，経験的に知られた植物（スパイスやハーブ）の効果が体系化され，医学や薬学，植物学が誕生したのです．

1. ギリシャよりもインドがスパイスの医学的活用の起源か

ギリシャでは，紀元前6～5世紀頃になると，ヒハツ（長コショウ）はスパイスとしても薬としても用いられるようになりました．古代インドには紀元前11世紀頃から，アーユルヴェーダという自然療法医学が発達していました．アーユルヴェーダではヒハツを頻用しており，ヒハツの医学的効能が知られ活用されていたことから推定すると，それらのヒハツの関する知識がギリシャまで流れていった可能性がありそうです．

アーユルヴェーダは，呪術的な治療法も取り扱うため，往々にして正統な伝統医学として忘れられてしまうことが多いのですが，治療だけでなく健康増進法や強精法などの治療学の原理と方法を合理的に紹介し，主にオイルなど種々の天然物の活用法を体系化していました．古典も，『アグニヴェーシャ・サンヒター』（紀元前11世紀）と，それが後世になって編纂された内科学書『チャラカ・サンヒター』（紀元1世紀），さらには紀元前7世紀には『スシュルタ・サンヒター』という外科学書も著されています．それら古典では，天然物の中でも，スパイスを多用しているのです．そういう意味で，スパイスの医学的応用の歴史は，ギリシャというより古代インドに発しているのかもしれません．

コショウ *Piper nigrum* の果実と葉．

27

医学という場合，西洋医学やギリシャ医学が主体になってきた経緯があり，東洋の伝統医学は往々にして忘れがちになりますが，スパイスを取り上げると，実は古代インドのアーユルヴェーダの方が，カレーなどの例を挙げるまでもなく，西洋よりも詳しいかもしれません．

2. 薬用スパイスの走りであるヒハツと黒コショウは混同されていた

ギリシャやローマでは，ヒハツと黒コショウは同じものと思われていたようです．ヨーロッパでは，14世紀頃になると黒コショウの供給が増えて，黒コショウはだんだんと高価なものではなくなり，ヒハツは用いられなくなっていきました．

このように，近年ではヒハツがヨーロッパの料理に使われることは少なくなりましたが，インドのピクルスや北アフリカのミックススパイス，インドネシアやマレーシアの料理にはいまだに頻用されています．特にインドの食料品店では容易に入手でき，大抵 Pippali の表記があります．また，ヒハツ（長コショウ）は，アーユルヴェーダにおいては，最もよく使われる薬草の一つです．アーユルヴェーダの書物では，ヒハツは，トリカトゥと呼ばれる３種類のスパイスミックスに含まれ，体内浄化をする最も強力な薬草の一つであり，長寿を促すものとされているのです．近年の研究においても，ヒハツエキスが，毛細血管などの Tie 2（タイツー）タンパク質を活性化して，血管を強化することで，冷えやむくみを改善するという薬効を発揮することも知られています[3]．また，ピペルロングミン（piperlongmine）は，ある種の悪性腫瘍細胞に，アポトーシスを誘導させて治療効果を持つことなども示唆されてきています[4]．

ただし，日本で入手できるヒハツ（長コショウ）は，ヒハツモドキ（畢撥擬，学名は *Piper retrofractum*，別名はジャワナガコショウ，沖縄本島方言名はヒハツ・ヒハチ・フィファチ・ピーヤシ・ピパーズ，波照間方言名はピパチ）が，沖縄や八重山諸島で栽培されたもので，実は，コショウ（*Piper nigrum*）やヒハツ（*Piper longum*）とは別種の植物です．

中国で取れるヒハツ（畢撥）は，インドナガコショウ（*Piper longum*）ですが，これはピパーと呼ばれていました．それが英語のペッパーの語源であるとも推定されています．このように，かつてアジアからギリシャ，ローマに輸出されていたコショウとは，このインドナガコショウと，丸い粒がぶどうの房のようになっているコショウ（*Piper nigrum*）の双方が混同されたものだったのです．コショウは遠くヨーロッパまで運ばれていましたが，15世紀になりヨーロッパ人がコショウを求めてインドにやってきたことから，丸い粒のコショウ（*Piper nigrum*）の方が主流となり，そっちの方がペッパーと呼ばれるようになったといいます．いずれにしても，古代ギリシャ時代からスパイスである長コショウが，薬として用いられてきましたが，これは，古代インドにおけるスパイスの薬としての活用から影響を受けたことが推定されるのです．

3. 薬用スパイスの代表ジンジャーの起源

　一方，一般的なスパイスの代表であるジンジャー（ショウガ）についても，その原産地は，東南アジア（マレーシア・インドなど）の暑い地域といわれ，中国でも紀元前500年頃から薬として使用されていました．ヨーロッパに伝来したのはヒポクラテスの時代をかなり下った時のようですが，長コショウと間違われたコショウとともに，東洋の貴重なスパイスとして高値で取り引きされ，庶民には手が出ない高価なものであったといいます．その後14世紀頃には一般家庭にも広がり，主に乾燥したものを使用することが多く，パンやクッキー，ジンジャービアなどの飲み物などに入れて使われ今でも親しまれています．また，16世紀のイギリスでペストが大流行した際には当時の国王ヘンリー8世がペスト対策としてショウガを食べることを推奨したといわれています．その名残として今でもヘンリー8世の姿に似せたショウガ入りのクッキー（ジンジャーブレッドマン）がイギリスでは子どもたちに人気であるそうです．

　日本へ長コショウ（ヒハツ）が流入したのは，コショウの代用という形でしたが，カレーの中に含まれて，食材としての活用が主であり，薬用の用い方は，アーユルヴェーダの薬のトリカトゥという代謝亢進製薬としての応用が，1990年以降にやっと知られてきたにすぎません．しかしジンジャーについては，それが伝来したのは3世紀頃，中国の「呉」の国から伝わったといわれています．その頃はまだ「ショウガ」という呼び名はなく，ハジカミ（波士加美または波自加彌）と呼ばれていました．ハジカミとは「根の辛いもの」という意味です．サンショウも同じように「ハジカミ」と呼ばれていたので，サンショウを「なりはじかみ」，ショウガを「くれのはじかみ」と呼んで区別していたと日本最古の歴史書「古事記」に記されています．

　ショウガは古代中国で薬として使用されてきたわけですが，現代の日本の漢方薬でもなくてはならない成分であり，保険収載されている漢方131処方のうち54種類（41%）に含まれています．漢方では主に「根生姜」が使われてお

ジンジャーの根茎.

り，生のものを「ショウキョウ」，蒸して乾燥させたものを「カンキョウ」といいます．ショウキョウには，ジンゲロールが含まれ，血流を促進して体を温めたり，殺菌作用や免疫力を増強させる，いわゆる一般的に風邪のひき始めなどに高い効果を発揮しますが，逆に体の深部の熱を，手先や足先の血管に送り出す働きがあるので，体を冷やしてしまう危険性があるといいます．そこで冷え性の人には，同じショウガでも「乾姜」の方が適しています．その機序も近年の研究では，ジンゲロールを含むショウガを乾燥，加熱・蒸すと，「乾姜」になりますが，この過程では，ジンゲロールがショウガオールとジンゲロンに変化します．ショウガオールは，胃腸の壁を刺激して体の深部から温めてくれる作用があります．蒸しショウガのショウガオールの量は生ショウガの約10倍であるといいます．ショウガオールには，ダイエット効果や消化吸収能力を高める効果，抗酸化効果，そして体内の脂肪や糖質を燃焼させて体温を上げる効果があるといいます．それぞれ，ジンゲロールとショウガオールの違いが，「ショウキョウ」の吐き気止めや咳を鎮める作用，胃を丈夫にする作用，胃腸や体を温める「カンキョウ」の作用を担う仕組みになっているのです．実際，風邪のひき始めには「ショウキョウ」を含む「葛根湯」を飲み，冷え性には「カンキョウ」を含む小青竜湯や人参湯を処方するのが漢方医学の常套手段です．

　前述のように，古代インドや古代中国などでは，ヒポクラテス以前から，ハーブとともにスパイスは，食物というだけでなく，薬としても用いられてきましたが，それは地域によって，独自の伝統医学として体系化されてきました．例えば中国伝統医学や漢方医学，インド伝統医学アーユルヴェーダには，スパイスが薬として，理論的に活用されています．漢方医学で用いられる常用処方90種類のうち，食物が使用されるものは約16種類で，その内6種類（9%），135種類のうち11種類（8%）が，スパイスが薬として含まれています[5]．一方，アーユルヴェーダで常用される97種類の生薬のうち，22種類（23%）がスパイスです[6]．いずれの伝統医学もスパイスを多様していますが，さすがスパイスの本場であるインドのアーユルヴェーダの方が，スパイスの「薬食同源」として頻用されていたようです．

4．カレーは、スパイスミックス

　実際，インドでは，各家庭で伝統的にスパイスが浸透し，スパイスミックスとしてカレーを常食しています．カレーのルーツは，インドなどでは「スパイスを混ぜ合わせた汁」という意味合いでした．しかし，インドには「コショウ」や「ジンジャー」はあったものの，「辛さ」を演出する「トウガラシ」は，当初ありませんでした．トウガラシは，中南米原産だったため，世界に広まったのは16世紀の大航海時代後になってからです．逆にコショウなども大航海時代の到来によって，インドから世界中に広まったのです．食材やスパイスが行き来し始めた16世紀は，医学的治療法にも大きな変化があったはずです．

　ちなみにイギリスは長い船旅でも腐らぬよう，スパイスを乾かして粉末にして持ち帰りました．これがいわゆる「カレー粉」の起源です．日本人とカレーが出会ったのは幕末にな

カレーの材料になる各種スパイス（ボンベイ・インド）.

って，福沢諭吉が翻訳した辞書の中に記述されたのが，最も古い記録だとされています．実際のカレーは横浜などに駐留していたイギリス人から広まり，明治以降普及しました．当初はカレーの定番は，小麦粉で「とろみ」をつけるイギリス式カレー調理法だけでした．「少年よ，大志を抱け」で有名なクラーク博士は，農学校での食事メニューにカレーを取り入れ，日本海軍も毎週金曜日をカレーの日とし，日常的に食べていました．

　カレーは，すなわちスパイス・ミックスであり，ターメリック（ウコン），クミン，コショウ，コリアンダー，カルダモンなど，古くからインドの伝統医学アーユルヴェーダで医学的用途に使われてきたものばかりです．ただし，前述のようにトウガラシ（カイエンペッパー）は，16世紀中南米から入ってきたものです．

　それらのスパイスも含めて，インドの人々は伝統的に各家庭に複数のスパイスを常備し，家族の体調やその日の天候などで，配合するスパイスを変え，石臼でひいて水でとき，カ

レーを作っているのです．実際，筆者らは，1992年富山県の伝統医学調査隊としてアーユルヴェーダの調査を行ったときに，ボーラ家にホームステイして，実際のインドの家庭を見てきました．そのスパイスの用い方などに関して，伝統医学であるアーユルヴェーダの影響を色濃く受けていることが理解できました．私の個人的な体験においても，2週間の長旅により食欲が低下したときなど，ボーラ家の若奥様が，塩にクミンを混ぜ，そこにヨーグルトを加えて，小カップ1杯を調合された．それを一口とると，すぐに食欲が回復した経験があります．中国医学や漢方医学でも，食欲が低下したり，風邪ぎみのときなどは，ショウガをすりおろして黒砂糖と熱めのお湯を加えて，カップ1杯程度飲むなどもしばしばなされています[7]．中国の「医食同源」が，インドではカレーを通じて実践しているのでしょう．

5．漢方薬の中のスパイス

実際，インドのカレーに使われるスパイスには，実は漢方でも使われているものが多い．つまり，「カレーを食べる＝漢方を食べている」といってもよいのです．例えば，カレーの色づけに用いられるターメリック（生薬名＝ウコン）は，ショウガ科の植物の地下茎を乾燥させたものです．シナモン（桂枝）やジンジャー（ショウガ＝ショウキョウ）は，漢方薬の代表的な「葛根湯」の成分です．シナモンは，婦人向けの「桂枝茯苓丸」の主成分．名前にも桂枝＝シナモンが入って，香りを引き立ててくれています．クローブなどの典型的スパイスも，女神散という更年期症候群に頻用する漢方処方に使われていますが，その主成分であるオイゲノールは，スパイスには一般的に含まれない細辛などの薬草にも含有されて，スパイス類似の香りを出しています．さらにまた，安中散（出典；『和剤局方』）などは，保険収載もされている漢方処方の一つで，胃の痛み，胸やけ，胃もたれ，食欲不振などに用いられますが，これなどは，スパイスの塊といってもよいぐらいで，フェンネル（小茴香・ショウウイキョウ），シナモン（桂枝：桂皮で代用），カルダモン（縮砂）などのインドのスパイスが調合されています[5]．

以上のように，中国やインドなどの伝統医学では，ギリシャ医学以前から現代にいたるまで，スパイスを薬として頻用してきた歴史を有しているのです．

2 スパイスの医学的効果と作用機序

スパイスが医学的応用をされた歴史の理由は，スパイスが薬としての作用を持つためですが，医学的効果が近年実証され，さらにはスパイスの細胞生理学作用機序についても徐々に明らかになってきました．詳細は，各スパイスの説明の部分に譲るとして，概要を紹介してみます．

1. スパイスの抗菌，抗かび，芳香作用

スパイスが長らく用いられてきた最大の理由は，ヨーロッパでは肉を食する場合，腐敗の問題があったのを，スパイスが防いでくれ，香り付けにもなるからだと思われます．

もともとスパイスとは，料理の辛み付けや食材の臭み消し，着色を目的とした食品でした．コショウやサンショウ，トウガラシ，ナツメグなどおなじみの種類のほか，ショウガ，ニン

表2　香辛料の抗菌性と食品保蔵への応用

香辛料抽出液／精油成分	pH	枯草菌 Bacilltts subtilis	黄色ブドウ球菌 Staph. aureus	大腸菌 Escherichia coli	緑膿菌 Pseudomonas aeruginosa	出芽酵母 Sacch. cerevisiae	カンジダ・クルセイ Candida krusei	青カビ Penicillium sp.	麹菌 Asp. oryzae
シナモン	7.0	4.0	2.0	4.0	4.0<				
	5.0	0.5	2.0	2.0	4.0	1.0	1.0	1.0	1.0
クローブ	7.0	1.0	1.0	1.0	2.0				
	5.0	0.5	2.0	1.0	1.0	0.5	0.5	0.5	0.2
ローリエ	7.0	4.0	2.0	4.0	4.0				
	5.0	0.5	1.5	4.0	4.0	4.0<	4.0<	4.0<	4.0
メース	7.0	0.2	0.05	4.0<	4.0<				
	5.0	0.1	0.5	4.0<	4.0<	4.0<	4.0	4.0<	4.0<
オレガノ	7.0	1.0	1.0	2.0	4.0<				
	5.0	0.2	0.5	2.0	2.0	2.0	2.0	1.0	1.0
ローズマリー	7.0	0.5	0.5	4.0<	4.0<				
	5.0	0.2	0.5	4.0<	4.0<	1.0	4.0<	4.0<	4.0<
セージ	7.0	1.0	0.2	4.0<	4.0<				
	5.0	0.2	2.0	4.0<	4.0<	2.0	4.0<	4.0<	4.0<
タイム	7.0	2.0	1.0	4.0<	4.0<				
	5.0	0.2	2.0	4.0<	4.0<	4.0<	4.0	2.0	2.0
シナモンアルデヒド	7.0	0.5	0.5	0.5	0.5				
	5.0					0.05	—	0.0005>	0.001
シトロネラール	7.0	1.0	1.0<	1.0<	1.0<				
	5.0					0.5		0.5	0.5
ボルネオール	7.0	0.1	0.1	0.4	1.0<				
	5.0					0.2		0.05	0.2
リナロール	7.0	0.5	0.5	0.5	1.0<				
	5.0					0.5	—	0.5	0.5
オイゲノール	7.0	0.1	0.1	0.1	0.2				
	5.0					0.1		0.05	0.05
ゲラニオール	7.0	0.5	0.5	0.5	1.0<				
	5.0					0.5		0.02	0.5

＊10gの粉末試料を70mLエタノールで抽出，10mLに濃縮したもの．

（宮本悌次郎：調理科学, 25(2) , 59 (1992) より）

ニク，パセリなども仲間です．つまり，スパイスの抗菌，抗かび，芳香作用を利用したのです．

表2に，スパイスの抗菌性についての宮本らの研究のまとめを紹介しました．抗菌活性成分についてもわかっており，伝統的にスパイスが，冷蔵庫のない時代から珍重されてきた理由の一端が理解できます．またスパイスは，どんな料理にも，使うことで香りを引き立てる味覚上の特徴を有しています．

2. スパイスの消化吸収や代謝の促進，認知症予防，血管老化予防，発がん予防効果

最近の研究でスパイス類には代謝を高め，冷えを予防するなど，主に5種類に分かれる健康効果があることがわかってきました．さらにそれらの作用機序についても，細胞膜のTRP受容体を介するものがあることも研究されてきました[8),9)]．

江戸時代まで獣肉を食べる習慣が少なかった日本人は，スパイスの利用に慣れていなかったため，現在でも1人当たりの消費量が欧米の10分の1ほどであるといいますが，医学的効能が知られるにつれ，薬好きの日本人にスパイスが好まれてきています．

予防医学の専門家で，伝統的食材の健康効果の解明に取り組んでいる日本大学医学部の平柳要准教授などによりますと，① 食欲を高め消化吸収を助ける，② 代謝を促進し「冷え」を予防する，③ 抗酸化物質を豊富に含み，血管の老化などを予防する，④ 減塩，減カロリーを助ける，さらには ⑤ 発がん予防——の5種類の医学的効能があります．

(1) 消化吸収促進

欧米の研究で，朝食の料理に3gのスパイス（チリ・マスタードなど）を加えることで，起床後のエネルギー消費量が25％増えたという報告がありますが，平柳准教授らは2008年にショウガの消化吸収効果を報告しています．研究ではサンドイッチの調味料のショウガ20gに相当する抽出エキスを加えたものを食べた人と，エキスが加えられていないサンドイッチを食べた人を比較しました．結果はエキスを加えたサンドイッチを食べた人のエネルギー消費量が，食後3時間にわたって約10％高まったといいます．

多くのスパイスで代謝を高める効果が知られていて，上手に使えば冷え予防につながります．また最近ではニンニクやターメリックなど抗酸化物質を含むスパイスも知られていて，平柳らによると「日頃の生活に利用することで血管の健康やがん予防など，生活習慣病対策に役立つと期待される」といいます．

一方，スパイスを，子どもや高齢者を含む幅広い世代の栄養管理に活用しようという動きもあります．武政らによると「日本ではスパイスは辛い嗜好品とのイメージがあり，子どもや高齢者，妊婦，病人は避けた方がいいと考えられてきた．しかし世界的には，子どもの偏食予防や胃腸機能などが衰えた高齢者の栄養管理にも役立つと考えられている」とのことです．例えば子どもがカレー好きなのは，不慣れな食材の香りをマスキングする効

果があるためです．また，高齢者がカレーを食べなくなる理由を調べたところ，辛さにあるのではなく，ルウに含まれる小麦粉と脂肪分が原因でお腹がはるからでした．「ルウを少なめにしたり，本場インドのカレーのように全くスパイスと塩，肉，野菜だけで，スープカレーのように工夫するとおいしく食べられる」と提唱しています．

　また，高齢者にも誤嚥予防効果が実証されるようになってきました．食の機能の衰えた高齢者にスパイスを活用しようという医学研究があります．高齢者ではノドの機能が衰えるため，食べ物が食道ではなく気管に入ってしまうという誤嚥が起こります．高齢者の肺炎の原因の一つですが，2006年に東北大学大学院老年病態学チームは，食事のときにコショウの香りをかいでもらうことで，のどの反射が改善し誤嚥を予防する効果が得られたと発表しています[10, 11]．

(2) 代謝を高め「冷え」を予防する効果

　スパイスには，交感神経機能を高め，エネルギー消費量，熱生産量を上昇させる効果があります．トウガラシやショウガ，コショウなどは，TRPV1受容体を活性化させることで，42℃程度の温熱作用と同じような生体の変化を起こすことが知られています．トウガラシは辛さの刺激が持続するので，苦手な人はショウガ汁やコショウなど，辛さが後をひかないスパイスを利用するといいでしょう．また，スパイスの成分が，褐色細胞の中のUCP1タンパク質を阻害して，脂肪が燃焼して発熱することを促すことも知られています．それが，スパイスを食べると体が温まり，肥満しにくくなる機序だともいわれています．

さまざまなトウガラシ．インドネシア・アンボンの市場．

(3) 血管などの老化を予防する

ニンニクやパセリ，ショウガなどの香草類は，ポリフェノール類など，体内で発生し血管の老化や生活習慣病の要因となる活性酸素を制御する抗酸化物質を豊富に含んでいます．これらは血管内皮細胞を活性化させ，NO 合成酵素などを誘導することで，血管の拡張を促し，血液凝固にも好影響を与えることが知られています．

(4) 減塩，減カロリーを補助

平柳らによると，スパイスで香りを強調することで，調理に加える塩分を控えめにすることができ，また大量の砂糖を使わなくても，フェンネル，バニラ，シナモンなどを加えれば甘さ控えめでもおいしく仕上がるといいます（2008.12.20　日経新聞）．

(5) 抗酸化作用や抗がん作用

動物実験レベルの研究ではありますが，各種スパイスに含まれる主成分，クルクミノイド（ターメリック），リモネン（カルダモン），アリシンやアリルイソチオシアネイト（ガーリック），シナミックアルデヒドや2-ハイドロキシ・シナムアルデヒド，オイゲノール（シナモン），ジンゲロール，ジンジベロン，ジンジベレン（ジンジャー），ディプロピル・ディサルファイド（玉ねぎ），ピペリジンやピペリン，α-，β-ピネン（黒コショウ），クロシンやサフラナール（サフラン）などは，化学的発がん抑制作用があることが知られています．その発がん抑制作用は，シトクロム P450 や CYP1A1，サイクロオキシゲナーゼ-2 の活性を抑制したり，トランスクリプション（STAT-3）の活性化やシグナル伝達を抑制することで作用していることも知られるようになってきました．

また，それらの成分は，インターロイキン-6（IL-6）や EGF（上皮成長因子）を介して，腫瘍化を抑制することが推定されています．また，セルサイクルと関係したタンパク質の発現に影響したり，カスパーゼ阻害剤を活性化したり，NF-κB 活性化を抑制するなどの作用を発揮します．

さらにまた，細胞構造に関係した脂質やタンパク質や DNA の障害により健常な細胞ががん化するのを防ぐ働きもあることがわかってきました．

これらのスパイスのフィトケミカルは細胞増殖や炎症，転移などにおいて，発がん抑制物質としての地位を確立してきたのです．また，免疫増進剤として炎症を抑制することも知られるようになってきました[12)．実際米国では，クルクミンが，すい臓がん，乳がんなどに対して使われるようになってきました．また，カプサイシンも実験的肺がんに対して有効性が実証されています．

3 TRP 受容体を介する作用機序

スパイスの医学的作用機序として，褐色脂肪細胞の UCP1 酵素の活性化や抑制，抗菌作用として腸内細菌叢に作用する，などが考えられていますが，それよりも TRP 受容体という最新の現代医学的細胞生理学的構造に作用する機序が，現代医学的研究により進展しています[8,9,10]。

皮膚の表皮細胞から脳細胞にいたるまで，体内には TRP 受容体が細胞膜に存在していることが知られてきました。その受容体には種類がいくつか存在しますが，TRP 受容体は，センサー蛋白ともいわれ，外界の状況を検知する機能を有することで生体の活動に大きく影響するものです[8]。それにスパイスが作用することが知れてきたのです。特に温度感受性などに影響することが知られています。実際，スパイスのトウガラシが熱く感じるというのも，TRPV1 受容体に作用することで，実質的な温度ではないのに，42℃近くの温度を当てたように熱く感じさせ，体内の代謝を促したり，場合によっては副作用としての炎症惹起作用なども起こすことが知られてきました。このように作用機序が明らかになるにつれ，より効果的に，より安全に，より個別的にスパイスを処方することができるようになってきています。

例えば，シナモン，ガーリック，トウガラシ，ジンジャーについては，その分子生物学的作用機序が，温度刺激に相応して作用することが，TRP 受容体を介するものであることが明らかになっているのです[8,9,10]。

TRP 受容体は，センサータンパク質であることが近年わかってきましたが，スパイスが細胞の機能に深くかかわることができる，つまり医学的効能があるということを支持するものです。シナモン，ガーリック，トウガラシ，ジンジャーについては，その分子生物学的作用機序が，温度刺激に相応して作用することから，TRP 受容体を介するものであることが明らかになっています。

また，長コショウとシナモンが，血管内皮細胞に存在して血管の機能を支えている Tie2 蛋白を活性化することで，血管やリンパ管機能を向上させ，浮腫や冷えを改善させる可能性があることも明らかになってきました[3]。また，コショウが，嗅粘膜や咽頭の粘膜などを刺激することで，脳内のサブスタンス P の遊離を促し，結果嚥下反射を活性化することもわかってきました[13]。

4 スパイス作用の個体差とその法則性

　ただ，以上の現代医学的研究には，人間の個体差を考慮したものは皆無です．しかし，実際にスパイスをヒトに応用する場合には，体験的にも，個人差が大きいことは明らかです．国によってもスパイスの消費量が異なるため，慣れなどの後天的な理由と，体質など遺伝的先天的理由があると思われます．現代医学的には，TRPV1受容体の一遺伝子多型（SNP）によって個体差があるということが理解できます．

　しかし，古来からの伝統医学では，「薬食同源」が提唱されてきました．これは，「薬は，効果だけでなく副作用もあるように，食物も，効果と副作用があり得る」という意味です．特に，その薬を飲むことに適した患者さんかどうかを考慮しないと，その副作用も多くなることが伝統医学では認識され，どのような体質や体調のヒトに，どのような季節や環境でスパイスなど食品を与えるべきかが理論的に説かれてきました．中国医学では，「薬膳」[7, 14]という概念であり，インド医学アーユルヴェーダでは，「ドラヴィヤグナ」と呼ばれる分野です[15, 16]．

　そもそも伝統医学は，それなりの生命観，宇宙観，身体観，病理観に従って，解剖生理学と治療学を有しています．ただ，その理論に対する現代医学的な検証は進んでいません．しかし，だからといって無視することはできないのです．特にスパイスやハーブの作用に関する中国伝統医学や漢方医学，とりわけアーユルヴェーダのとらえかたについては，その副作用を少なくし有効性を高めるために，「誰もがスパイスが良いということはない！」とする個体差の理論に従って処方を行っています[15, 16]．しかし，多くのスパイス百科では，スパイスは食物であるので，あまり個体差は重視されてきませんでした．しかし，漢方医学とアーユルヴェーダの「薬食同源」の考えでは，医食同源の考えから，用い方によっては副作用が出ることがあると考えられています．そのため，体質・体調，季節などを考慮して食することで，スパイスをより健康的に食することを試みていたのです．古代の人たちは，人間とスパイスと季節との相互関係を判断し，巧にスパイスを活用することで副作用も予防していたのです．本書では，この点に関しても強調しておきたいと思います．

1. 中国や漢方医学の薬膳理論[7, 14]

　まず，中国の薬膳の考えでは，宇宙の森羅万象が5つに分類できるとする「陰陽五行説」に従って，万物を5つ（木火土金水）に分類した五行色体表を仮定しています．これは，五時（季節：春夏秋冬に土用を加えて五つ）と五気（邪），五味，五臓，五腑が，相互に関連していることを示した理論です．つまり，水の要素に対応する，冬は寒邪が作用して，腎や膀胱，耳の病気を起こしやすいこと，それに対しては，塩からい（鹹）味の食物が良いということが，五行色体表（表3）から一目瞭然で理解できるのです[7, 14]．

表3 薬膳の基本「五行色体表」

五行	木	火	土	金	水
五色	青（緑）	赤（朱）	黄	白	黒（玄）
五方	東	南	中	西	北
五時（季節）	春	夏	土用	秋	冬
五気（邪）	風	熱・暑	湿	乾・燥	寒
五味	酸	苦	甘	辛 [※1]	鹹 [※2]
五臓	肝	心	脾	肺	腎
五腑	胆	小腸	胃	大腸	膀胱
五官	目	舌	口	鼻	耳

※1 ピリっと辛い　※2 塩辛い

　それに対して，スパイスの五性を考慮して，寒邪に対抗できる熱性から温性の食物を食べるということになります．そのときに，体質・体調も考慮するとよいのです．

中国医学とアーユルヴェーダの薬膳の本を参照

五性	食材例
熱	トウガラシ，ニンニク，サンショウ，コショウ，山羊など
温	ショウガ，ねぎ，カボチャ，ニンジン
平	穀類，さつま芋，じゃがいも，たまご，ごま
涼	大根，なす，レタス，砂糖，ワカメ，セロリ
寒	きゅうり，みょうが，もやし，すいか，塩

漢方の体質の意味と必要な五性と五味

気鬱体質	気の巡りが悪くなりやすく，閉塞感やイライラが起こりやすい	
五性：温，平，涼		五味：温，平，涼
気虚体質	気が少なくて生命力が低下した状態	
五性：温，平		五味：甘
血瘀体質	体の各所に血液がよどみ，それが痛みやコリを起こす	
五性：熱，温，平		五味：辛苦
血虚体質	血液が不足して心身に潤いがなくなる	
五性：温，平		五味：甘酸塩からい
水毒体質	水の代謝が滞り，体に余分な水分がたまる	
五性：熱，温，平		五味：辛淡

　スパイスの代表であるトウガラシは，血瘀体質や気鬱体質，水毒体質に対して，冬や秋に良いということになります．

2．アーユルヴェーダのドーシャ理論とドラヴィヤグナ [15, 16, 17]

　インド伝統医学のアーユルヴェーダにおいても宇宙の五元素（空・風・火・水・地）の要素を食物が持つとしていますが，特に6味（甘・酸・塩・辛・苦・渋味）の要素は，宇宙の五元素からなっているとしています．また，宇宙の五元素は体内の3つの生命エネルギー（ドーシャと命名されている）になっていると考えられています．

5元素と3つのドーシャ （3種類の生命エネルギー）
　　ヴァータ Vata：運動のエネルギー＝空元素＋風元素
　　ピッタ Pitta：代謝のエネルギー＝火元素＋水元素
　　カパ Kapha：結合エネルギー＝水元素＋地元素

ドーシャとスパイスなど食物の味，5元素の関係性

味	構成5元素	ドーシャへの作用
甘味	水元素，地元素	ヴァータ↓，ピッタ↓，カパ↑
酸味	地元素，火元素	ヴァータ↓，ピッタ↑，カパ↑
塩味	火元素，水元素	ヴァータ↓，ピッタ↑，カパ↑
辛み	風元素，火元素	ヴァータ↑，ピッタ↑，カパ↓
苦味	空元素，風元素	ヴァータ↑，ピッタ↓，カパ↓
渋味	地元素，風元素	ヴァータ↑，ピッタ↓，カパ↓

3つのドーシャのバランスが健康をもたらしますが，そのバランスに影響する要因として，体質，時間的要因（1日の時間帯，季節，年齢），生活習慣（食事や薬など摂取するもの，運動，睡眠，排泄など），天体の影響などが要因となって，ドーシャのバランスが崩れる（増大してしまう）ことから，病気の治療だけでなく，健康的な生活には，3つのドーシャをバランスさせるような食生活が重要であると説いています．また，食生活では，消化力の重要性も認識されており，ドーシャのバランスを崩したり，あるいは食する量が多すぎると，いくら良い食物でさえも未消化物アーマを生成させ，病気や老化を進めることになるとアーユルヴェーダでは考えられています．

アーユルヴェーダでは，このようなドーシャ理論に従って，スパイスなど食物を調整しています．これは伝統的にインドの家庭では，祖母から母，母から子に伝えられてきているのです．実際のスパイスは，ほとんどが辛みを持つことから，カパを減らす方向に作用するが，ピッタとヴァータは増悪させる方向に作用します．そのため，カパ体質やカパが増大している体調や春から冬にかけての季節では，スパイスは勧められますが，ピッタ体質やヴァータ体質で，ピッタやヴァータが増悪している状況や夏から秋にかけては，体内の3つのエネルギー（ヴァータ,ピッタ,カパ）が増えすぎてバランスを崩してしまうので，体を熱くしすぎ体内の炎症や胃腸の潰瘍を促すことが考えられるのです．そのため，夏から秋にかけては，そのようなスパイスのとり方は勧められません．

以上のごとく，伝統医学では，一般の人たちが食する場合も，体質と体調，季節を考慮しながら摂取することで，副作用を予防して，効果を高めることができるようにする理論があるのです．

5 スパイスの処方の仕方：複合処方が適当

最近ではスーパーマーケットなどの店頭に多様なスパイスが並んでいますが，それらをどのように使えばよいかわからないことがあると思います．しかし，スパイスはいくら薬だからといって，スパイスを単独で摂取することは，場合によっては適切でなく，複合する方がよい場合が多いのです．例えば，カレー粉やチリパウダー，七味唐辛子，中国料理に使われる五香などは，数種類のスパイスをブレンドしたものです．カレー粉でも，クミン，コリアンダー，カルダモン，ターメリックなどのスパイスがミックスされており，好みに応じてクローブやナツメグ，シナモン，レッドペッパーなどを加えて，20種類以上のミックススパイスとしてアレンジすると口に合いやすいのです．とりわけ,インドでは,体内の未消化物を消化しきるために，トリカトゥという，コショウ，ショウガ，長コショウ（ヒハツ）の等量ミックスを基本的ミックスにして,ここにプラスすることが多いのです．

その複合処方の原理を紹介します.

●複合処方の原理

　漢方薬の複合製剤の方剤原理：麻黄湯を例にとると，漢方薬は以下の4つの成分を複合させて作られています[14].

君薬：主薬	麻黄
臣薬：主薬の効能を増強	桂枝
佐薬：臣薬の補助薬	杏仁
使薬：君薬の偏りを正す	甘草

注）君薬に甘草，臣薬に桂枝・杏仁，佐使薬に麻黄をあてる考え方もある.

　アーユルヴェーダの方剤原理も類似していますが，麻黄湯の素材に加えて，アーユルヴェーダでは，薬自体の吸収を助ける薬としてトリカトゥ（ショウガ，コショウ，長コショウの等量混合物）を入れ，さらには，その薬の排泄を促す素材としてトリファラーと呼ばれる製剤も追加するのです[15,17].

代表的な作用を示す薬草	麻黄
相加作用薬	桂枝
補助作用薬	杏仁
相反作用薬	甘草
消化吸収を助ける薬	トリカトゥ
排泄作用を持つ薬	トリファラー
薬草の作用をより深い組織に働かせるアヌパーナム	ハチミツ，ギーなど

　以上のように複合処方が伝統医学の原理であり，単一のスパイスだけで使うことは少ないのです．現代医学的にも，シナモンにコショウをミックスすることで，シナムアルデヒドとピペリンの相互作用で循環促進作用などが増強されることも知られており，単一のスパイスでの応用は現実的ではありません.

　アーユルヴェーダの代表的なスパイスミックスの代表は，前述のトリカトゥです．これは，コショウ，ショウガ，長コショウの粉の等量混合物で，消化や代謝の促進をすることで，減肥作用がいわれているアーユルヴェーダの薬（薬食同源）です．実際には，トリカトゥプラスとして，体質や体調に応じてほかにスパイスを追加して応用することが多いのです.

　実際にテレビ俳優に用いた例では，便秘や強い肥満があったため，トリカトゥにフェンネル，ターメリック，フェヌグリークを少量追加し，トリカトゥプラスとして，食事の度

に振りかけて食してもらったところ，2週間で2.6 kg の減量に成功したことがあります．トリカトゥは，褐色脂肪細胞の UCP1 を抑制することで脂肪の燃焼を促す[12]ためか，発汗をしやすくなったといいます．

6 スパイスの安全性：新薬との相互作用やスパイスの毒性

　ただし，トリカトゥなどのスパイスは，薬物代謝に影響したり，腸内細菌叢にも作用するので，新薬を飲んでいる患者さんでは，血中濃度が高くなりすぎる危険性があります．このような新薬との相互作用を起こす例は，コショウや長コショウのピペリンの作用が主体となりますが，投薬を受けている人たちがスパイスをとるときは要注意です[18, 19, 20]．

　つまり，「薬食同源」といわれるように，効果効能がたくさんある香辛料ですが，食べ物であっても，使い方を間違えると健康被害を起こすことがあるのです．古来から香辛料を活用してきたインドの人たちも，体質や体調によってスパイスの調合を毎日でも変えています．正しく使用しないと，香辛料で危険にさらされてしまう可能性について説明しましょう．

1.　妊娠中は香辛料を控えるべき？

　妊娠中は食べたものがそのまま胎児の栄養になるため，特に香辛料，特にカレーやキムチなどの，刺激が強い辛い食べ物を控えるべきだといわれることがよくあります．辛いものは，タバコやアルコールと違い，食べてしまったからといって胎児に悪影響を与えることはありませんが，カレーやキムチに含まれるカプサイシンを過剰摂取してしまうことで，TRPV1受容体などを刺激して炎症を起こしやすくなるため，妊娠中のホルモンのバランスが乱れ，免疫力も低下する可能性はあります．トウガラシには食欲増進の効果があるため，大量に摂取することで胃もたれや胃痛を引き起こす危険性もあります．

　また，辛みを和らげるために炭水化物や水分を多くとってしまい，身体がむくんだり，体重増加によるさまざまな合併症の恐れもあります．辛いものには塩分も多いため，妊娠高血圧症候群にも注意が必要となります．しかし，妊娠中，無性にスパイシーなものを食べたくなることもあるので，適量であれば，胎児への影響はないので，神経質になりすぎなくてもよいでしょう．

　ほかにも妊娠中に注意すべき香辛料に，ターメリック，シナモン，ナツメグなどがあります．これらの香辛料は子宮収縮を促すといわれ，不正出血・流産・早産をしてしまう可能性があるので，積極摂取は避けたいのです．しかし，すべての香辛料がよくないというわけではなく，ジンジャーなどの身体が温まる香辛料は，妊娠中の「冷え」を解消し，つわりの嘔気を抑える効果も高いのです．どのような食材でも同じですが，適量を守ることが

大切なのです.

2. 香辛料がアレルギーの原因に！？

　カレーで吐き気や腹痛などの症状を起こすことがあります．そば，卵，牛乳などと同じように，香辛料にもアレルギーが存在するからです．香辛料は「薬食同源」となるものなので，敏感に反応しやすい人，持病を抱えた人，体調不良の人などが摂取したときは，体調に異変が生じる場合もあります.

　例えばトウガラシを食べることで起こるアレルギー疑似症状は主に3つあるといいます.

　1. 口内炎，2. 皮膚の炎症，3. 胃痛です.

　1つ目の口内炎は，トウガラシの TRPV1 受容体への過剰刺激により，口内の傷が悪化した結果できてしまうものです．2つ目の皮膚の炎症は，トウガラシに含まれるカプサイシンという辛みの元となる成分が交感神経を活発化し，汗だけでなく皮脂の分泌まで増加させてしまうため，ニキビなどの皮膚トラブルが起こりやすくなってしまうことで起きると推定されています．3つ目の胃痛は，トウガラシなどの辛みの強い香辛料には胃の働きを活発化する作用があり，その刺激が強すぎると胃の粘膜を傷つけてしまうことがあるからです．胃痛だけでなく，十分に食べ物が消化されず，下痢・腹痛などを引き起こしてしまうこともあります.

　アレルギー症状が起こるのはトウガラシだけでなく，シナモンやニンニク，コショウなどの香辛料にもアレルギー疑似症状が確認されています．「いつもと違うカレーのルウを使うと湿疹が出た」「シナモンで身体がかゆくなる」などは，香辛料のアレルギーかもしれません．また，カレーには，スパイス以外にも，小麦粉や乳製品などが含まれているので，それらに対する過敏症状である場合も考えられます.

3. シナモンの過剰摂取に注意

　香辛料を，健康・美容効果のためにと過剰に摂取すれば逆効果になってしまうこともあります．例えば胃や腸の働きを整え，冷え性の予防にもなることで知られているシナモンは，1日当たりの摂取量は0.6 ～ 3 g が適量だといわれていますが，それ以上摂取すると，シナモンの甘い香りの元の一つであるクマリンという成分により，肝障害が起こる危険があります．お菓子や飲み物など，一般的な食生活での影響はありませんが，サプリメントなどで過剰摂取してしまう危険性が東京都福祉保健局から発表されています．詳細はドイツ連邦リスクアセスメント研究所の報告書 (下記) を参照してください.

　http://www.fukushihoken.metro.tokyo.jp/shokuhin/anzen_info/coumarin.html.

　大量のシナモンの粉末をむせながら食べることで，肺を刺激して窒息する危険があり，実際死亡者も出ているといいます.

　また，シナモンには子宮に対する強い刺激性があるので，子宮出血や流産の危険があり

ます．ドイツ連邦リスクアセスメント研究所では，シナモンに含まれるシンナムアルデヒドが胎児に悪影響を及ぼす，ということで，シナモンのサプリメントの利用に対して懸念を示しています．

4. スパイス・ハーブ類の中のトランス脂肪酸について

平成23年2月21日に消費者庁より公表された『トランス脂肪酸の情報開示に関する指針』について，全日本スパイス協会の見解は，一般的に「日本人1日当たりのトランス脂肪酸の平均的な摂取量は問題ないレベルである」といわれており，「バランスの良い食事をとることこそが大切」としています．特に，香辛料の摂取量は日本人1日当たり1g以下と非常に少なく，日本人のトランス脂肪酸摂取量全体への影響はほとんどないものと判断しています．

参考）食品安全委員会作成のファクトシート

http://www.fsc.go.jp/sonota/54kai-factsheets-trans.pdf

5. ナツメグの過剰摂取は，意識障害を来す危険性がある．

ナツメグは，モクレン目ニクズク科の常緑高木です．原産地はインドネシアのモルッカ諸島で，熱帯のジャングルに生息しています．スモモのような実を付け，この種子や皮をスパイスに利用しています．種子を削ったものをナツメグ，実と種子の間にある皮をメイスと呼び，残った果肉は，加熱すると食べられます．ナツメグを過剰摂取すると意識障害が起こることがあるといいます．

6. スパイスは体内の解毒系に影響して，内服薬の効果を変える！

ショウガ，コショウ，長コショウなどの成分であるクマリン物質が，体内の肝臓や胃腸にある薬物代謝酵素系（CYP酵素系）の活性を変えることで，薬の生物学的利用性（Bioavailability）に影響することが知られています．それにより，スパイスをとりすぎると，場合によっては，薬の効き方が違ってくるのです．この3つの複合されたトリカトゥというスパイスミックスを同時に摂取すると，ある食品成分が20倍も増大したことが知られています[11]．体質や体調によっては，胃炎や下痢を起こしたり，湿疹などを発生しやすくしたり，トウガラシなどを多食すると，TRPV1受容体を刺激することでの引赤作用から慢性炎症を引き起こしてくる可能性もあります．トウガラシを含むスパイスミックスを摂取することで，体重が減少しただけでなく，皮膚がかゆくなったり，頭痛がしたりなどという症状が出ている例も経験しています．

スパイス使用の長い歴史を持つインドの家庭で行われているように，自分の体質・体調にあわせて，毎日適量を摂取することが，健康には必要なことです．

引用文献

1） Maguelonne Toussaint-Samat, Anthea Bell, tr. The History of Food, revised ed. 2009.

2） Philippe and Mary Hyman, "Connaissez-vous le poivre long?" L'Histoire no. 24 (June 1980).

3） 第3回タイツ―フォーラム：血管の健康とQOLの向上
   http://tie2.kenkyuukai.jp/FilePreview_Subject.asp?id=2668&sid=1246&cid=352

4） Xiong XX *et al.*/:Piperlongumine induces apoptotic and autophagic death of the primary myeloid leukemia cells from patients via activation of ROS-p38/JNK pathways. Acta Pharmacol Sin. 2015;36(3):362-74.

5） 高木監修＆木村編：漢方薬理学、南山堂、東京、1997.

6） Sebastian Pole: Ayurvedic Medicine, The Principle of Traditional Practice. Singing Dragon, London and Philadelphia, 2013.

7） 高橋・上馬塲共著：東洋医学で食養生-美・医・食同源　体質・症状・年齢別（特選実用ブックス）、世界文化社、東京、2005.

8） 沼田朋大ら：TRPチャネルの構造と多様な機能,生化学　第81巻、第11号、pp962-983,2009.

9） Dhaka A. *et al.*: TRP Ion Channels and Temperature Sensation. Annu. Rev. Neurosci. 2006, 29:135-61.

10） Ebihara S *et al.*:Stimulating oral and nasal chemoreceptors for preventing aspiration pneumonia in the elderly. Yakugaku Zasshi. 2011;131(12):1677-81.

11） Ebihara S *et al.*:Sensory stimulation to improve swallowing reflex and prevent aspiration pneumonia in elderly dysphagic people. J Pharmacol Sci. 2011;115(2):99-104. Epub 2011.

12） Butt MS *et al.*:Anti-oncogenic perspectives of spices/herbs: A comprehensive review. EXCLI J. 2013,12:1043-65.

13） Ebihara T *et al.*：A randomized trial of olfactory stimulation using black pepper oil in older people with swallowing dysfunction. J Am Geriatr Soc. 2006 Sep;54(9):1401-6.

14） 朱＆許ら著：健康体質づくり～スマートライフの実現にむけて～．　未病体質研究会、金沢市、2014.

15） 上馬塲和夫：補完・代替医療：アーユルヴェーダとヨーガ　第3版、金芳堂、京都、2016.

16） Ann McIntyre：The Ayurveda Bible: The definitive guide to Ayurvedic healing. The World's Bestselling MBS Series. A Godsfield Book, London, 2012.

17） 上馬塲和夫監訳＆編：「アーユルヴェーダのハーブ医学」出帆新社、東京、1994.

18） Shoba G *et al.*:Influence of piperine in the pharmacokinetics of curcumin in animals and human volunteers. Planta Med 64:353-356(1998).

19） Johri RK *et al*:An Ayurvedic formulation "trikatu"and its constituents. J Ethnophamaocol 37:85-91,1992.

20） Premila MS: Ayurvedi herbs, A Clinical Guide to the Healing Plants of Traditional Indian medicine. Haworth Press, Inc. New York・London・Oxford, 2006.

（上馬塲和夫）

第3章
スパイスの周辺

袋入りの各種スパイス．インド・デリーのスパイスファクトリー．

　漢方では，体内の「気」・「血」・「水」という3つの要素のバランスによって健康状態が保たれると考えます．この3要素のバランスが乱れると体調が崩れてしまい，やがて本格的な病気を引き起こしてしまうため，未病のうちにバランスを正常に戻していくことが重要です．スパイスにはこの3要素の働きを抑えたり，逆に高めたりする作用があることが知られています．そこで，このスパイスの作用に着目した利用法を具体的な症例を挙げながらご説明していきましょう．

1 制限食への応用
～スパイスを利用しておいしく体調管理～

1．高血圧症

　日本人に高血圧性疾患が多いのは，伝統的な和食として食べられる食材の塩分濃度が高く，調味料として使用する醤油や味噌にも塩分が多く含まれていることが要因とされてい

47

ます．日本生活習慣病予防協会によると，食塩摂取量の目安は1日6g未満とされ，今の食生活から1日1g減塩すれば血圧が1mmHg低下でき，国民の平均血圧が4mmHg下がれば脳卒中死を1万人，心筋梗塞死を5千人減らせるともいわれています．

　ここで活用したいのが，スパイスのチカラです．味気ない減塩食にスパイスの豊かな香りと風味を加えることで，食味にアクセントがつき，塩分控え目でもおいしく満足感も得られるメニューとなるのです．また，スパイスの効能も見逃せません．和食の薬味として使われるショウガは体を温める効果がよく知られています．この効果に気付いた日本人は，冬の寒さを凌ぐ知恵として甘酒におろしショウガを加えて寒気封じをしましたが，ショウガに血圧を下げる効果があることを体感していたのかもしれません．ハーブやスパイスとして使われる植物の中には，血圧降下作用を持つものもあり，ジンの風味付けに用いられるジュニパーベリーや，魚料理に多用されるフェンネルは，血圧を適正にコントロールする働きがあるとされます．毎日の食事に上手にスパイスを取り入れて，ご自身やご家族の体調管理に利用してみるのはいかがでしょうか．

　漢方では，体質を重視してその人に合った食養生を指導していきますので，自分が最も当てはまるタイプの項目を参考にしてください．

　漢方では，「証」をとても重視します．「証」に基づいて，その人に適した処方をしていくので，まずは自分の「証」を知ることが大切です．

　この見極めの一つが，「虚・実」という考え方です．「実証」タイプは，体力があり，食欲も旺盛で顔色も良く，いつも元気な人です．「虚証」タイプはその逆で，細身で疲れやすく，食が細くていつも青白い顔をしている病気がちな人です．一番バランスが取れているのは「中庸（中間証）」といい，健康で理想的な状態としています．

　タイプは人それぞれですが，高血圧は「実証」タイプの人も，「虚証」タイプの人でも起きることなので注意しなければなりません．

①　最大血圧が高くなりがち…肝熱タイプ

　怒りや憂鬱などで感情が不安定になりイライラするときには，漢方では肝に熱がたまり陽の気が過剰に上昇すると捉えます．このため陰陽のバランスが崩れて血圧が上昇します．頭痛やめまい，耳鳴りが起きて，顔色が赤くなるなどの症状が表れ，口の渇きや熱っぽさを自覚するときには，肝の熱を冷ますメニューとスパイスを活用して症状を改善しましょう．

●肝の熱を冷ます食材・スパイス…

トマト，キュウリ，クロクワイ，バナナ，昆布，柿，セロリ，冬瓜，西瓜，ニンジン，トウモロコシ，リンゴ，梨，茄子，豆腐，そば，春菊，クラゲ，うずらの卵など

スパイスをきかせた有名なジャマイカ料理
「エスコビッチ・フィッシュ」を作る女性
たち．
使用香辛料・食材：黒コショウ，赤トウガ
ラシ，オールスパイス，ローリエ，白身魚，
タマネギ，ニンジン，ライムまたはレモン．

②　最小血圧が高くなりがち…瘀血(おけつ)タイプ

　脂質や糖分の多い食事やアルコールの多飲，寝不足などの食事・ライフスタイルの乱れ
は，血液をドロドロにする要因となり，漢方ではこのドロドロ血状態を「瘀血」と捉えてい
ます．血液の流れは滞りがちで血栓や動脈硬化にもなりやすく，常に顔色が悪く頭痛や手
足のしびれ，むくみ，あざになりやすいなどの症状が現れます．高脂肪・高エネルギーの
食習慣を改め，血流を促すスパイスを活用しましょう．

●**血流を促す食材・スパイス…**

**玄米，大豆製品，発酵食品，根菜類（ニンジン，ゴボウ，ヤマイモ），ショウガ，ネ
ギ，オニオン，味噌，トウガラシ，サンショウ，ニンニク，コショウ，ターメリック，
シナモン，ナツメグ，コリアンダーなど**

③　加齢の影響で血圧が高くなりがち…腎虚(気・血・水すべてが停滞)タイプ

　加齢によって運動量・筋肉量がともに低下することで，血液の流れも悪くなってしまい
ます．漢方ではこの状態を，血液を運ぶ気(エネルギー)が不足していると捉えます．こう
なると，心臓はどうにか血液を送り出そうと心拍数を上げるため，息切れや動悸，めまい

が起きやすくなり，血管にかかる負担も増大します．このタイプの高血圧症の改善には，エネルギーのもととなる「腎」を補う食材やスパイスが効果的でしょう．

●「腎」を補う食材やスパイス…

体を温めるもの：羊肉，鹿肉，ドジョウ，ニラ，クルミ，ギンナン，シナモン，サンショウ，うい骨髄，ウイキョウ，ナタマメ，大根（加熱），生姜，にんにく，コリアンダー，カルダモン，クローブ，コショウ，トウガラシ，フェンネルなど

体の熱(虚熱)を下げ体液を補うもの：黒豆，黒ゴマ，クコの実，キクラゲ，ソラマメ，セロリ，豚腎，スッポン，ウナギなど．

腎の働きを補うもの：山芋やオクラ，納豆，ナメコなどの「ネバネバ食品」

2．糖尿病

高脂肪・高カロリー食が日常化している日本では，糖尿病患者とその予備軍がものすごい勢いで増えています．糖尿病の恐ろしさは，自覚症状がないまま重症化しやすく，ほかの重篤な合併症を引き起こしてしまうことです．予防のためにも，脂質や糖分の多い食生活を改善し，野菜中心の栄養バランスがとれた食事を意識していくことが大切です．

糖尿病予防食は，野菜をおいしく食べて満腹感が得られることが肝心となり，ここで活躍するのが香りと風味をプラスするスパイス類です．漢方薬に処方されることの多い肉桂（シナモン）は独特の甘い香りが特徴で料理や菓子の風味付けにもよく利用されていますが，実は食事で摂取した糖質（デンプン）の分解を阻害して血糖値の急上昇を防ぐ薬理作用があり，糖尿病対策への応用が期待されています．同じような働きが，オールスパイスやニンニク中の成分にもあることがわかっています．これら期待のスパイスを活用しつつ，自分の体質に合った食事療法で，健康な体を維持していきましょう．ここでは，自己免疫疾患による“1型（インスリン依存型）糖尿病”のケースを除外して，生活習慣から誘発された“2型（インスリン非依存型）糖尿病”についての食生活改善を取り上げます．

① **体に余分な水分や老廃物が溜まって肥満している…水滞タイプ**
利尿作用を促す食材やスパイスで汚れを排泄させる．
適した食材・スパイス…チンピ（オレンジピール），ネギ類，コショウ，ショウガ，シソ，クローブ，トウガラシ，シナモンなど

② **血流が悪く代謝が低下している…瘀血タイプ**
スパイスの辛みや酸味で「気」の滞りをなくし「血」の流れを改善させる．
適した食材・スパイス…コショウ，サンショウ，ウコン（ターメリック），フェンネル，ひじき，酢，サフラン，シナモン，ミント，ユズ，トウガラシなど

③　**身体機能の低下により糖代謝機能が低下している…気虚タイプ**

低脂肪高タンパク質の食材で「肺」「脾」「腎」をバランス良く整える.

適した食材・スパイス…クルミ，ゴマ，ミョウガ，スターアニス，コリアンダー，サンショウなど

3. 認知症

スパイス食がもっとも有効と考えられるのが，認知症やその予備軍の人です．認知症に適用される薬はどれも脳血流量をあげることを効果の一つとしています．つまり，脳の血流量を増やして脳に酸素を送り込むことで，脳の働きを活発化させようというのです．しかし，血管拡張剤は血流量を一気に上げてしまうため，その副作用で頭痛を起こしてしまう患者さんも少なくありません．その点でも，食事でとるスパイスの働きによって血行を促し，血流量を増やすことは体への負担が少なく安全性でもメリットが多いのです．以下にスパイスの主な特徴や効能を紹介しますので，体調や好みに合わせて活用してみてください．

・**カルダモン**

生薬では「縮砂（しゅくしゃ）」と呼ばれるショウガ科のスパイスで，インドカレーには欠かせないものです．「香りの王様」と呼ばれる,ややスパイシーで爽やかな香りが特徴です．消化促進や食欲増進に働きかけますが，体を冷やす作用もあるため体調に合わせて使用しましょう.

・**ターメリック（ウコン）**

ショウガ科の植物を乾燥させたターメリックは，ビタミン B_6，C，E，K，葉酸や鉄，マグネシウム，カリウムなどを豊富に含み，強力な抗酸化作用・抗菌抗炎症作用があることでも知られています．とくに近年は主成分であるクルクミンのアルツハイマー型認知症進行阻害作用に注目が集まり，研究が進められています．

・**ワサビ**

ワサビの辛み成分イソチオシアネートには，抗血栓作用（血管内の血の塊を予防・改善する）があることが知られていましたが，同時に脳の血流を高めて認知症対策としても有効であるとメディアで取り上げられ期待を集めています．

・**ディル**

「和らげる」という意味を持つ地中海地方原産のディルには，神経を落ち着かせ不眠を改善する作用があります．青々とした爽やかな芳香も特徴の一つで，含有成分のオイゲノールやケルセチンがアレルギー症状を緩和・抑制し血糖値バランスを整えてくれます．

・**ローズマリー**

アロマテラピーでも人気の高いローズマリーは，古くから記憶力の改善や若返りのハーブとして用いられてきましたが，現代の研究でも精油成分が脳の認識力を高め老化物質の生成を抑制することが報告されています．

・シソ

認知症予防効果が期待されるロズマリン酸（ローズマリー酸）を多く含有する和のスパイスがシソです．種から搾油したシソ油に含まれる「αリノレン酸」や葉に含まれる成分「ルテオリン」は，花粉症などのアレルギー症状を抑制・改善して脳の働きを高めることも研究で明らかとなっています

・セージ

ヨーロッパでは古くからさまざまな傷の治療や神経系の病を癒すハーブとして利用されてきました．同類のローズマリーに多く含まれるロズマリン酸やカンファー系の芳香成分を含有し，この脳の働きを高める作用からアルツハイマー型認知症の治療にも用いられています．

4. 冷え性

漢方では，手先や足先の冷えを主訴とする冷え性も未病と考えて治療の対象としています．その「冷え」の背景に，胃腸障害や貧血，低血圧が潜んでいることもあるからです．また，脳からの指令が速やかに伝わらない，あるいは指令自体がなされないという自律神経の乱れも要因の一つとなっています．このような体と心（脳）に働きかけるのが，スパイスの「香り」や「血流促進」の効果です．以下にスパイスの主な特徴や効能を紹介しますので，体調や好みに合わせて活用してみてください．

・オニオン（タマネギ）

ツンとした刺激はジスルフィド化合物で，血栓を溶かして血液の流れをスムーズにさせる効果があります．体内では胃液の分泌を促して消化吸収を助け，コレステロールの上昇も抑えます．

・ニンニク

ニンニクやネギ類に特有の刺激臭はアリシン．毛細血管を広げて血流を改善させたり，高い殺菌作用で風邪などのウイルス疾患を予防し，疲労を回復たりする作用があります．

・サフラン

クロッカスの雌しべの先端部・柱頭を原料とするサフラン．1輪の花からわずか3本しか取れないため，非常に高価なスパイスとして古くから扱われてきました．鮮やかな黄金色のサフランライスで知られるように，水溶性の黄色の色素と甘くあたたかな芳香が特徴です．ビタミンA，B群，C，ミネラルなどを豊富に含み，ホルモンバランスを整える作用があります．月経を促すため，妊婦への適用は控えましょう．

・ショウガ

漢方ではショウガは生のままか，あるいは乾燥させたものかで薬効は異なると考えます．生ショウガは強い殺菌力を持つジンゲロールなどの揮発成分を多く含み，風邪のひきはじめの悪寒や吐き気に効果を発揮します．ただし，ジンゲロールは時間が経過すると揮発し

サフランを使った料理.
鶏肉のパエリア
（スペイン）.

てしまい薬効が薄まります．乾燥させたショウガは主に漢方薬で「温中回陽」の薬能で用い
られます．これは加熱した際に増加する成分・ショウガオールが胃腸を刺激して血流を促
して体を温めるためで，冷え性改善には加熱または乾燥させたショウガが向いています．

・トウガラシ（チリ，カイエンヌ）

言わずと知れた辛みを加えるスパイス・トウガラシ．この辛み成分のカプサイシンが消
化管を刺激して体を温め発汗と消化を促します．とくに毛細血管の血行を促すため，手足
の冷えを改善して代謝も高めてくれます．

・サンショウ

ミカン科植物の果皮を原料とするサンショウも，生薬として用いられるスパイスの一つ
です．ピリッとした辛みはサンショオールという辛み成分で，これが胃酸の分泌を促して
消化を助けます．胃腸を刺激して代謝機能が活発になることから，お腹から温める作用が
あります．

5. 妊娠中

コショウやショウガといった日常的に使用されるスパイス類も，多量に摂取すると体の
コンディションに思わぬ悪影響を与えてしまうことがあります．スパイスハーブの生理活
性作用の中には，血流を促すものや子宮収縮を促すものもあるため，妊娠中は摂取を控え
たり使用のタイミングや量を調整したりして体調をコントロールしましょう．とくに注意
したいスパイスは下記のものです．

シナモンを使ったリンゴの薄皮パイ「アップル・シュトルーデル」.
（オーストリア）.

・ターメリック（ウコン）

カレーに不可欠なターメリックは，漢方では消炎・殺菌の目的にも用いられています．アルコール好きな人にとっては，肝臓の解毒作用をアップさせる「クルクミン」の効果も人気があります．しかしターメリックには子宮の収縮を促す作用もあるため，妊娠中の摂取量には注意が必要です．

・シナモン

クスノキ科の樹皮を原料とするシナモンには，精油成分の「桂皮アルデヒド」が大量に含まれ，高い消炎・鎮痛作用をもたらしますが同時に自律神経系や内分泌系にも働きかけて生体機能を活性化し子宮の収縮を促します．

・ローズマリー

シソ科特有の清涼感のある芳香を持つハーブは，食材の臭み消しから抗菌・抗炎症のための民間薬にも幅広く利用されてきました．抗酸化物質のロズマリン酸や精油成分のカンファー類は，抗炎症や覚醒作用ももたらすが同時に子宮収縮を促すため，使用量には注意が必要です．

・セージ

古くから薬用ハーブとして利用されてきたセージですが，葉の精油成分であるツヨンにエストロゲン様作用があり，子宮を収縮させる作用が強く出ると流産や早産の危険性が高まります．また，母乳の分泌を減少させる作用もあるため，出産後も使用を控えるほうが無難でしょう．

・マジョラム

温かみのある香りで人気のハーブ・マジョラムは，血管を拡張させて血液の流れを整えてくれる冷え性にはうれしい作用がありますが，通経作用もあるため妊娠初期には避けたほうがいいでしょう．

2 スパイスできれいに
～スパイスの美容効果～

　体重は気になるけれど，食事制限はしたくない……．理想体重・体型を保ちたい……．そんな悩みに対しても，スパイスの代謝促進効果や香りのリフレッシュ・リラックス効果が，日々のダイエットをサポートしてくれます．

代謝を高めるスパイス…

　・**ショウガ**：血流を促して体を温める成分「ショウガオール」はショウガを加熱したり乾燥させたりすることで増加します．そこでダイエットのためには，生のおろしショウガをトッピングするよりも調理の際に使ったり，乾燥粉末を調味料として加えることがおすすめです．

　・**ニンニク**：ニオイ成分の一つ「アリシン」が糖質をエネルギーに変えるときに働くビタミン B_1 を助けるので，糖質である炭水化物を食べる際にはニンニクを一緒にとるとダイエット効果が期待できるのです．

　・**トウガラシ**：辛み成分「カプサイシン」が直接体内の脂肪に働きかけるのではなく，あくまでも発汗を促して代謝を上げる効果にとどまります．過剰摂取は胃腸炎などのダメージをもたらすこともあるので，摂取量には注意しましょう．

　・**コショウ**：同じコショウ科に属するペッパー類（ブラック・ホワイト・ピンク・グリーンなど）には「ピペリン」という辛み成分が含まれ，高い抗菌・抗酸化作用と防腐作用があり，同時に体内に入るとアドレナリンの放出を促して，熱産生を促す酵素の働きを活発にします．これによって，血管が拡張して血流が促され，エネルギー代謝が高まります．

　・**サンショウ**：ピリッと舌を刺激する辛み成分「サンショオール」には，胃腸を温め発汗を促す作用があり，胃弱や冷え性の改善に用いられています．しびれるような刺激が大脳に伝わることで内臓器官が活発に働き消化や代謝が促されるのですが，麻酔のような鎮痛作用もあり，月経痛の緩和にも効果的です．

　・**ディル**：血流やホルモンを適正にコントロールする働きがあり，爽やかな芳香はアロマテラピーで頭痛や冷え性の改善に使われています．

3 生活を楽しくするスパイス術
～スパイスの効果を生活に取り入れる～

1. 入浴剤として活用
～スパイスの揮発成分や芳香成分を利用したスパイス温浴の楽しみ方～

　生または乾燥したハーブ・スパイスはガーゼなどの目の粗い布地の袋に入れ，バスタブや洗面器にセットします．そこへ熱い湯を加え成分が溶け出したところで，部分浴・全身浴を行います．東南アジアにはスパイスから抽出したオイルを使うスパイス浴もあり，クローブを用いた丁字湯は修行僧の薬湯でもあったそうです．（トウガラシやサンショウなど肌に直接触れると炎症を起こしたり，精油成分が血圧を上昇させたりするスパイスもあるので，使用の際にはパッチテストなどを行い必ず安全性を確認してください）

　手浴（ハンドバス）法…手首から手先までを湯に浸します．
　足浴（フットバス）法…足首から足先までを湯に浸します．

抗炎症作用のあるスパイス・ハーブ…

シソ，ミント，ユーカリ，セージ，ラベンダー，カモミール，ニンニク，クローブ，サンショウ，アニス，ターメリックなど

抗菌作用のあるスパイス・ハーブ…

クローブ，ターメリック，ショウガ，ヒノキ，ジュニパーベリー，クミン，スターアニス，コショウ，ワサビ，サンショウ，シソなど

リラックス効果のあるスパイス・ハーブ…

オールスパイス，スターアニス，コショウ，シナモン，クローブ，ラベンダー，ローズ，セージ，クミン，ナツメグ，ヨモギ，カモミール，ユーカリ，タイム，ヒソップ，マジョラム，フェンネル，レモンバーム，ショウガ，ユズ，ヒノキ，オレンジ（ピール）など

2. 自然の痛み止めとして活用

　漢方では「丁香（ちょうこう），百里香」の名で生薬としても使われるクローブ．その名の通り百里（約390 km）先まで届く甘くスパイシーな香りが特徴です．主成分のオイゲノールには強力な鎮痛・鎮静作用があり，歯が痛むときにクローブを詰めるという自然療法があったりします．このオイゲノールは，サラダやマリネなどに用いられるタラゴンにも高

濃度で含まれていて，こちらもやはり自然の麻酔薬として使われた経緯があります．

鎮痛効果のあるスパイス・ハーブ…

クローブ，コリアンダー，ターメリック，フェンネル，ナツメグ，ローリエ（ローレル），シソ，ミント，ラベンダー，ローズマリー，シナモン，アニス，ショウガなど

鎮静効果のあるスパイス・ハーブ…

ユーカリ，ペパーミント，マジョラム，レモン，ラベンダー，クミン，ユズ，ローズマリー，ショウガ，レモンバームなど

3. 防虫剤として活用

香り高いスパイスは，病原菌や毒虫などから身を守る生活用品としても利用されています．

乾燥させたトウガラシを２，３本米びつの中に入れてコクゾウムシなどの害虫除けをしている家もあるでしょう．イギリスや北欧でも同じように，ローリエの葉を穀物の容器に入れて虫除けをしていたそうです．防虫・除虫効果を持つスパイス・ハーブには，芳香成分を多く含むシソ科やキク科植物，魔除けに使われていたニンニク類などがあります．

防虫効果のあるスパイス・ハーブ…

シソ，ミント，レモングラス，タイム，ユーカリ，ラベンダー，ローズマリー，カモミール，バジル，ニガヨモギ，ニンニク，トウガラシ，クローブ，コショウ，セージ，ゼラニウム，スターアニス，オレガノ，レモングラスなど

ペットのノミ除けにも使えるスパイス・ハーブ…

カモミール，ゼラニウム，キャットニップ，ローズマリー，ミント，オレガノなど

●**COLUMN**●

スパイスと民間療法

風邪をひいてお腹の調子が良くないときには梅干しを番茶に入れて飲んだり，のどが痛むときには焼いた長ネギを首に巻いたり．現代でも古の知恵として踏襲される民間療法には，多くのスパイスやハーブが用いられています．梅干しに含まれるクエン酸の疲労回復効果や長ネギのニオイ成分・アリシンが持つ強力な消炎殺菌効果など，科学的に実証されているものも多く，民間療法は家庭の医学や台所薬膳などといわれて見直されています． **（丁　宗鐵）**

4 スパイスの組み合わせと使い分け
～相性を知って上手に活用～

　多種のスパイスを組み合わせた料理の筆頭は，やはり「カレー」でしょう．生薬としても使われているスパイスが多用されていて，まさに食べる薬膳といえるもので，好みの組み合わせや量の加減によっても味わいがまた違ってきます．そんなカレースパイスですが，初心者でも間違いなくおいしく作れる基本ルールがあるのです．まずはこの基本ルールを覚えて，自分流のアレンジカレーに挑戦してみると楽しみも広がります．

ジャマイカ風山羊のカレー「カリード・ゴート」の材料．（ジャマイカ）．

スパイスの役割は主に「香り」「辛み」「色づけ」の3つです.

カレーのおいしさを増す「香り・風味」を出すためのスパイス

ニンニク，カルダモン，クミン，クローブ，ベイリーフ，シナモン，コリアンダー，ベイリーフ，フェンネル，メース，ナツメグ，バジル，レモングラス，チンピ，ディル，バジル，ナツメグ，フェヌグリーク，カレーリーフ，ガラムマサラ

カレーの味を決める「辛み」を出すためのスパイス

コショウ，ショウガ，チリ，マスタード，ガラムマサラ

食欲を刺激する「色付け」のためのスパイス

ターメリック（黄色），パプリカ（赤色），サフラン（赤色），クミン（茶色），コリアンダー（茶色），ガラムマサラ（茶色）

　上記の中から好みのスパイスを組み合わせることで，オリジナルのカレーは簡単手軽に作れるのです．スパイスを使うタイミングは，① 下ごしらえ（材料と一緒に付け込んで風味をつける．ショウガやニンニク，シナモンなど），② 調理直前（食材より先に火にかけて辛みや風味を出す．チリやショウガ，ニンニクなど），③ 調理中（食材の味付けや色，辛み付けをする．コショウ，カルダモン，ベイリーフなど），④ トッピング（風味や辛みを増す．ショウガやバジル，コショウなど）の4段階に分類できます.

　ここで使用する「香り・風味付け」のスパイスと「辛み付け」のスパイスは，基本的に加熱して油に香りや辛みの成分を移し水分を加えて煮込み，食材やスープに味を含ませていきます．そのため，油で加熱する工程がとても重要となってくるのです.

（丁 宗鐵）

スパイス解説

オールスパイス

Allspice　生薬名：三香子（サンコウシ）

オールスパイスの果実．完熟すると濃い紫色になる．

収穫されたオールスパイス．

オールスパイスは，シナモン，クローブ，ナツメグを合わせたような香りのスパイス．パウダー（左）はお菓子やジャムなどに，ホールは肉料理などに使われる．

　オールスパイスは別名「ジャマイカペッパー」というが，その原料となる植物はコショウ科のものではなく，フトモモ科ピメンタ属の *Pimenta dioica* の果実である．フトモモ科に属するスパイスにはクローブ（チョウジノキ）があり，こちらのほうが知名度は高い．本科に属する一連の植物はコショウ科植物に次ぐ香辛料の代表選手といってよい．

　大航海時代には船荷の食料防腐や臭みを消すのに必須の素材としてスパイス調達が重要視され，実際にコロンブスがジャマイカで見つけたオールスパイスを「コショウ」と思い込んでスペインに持ち帰ったことが，世に広めるきっかけにもなった．マヤ文明ではオールスパイスを王族の遺体防腐を目的として使用していたようだ．

　乾燥してスパイスとして用いられている

科 属 名	フトモモ科　ピメンタ属
学　　名	*Pimenta dioica*
別　　名	ジャマイカペッパー，ピメント
原 産 地	メキシコン，ホンジュラス
使用部位	未成熟の果実，葉
形　　状	乾燥させた果実，パウダー

オールスパイスはまだ完熟していない緑色の果実
を収穫し，赤褐色に乾燥させる．
乾燥したオールスパイスは大粒のコショウに似て
いる．

果実はオールスパイスと呼ばれるが，ほか
の状態ではピメントと呼ばれている．ピメン
ト *Pimenta dioica* は，メキシコンやホン
ジュラスを原産とする植物で，ジャマイカ
がこのスパイスの一大産地である．高さが
10 mを越える常緑高木であり，姿や葉の
つき方が月桂樹（クスノキ科）とよく似てい
る．白い小さな花が咲き，褐色の果実をつ
ける．果実は熟すと香り成分が失われるの
で，未熟なうちに採取して天日乾燥する．
　果実以外にも，乾燥した葉を煮込み料理

ピメントの木の樹形．

63

に用いるほか，この植物から得られる精油（ピメント・リーフ・オイル）には，弱い抗菌性があるので香りと併せたデオドラント化粧品にも利用される．

主要成分

オイゲノール, シネオール, カリオフィレン, エリシホリン(ピメントール).

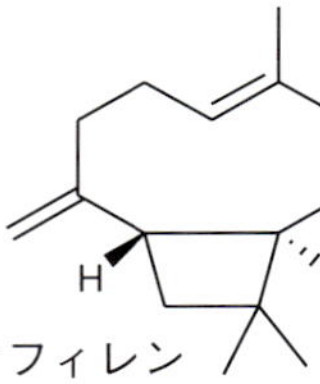

カリオフィレン

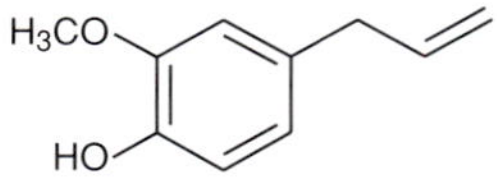

オイゲノール

シネオール

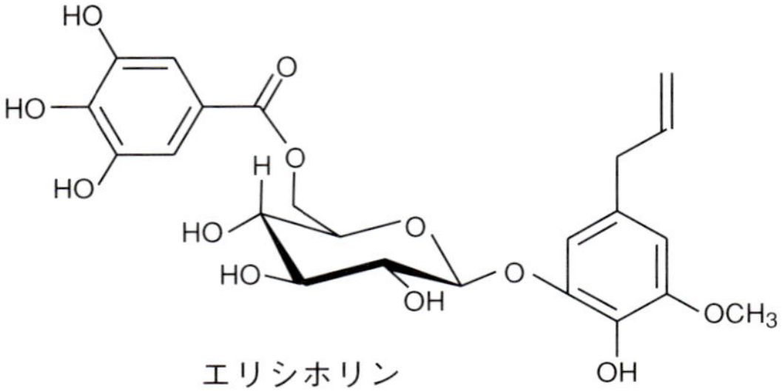

エリシホリン

スパイスの健康学

　スパイス類は，食品としての側面ばかりでなく原産国においては，伝統医療にも用いられた．ジャマイカでは，風邪，月経困難，胃弱などにオールスパイスを紅茶に入れて飲み，コスタリカでは胃弱や糖尿病に用いる．グアテマラでは，粉砕したオールスパイスの実を打撲によるあざ，関節痛や筋肉痛に塗布する．キューバの伝統医療では，他の薬用植物と組み合わせて消化不良改善に服用する．

　また，イギリス薬局方（1898 年～ 1914 年）には，pimento oil あるいは pimento water が医薬品として収載され，エキスは神経痛に効果があるとされた．このほかにもオールスパイスから得られた精油をマッサージオイルに添加したり，血行改善や鎮痛のための入浴剤ともした．中国も，オールスパイスを「三香子（さんこうし）」と呼び，食欲増進や消化不良を改善，胃痛，嘔吐，下痢，発熱，風邪などの予防に用いる．

薬理作用

　オールスパイスの特異な芳香性を示す精油成分は，同科に属するクローブと同じオイゲノール（eugenol）が大部分を占め，果実には 60 ～ 90％含まれる．このほかにもモノテルペン（1,8-cineol），セスキテルペン（caryophyllene）などが含まれ，独特の香りを作り出す．

ピメント・リーフ・オイルを作っているところ．
精油は水蒸気による蒸留で抽出される．

　これらの精油には，抗微生物，抗真菌，抗炎症，抗酸化，がん細胞増殖抑制作用があることが知られているが，最近では，オールスパイスに含まれる精油以外のフィトケミカルが注目されるようになった．利尿効果や抗炎症作用，主要増殖抑制作用を示すフラボノイドのクエルセチン，抗ウイルス作用や強い抗酸化活性を示す芳香族カルボン酸の没食子酸，およびオイゲノール配糖体に没食子酸が結合したエリシホリン（ericifolin）がそれであり，特に後者のエリシホリンは，前立腺がんを抑制する効果が *in vivo*（生体内で）でも認められた話題の成分である．

　スパイスの機能性研究は，その独特な香りや含量の多さから精油成分に目が向きがちだが，植物に固有に含まれる精油以外の成分にもさまざまな生理活性が期待できることから，今後の研究成果に期待したい．

スパイスの調理学：食卓を彩る使い方

　芳醇な香りで親しまれ，カリブ料理，ジャマイカ料理には欠かせないスパイスである．オールスパイスは，シナモン，クローブ，ナツメグと合わせて使用すると，それぞれの個々の香りが調和されて使いやすくなるともいう．ジャマイカ料理以外にもパンプキンパイ，スパイシーバナナケーキ，パンプディング（ブレッドプディング），ジンジャーブレッドなどのデザート類に好んで使用される．

（高野 文英）

クリスマス・プディング
ジャマイカの砂糖，ラム，オールスパイスをたっぷり使った，ジャマイカ風のスパイス入りプディング．

エスコビッチ・フィッシュ
有名なジャマイカ料理で，オールスパイスで香りをつける魚の酢漬け．
熱いままでも冷たくして食べてもよい．

薬理作用における文献

1) Tucker, A.O. *et al.* : *J. Essent. Oil Res.,* **3**, 195 (1991).
2) Zhanga L., Lokeshwara, B.L.: *Curr. Drug Targets,* **13**, 1900 (2012).

ガーリック

Garlic　生薬名：大蒜（タイサン）

ニンニクは地下茎が肥大した部分.

ガーリックパウダー.

　ガーリック（ニンニク）の利用は洋の東西を問わず，人類の発展とともに歩んだ最も身近で，よく知られた食材である．一方で，ニンニクは食べ方，利用方法，食薬両面からの研究成果など，さまざまな情報が飛躍的に蓄積するスパイスでもある．そこで，ニンニクについて広く知られた事項は成書に譲り，ニンニク固有の成分や新たにわかっ

た健康維持に関する機能性ついて概説する．

　ニンニク *Allium sativum* は，これまでユリ科に属するとされたが，DNA ゲノムによる被子植物分類法が導入され，本植物はヒガンバナ科ネギ属の分類となった．

　ニンニクがニンニクたるゆえんの「匂い成分」は，分子内に硫黄を含む成分によるもので，天然の有機硫黄化合物群に分類される．この特異な臭いの出発物質は，アリインである．アリイン自体は無臭であるが，ニンニクをすりおろすと細胞内のアリナーゼが作用して強烈な臭いを発するアリシンへと変換する．アリシンがさらに分解することで生じるジアリルジスルフィドもアリシンと相まって特異なニンニク臭となる．ちなみに,「アリル」という化学用語は，19世紀にオーストリアの有機化学者であ

科 属 名	ヒガンバナ科　ネギ属
学　　名	*Allium sativum*
別　　名	ニンニク
原 産 地	中央アジアと推定
使用部位	鱗茎
形　　状	鱗茎を生食，パウダー

るテオドール・ヴェーザイムが，ニンニク
から臭い成分を単利して，命名したことか
ら生まれた．

主要成分

臭い成分：アリイン(無臭)，アリ
シン(強烈な臭いを発する)，ジア
リルジスルフィド(ニンニク臭)．

アリイン

アリシン

ジアリルジスルフィド

スパイスの健康学

ニンニクに含まれる一連の有機硫黄化合
物は，強い抗酸化性や抗菌性を有しており，
本来はニンニク自身が土中細菌や昆虫など
から身を護る成分として作り出していると
想像できる．人類もこの成分を作り出すニ
ンニクを，健康増進や料理に役立てている．

ニンニクに含まれるアリシンは，抗酸化
活性を示すほか，さまざまな菌に対して強
い抗菌作用を示す．食としての機能性以外
にも肉の保存や殺菌調理としてニンニクを
用いる理屈に適っているのである．さらに，
ニンニクを食べることで昔から言われてい
る健康維持作用には，精力増強，滋養強壮，
疲労回復，消化促進，食欲増進，脂質代
謝異常改善，血圧下降，血小板凝集阻害な
どなど魅力的な作用が目白押しであり，こ
れらもニンニク固有の有機硫黄成分で説明
がつくとされる．最近，我々の研究グルー
プは北海道旭川で生産されたニンニクを用
い，免疫機能に及ぼす作用を調べた．その

結果，ニンニクエキス，アリシン，あるい
はジアリルジスルフィドをマウスに飲ませ
ると，腸の免疫機能を高める働きがあるこ
とを明らかにすることができた．

ニンニクに含まれるフィトケミカルは，
臭いに関連する有機硫黄化合物ばかりでは
なく，人体の必須微量金属であるセレニウ
ムを含むセレノシステインやセレノメチオ
ニンという特殊なアミノ酸も含まれる．セ
レニウムは，体内で作られる抗酸化酵素の
働きに欠かせない金属であり，解毒などの
人体の働きで重要な役割を手助けする．

発酵食品の健康維持に及ぼす影響や機能
性の研究が盛んに行われるようになり，巷
には発酵食品が多く出回るようになった．
例にもれず，ニンニクについても発酵ニン
ニク・黒ニンニクなどの食品が開発され市
販されている．発酵ニンニクは，生のニン
ニクを一定の湿度と高温で発酵(エイジン
グ)させて作るものであり，発酵させること
で独特の臭みが緩和されて，甘みが増し，

しかも健康維持作用が増大するとされる．ニンニクを発酵させることで，生のニンニクよりも，抗酸化性，抗アレルギー，血糖上昇抑制，抗炎症，がん化の抑制などさまざまな薬理学的機能性が引き出される．成分では，甘みに影響する糖濃度，抗酸化性やさまざまな生理活性に重要なポリフェノールやフラボノイド類が劇的に増加する．その一方で，発酵によりニンニク臭が減るのは，アリシンが熱で分解するのと，アリインの原料となるアミノ酸であるシステイ

ンが減るためである．生のニンニク同様に発酵ニンニクについてもさまざまな角度から研究がなされるようになり，その有用性が明らかにされつつあるが，発酵のプロセスを含めた製造方法が一定でないこともあり，規格の統一が必要な面もあるとされる．

このように，ニンニクの有用性についてヒトを含めた医学的研究成果が増えていることを受け，アメリカ国立がん研究所（NCI）は，ニンニクをがんや生活習慣病を予防可能な食品としてリストアップしている．

スパイスの調理学：食卓を彩る使い方

ニンニク臭の原因となる第1段階のアリシンは不安定な化合物で，すぐに反応を起こしてさまざまな臭い成分へと変化する．アリシンからできる硫黄化合物は，アリルメルカプタン，アリルスルフィド類，アリルメチル

スルフィド類，アホエン，ビニルジチインなどがあり，これらは脂溶性なので，調理すると油へ臭いが移ることになる．また，生のニンニクをすりおろし，刺身醤油やラーメンに入れたりするときに感じる独特の辛さは，

露店で売られているニンニク（メキシコ）．

アリシンが口腔内の特殊な受容器（TRPA1）を刺激することで感じるものである。同じ受容器を刺激して辛さを感じるものには、キャベツやワサビの辛み成分（アリルイソチオシアネート）やトウガラシの辛み成分（カプサイシン）がある。

スパイス・食材としてのニンニクは、鱗茎の部分で、調理、あるいは生で使用するものである。ニンニクは、料理を引き立たせるだけでなく、薬用から宗教的儀式に至るさまざまな場面でも用いられる。

●使用上の注意●

「過ぎたるは猶及ばざるが如し」で、ニンニクの過剰摂取は思わぬ副作用を起こす場合がある。代表的なものはニンニク（アリシン）の刺激性から来る胃粘膜障害や、溶血反応による貧血がある。また、アリシンの抗菌作用がビタミン B_2 を作り出す腸内細菌を死滅させるので、ビタミン B_2 欠乏症（口角炎など）を引き起こすことがある。また、ニンニクの有益な面である血液をサラサラにする作用は、時と場合によるもので、出産後や血液が固まらなくなるような医薬品を服用している場合、薬の作用が強く出てしまうこともあるので注意が必要だ。さらにジアリルジスルフィドは、少量であれば、免疫を活性化する作用があるが、過剰ではニンニクアレルギーの原因ともなる。このように、ニンニクに限らず、身体に良いからといって、スパイス類を過剰に食べたりすることは避けたい。

（高野 文英）

薬理作用における文献

1) Banerjee, S.K., Maulik, S.K. : *Nutr. J.,* **1**, 1 (2002).
2) Ota, N., *et al.* : *J. Func. Foods,* **4**, 243 (2012).
3) 湧永製薬株式会社 http://www.wakunaga.co.jp/garlic/chemistry/
4) Kimura, S., *et al.* : *J. Food Drug Anal.,* **25**, 62 (2017).

● *COLUMN* ●

辛みのいろいろ

辛みが特徴のスパイスはたくさんあります。トウガラシやマスタードのほか、和のスパイスでもワサビやサンショウ、ショウガ、ネギ、ラッキョウ、また薬味で使う大根おろしなどです。コショウのピリッとした辛みやニンニクのツーンとくる辛みも、料理に欠かせないものです。

しかしこれらに含まれる辛み成分はそれぞれ化学的性質が異なり、辛さのテイストも微妙に違っています。ワサビやカラシ（マスタード）、ダイコン、ニラ・ネギ類などのツーンとくる辛みは、揮発性の高いアリル化合物の作用です。揮発性が高いので、食べる直前に切ったりすりおろしたりしないと辛みが飛んでしまいます。その代わり、口の中に残った辛みは熱いお茶でさっと流れてしまいます。

反対に熱感を伴うようなトウガラシの辛みはカプサイシンによるもので、加熱しても時間が経っても辛みが弱まることはありません。ただ油脂に溶けやすい性質を持つので、口の中の辛みを取り去る方法としては、カシューナッツなどのナッツ類を食べる方法が知られています。また、触った手指に痛みや赤みがあるときには、水で洗うだけでなく油脂分を含む食品やクリームをいったん塗布して、せっけんで洗い流すようにしましょう。

（丁 宗鐵）

カルダモン

Cardamom 生薬名：小荳蔲（ショウズク）

カルダモンホール.

カルダモンの果実.

カルダモン全草.

　カルダモンは日本薬局方に「ショウズク（小荳蔲）」として収載され，医薬品としても用いられるスパイスである．医薬品にもなる食用植物には，スパイスに分類されているものが多い．実際に，生姜，ウコン類，唐辛子などがそれにあたる．

　カルダモンと呼ばれるスパイスは，一般にショウズクの種子のことである．この植物は，南西インド原産で東南アジアを中心

科属名	ショウガ科　ショウズク属（グリーンカルダモン）
学　　名	*Elettaria cardamomum*（グリーンカルダモン），*Amomum subulatum or A. tsao-ko*（ブラックカルダモン）
別　　名	ショウズク
原 産 地	南西インド
使用部位	果実の乾燥した外皮　　種子
形　　状	果実を乾燥させる

つやのある熟したカルダモンの果実と乾燥したもの. 24 時間熱い炉で乾燥させると外皮が縮む.
この縮んだ状態で販売されるが, 乾燥の工程は複雑で, しかも栽培も難しいので高価である.

に広く栽培され, 最も古いスパイスの一つ
とされる.

　カルダモンと呼ばれるスパイスには, ブ
ラックカルダモン(＝ネパールカルダモン
など)とグリーンカルダモンの２種類があ
る. 両者ともショウガ科植物を基原とする
が, 属が異なり, ブラックカルダモンは
Amomum subulatum や *A. tsao-ko*, グリーン
カルダモンは *Elettaria cardamomum* を基原
とする.

　グリーンとブラックいずれも, さわやか
な香りがあるが, ブラックカルダモンはや
や渋めの香りだという. グリーンカルダモ
ンが清涼感を与えるのに対して, ブラック
カルダモンは温める作用があるとされる.

同じカルダモンだが, 作用がそれぞれ異な
る点が興味深い. なお, 医薬品の「ショウ
ズク」に規定されるのは, このうちグリー
ンカルダモンである.

　グリーンカルダモンの香気成分は精油
のモノテルペン(1,8-cineole：オールスパイ
ス参照)が 40% 以上, 次いで α-酢酸ター
ピニル(α-terpinylacetate)が 30% 以上を占
め, このほかにサビネン(sabinene), 4-テル
ピネン-4-オール(4-terpinen-4-ol), ミルセン
(myrcene)が数パーセント含まれる.

　一方, ブラックカルダモンの精油は, モ
ノテルペンがメインで 60% を占める. その
他の数パーセントを α-ピネン(α-pinene),
β-ピネン(β-pinene), および α-テルピネ

オール（α-terpineol）で占めると報告されている.

　ブラックカルダモンに含まれるピネン類は，マツに含まれる精油でありブラックカルダモン独特のマツのような香りはこの精油に由来すると考えられる.

　このように2種のカルダモン精油はメインのさわやかさを与える成分（モノテルペン）が同じでも，副次的に含まれる成分のプロファイルがそれぞれ異なる.なるほど，料理でこれらを使い分けるのは，成分の違いからも十分理解できる.

乾燥させたブラックカルダモン（インド）.

カルダモンの果実を採取する女性（スリランカ）.

73

主要成分

精油(グリーンカルダモン):テレピンアセテート,サビネン,ピネン.

精油(ブラックカルダモン):ジインドイルメタン,インドール-3-カルビノール.

テレピンアセテート

サビネン

インドール-3-カルビノール

ピネン

ジインドイルメタン

スパイスの健康学

　我が国の薬局方における「ショウズク」の適用は芳香性健胃薬として胃腸薬などの原料とする.また,漢方処方用薬として,健胃消化薬とみなされる処方においてビャクズク(白荳蔲:*A. kravanh*)の代用とされる.

薬理作用

　マウスや細胞レベルの研究においてカルダモンには,抗酸化活性,胃粘膜保護作用,抗炎症作用,血圧降下作用,抗痙攣作用,血小板凝集阻害作用,抗菌作用,抗腫瘍作用などさまざまな作用があることが報告されている.これらすべての作用がカルダモンの精油で説明がつくものではないらしく,未知のポリフェノール類やフラボノイドが関連している可能性が示唆されている.なお,ブラックカルダモンからは,カレー粉の主原料となるターメリックに含まれるジアリルヘプタノイド(クルクミン類)が含まれていることが報告された.また,グリーンカルダモンからは,キャベツやケールにも含まれるフィトケミカルのインドール-3-カルビノール(indole-3-carbinol)や,ジインドリルメタン(diindolylmethane)が見いだされていて,発がん予防作用があるとして注目されている.

　メタボリックシンドロームを誘発させたラットに2種のカルダモンを投与して効果を比較した研究報告によれば,グリーンカルダモン,ブラックカルダモンはいずれも体重増加や血圧を下げたり,脂質レベルを低下させたりするが,ブラックカルダモンのほうがグリーンカルダモンよりも有効性が高かったとされる.

スパイスの調理学：食卓を彩る使い方

カルダモンは「Queen of all Spices」と形容されるように，さわやかな香りが特徴の香辛料で，カレー，アラブ料理，インド料理には必須のスパイスである．

カルダモンには，身体を冷やす作用があるとされ，インドでは，グリーンカルダモンをチャイ（紅茶）に入れ，サウジアラビアではコーヒーに入れて飲む習慣がある．

（高野 文英）

薬理作用における文献

1) Masoumi-Ardakani, Y., *et al.* : *Planta Med.*, **82(17)**, 1482 (2016).
2) Satyal, P., *et al.* : *Nat. Prod. Commun.*, **7(9)**, 1233 (2012).
3) Bisht, V.K., *et al.* : *Afr. J. Agric. Res.*, **6(24)**, 5386 (2011).
4) Bhaswant, M., *et al.* : *Nutrients*, **7**, 7691 (2015).
5) Qiblawi, S., *et al.* : *J. Med. Food*, **15**, 576 (2012).

● *COLUMN* ●

市販のカレールウを薬膳に

スパイスには漢方の生薬として使われているものが多くあることから，カレーは健康づくりにすぐれた機能を持つ食品であることを，私は数々のメディアで紹介してきました．市販のルウには15～30種類のスパイスがブレンドされていますので，ここに自分の体調に合わせた食味・食性のスパイスや食材を組み合わせることで健康増進を図ろうという考え方です．ただし，人の体調は日々変化しますので，同じ味や同じ食材ばかり使うことは，漢方の中庸という考え方に反しかえって害を及ぼします．漢方の考え方を表したのが図Aです．これをもとに，胃が弱っているときには甘味（甘い食材・スパイス），気管支や大腸の調子がすぐれないときには辛み（辛い食材・スパイス）を組み合わせると健康効果が高まります．

（丁 宗鐵）

図A　五臓・五腑・五根

第4回カレー再発見フォーラム「未病医学による食養の知恵」（難波恒雄）より引用改編

クミン

カレーの臭いの中心.
クミンパウダー（左）とクミンホール（右）.

クミンの花.

エジプトが原産のスパイスで，世界各地の肉野菜料理，煮込み料理，炒めもの，パン，チーズなどに幅広く用いられる.

クミンは，外観が極めてそっくりなキャラウェイ（ヒメウイキョウ）としばしば混同される．キャラウェイもクミンも同じセリ科のスパイスだが，キャラウェイは属が異なる *Carum carvi* から得られる種子である．なお，クミンとキャラウェイも作用や香りに大きな差がないとされる.

さらに，クミンと呼ばれるスパイスには「ブラッククミン」なるものも存在する．これは別名の「ブラックキャラウェイ」から転じて呼ばれるようになったためで，基原となる植物はキンポウゲ科のクロタネソウの仲間，ニオイクロタネソウ *Nigella sativa* の種子である.

ブラッククミンに含まれる精油のプロファイルは，*n*-ノナン（*n*-nonane），アロオシメノール（alloocimenol），テルピネン-1-オール（terpinen-1-ol），1,5,8-*p*-メンタトリエン（1,5,8-*p*-menthatriene），ジヒドロカルボン（dihydrocarvone），オシメノン（ocimenone）であり，クミンとは似ても似つかない．ゆえに，香りも異なるようである．ブラッククミンには，このほかにもユニークなキノン誘導体も含まれていることが報告されている.

科 属 名	セリ科　クミン属
学　　名	***Cumimum cyminum***
別　　名	ウマゼリ（馬芹）
原 産 地	エジプト
使用部位	種子
形　　状	種子を乾燥させたクミンホールと粉にしたクミンパウダー

主要成分

クミンに含まれる精油含量は，種子中に2%以上含まれるとされ，主要成分は**クミンアルデヒド**と**カルバクロール**である．

クミンアルデヒド　　　カルバクロール

スパイスの健康学

スパイス類の生物活性で必ずヒットするのは，抗菌作用であるが，クミンも例外ではなく，幅広い抗菌活性を示す．

薬理作用

このほかにも，抗腫瘍作用，脂質過酸化抑制（抗酸化作用），糖尿病抑制作用，T細胞免疫応答の調節作用などがある．中枢神経に対して，クミンを投与したマウスではモルヒネ作用が抑制されるといい，モルヒネ依存性が軽減できる可能性が示されている．このほかにもクミンには鎮痛作用の報告がある．さらには女性ホルモン様作用もあるとされ，クミンの植物ステロールが骨粗しょう症の改善に役立つ作用があるという．このほかにも，消化管の蠕動運動を高めたり，血小板の凝集を阻害する作用などの有益な報告が多数ある．いずれも脂質代謝異常や生活習慣病の改善に役立つと考えられるエビデンスであり，スパイスが薬用として用いられてきたことがうなずける．

スパイスの調理学：食卓を彩る使い方

カレー粉やチリパウダーの原料としても必要不可欠なスパイスである．カレー粉特有の香りはこのクミンによるといってよい．多くのスパイスがそうであるように，クミンも油で熱する作業を最初に行う．これは，スパイスの香り成分が，極めて油に溶けやすく，揮発性であるためである．

（高野 文英）

薬理作用における文献

1) El-Ghorab, A. H., *et al.* : *J. Agric. Food Chem.*, **58**, 8231 (2010).
2) Johri, R. K. : *Pharmacogn. Rev.*, **5**, 63 (2011).
3) Kumar S., *et al.* : *J. Food Sci. Technol.*, **47**, 598 (2010).

クローブ

クローブの樹形.

クローブのつぼみ．最も収穫に適しているのは，つぼみが十分大きくなり赤味を帯びたとき．

　クローブ（チョウジ：丁，丁子，丁香）は，数あるスパイスの中でも料理の味を劇的に変化させることでは，群を抜いて優れた性質を持つ．奈良時代の初めに書かれた「法隆寺伽藍縁起并流記資財帳」には「丁子香」として見え，正倉院の宝物にも「丁香」が保存されたことから，かなり早い時期に我が国にも伝わったことがわかる．

　クローブは花のつぼみを乾燥させたもので，形は，名称の由来にもなった「釘」に似る．この釘に似た形状を活かし，ハムやソーセージなどの表面に打ち込んで香り付けや防腐に用いる．独特の甘くスパイシーな香りは，このクローブに含まれる精油成分のオイゲノールが担う．オイゲノールはフェニルプロパノイドと呼ばれる植物成分

科　　名	フトモモ科　チョウジ属
学　　名	*Syzygium aromatlcum*
別　　名	丁子，丁香，百里香，鶏舌香
原 産 地	モルッカ諸島（インドネシア）などの熱帯・亜熱帯地方
使用部位	開花前の蕾が淡いピンク色を帯びるころに摘み取り，陰干ししたもの
形　　状	1.5 cm 程度の針に似た形状

つんだばかりのクローブと乾燥させて褐色になったクローブ.

に分類され，クローブ精油の 80％以上を占める．オイゲノールを含むスパイスは，クローブのほかにオールスパイス，ローリエ（月桂樹），シナモン，バナナ，ナツメグがある．

　西ヨーロッパでは古来，オレンジやリン

伝統的な利用法（ポマンダー）.

クローブを収穫する女性たち（インドネシア）.

ゴの表面にクローブをたくさん刺したポマンダーで厄払いをする習慣があり，また中国では，天子に謁見する際は，クローブの軸部分を噛んで口の中を清め，口臭予防をしていたといわれている．

主要成分

精油：オイゲノール，オイゲノールアセテート，バニリン，フムレン，カリオフィレンなど．
フラボン：ラムネチン，ケンペロールなど．
トリテルペン：オレアノール酸など．
その他：タンニン，脂肪油など

オイゲノール

オイゲノールアセテート

スパイスの健康学

　クローブの精油には酢酸オイゲノール（eugenyl acetate），β-カリオフィレン（β-caryophyllene），β-オシメン（β-ocimene）なども含むが，それらの含量はオイゲノールに遠く及ばない．オイゲノールそのものも香料，医薬，工業製品に至るまでさまざまに利用される．かつては，バニラの香りの原料となるバニリンを合成する原料としても使われた．

薬理作用

　このような医薬品と密接に結び付くオイゲノールを含むクローブは，洋の東西を問わず，薬としてさまざまな疾患に用いられた．身体を温める作用，鎮痛，鎮痙作用をはじめ，芳香性健胃薬として消化不良・嘔吐・下痢・腹部の冷痛などに使用する．

　また，吃逆（しゃっくり）や嘔気にも有効性があるとされ，クローブ（チョウジ）を配合した漢方薬の柿蒂湯は，吃逆の特効薬である．食薬以外の用いられ方として，江戸時代にはチョウジ油を刀の錆止めとして利用していた．なお，クローブの香りは歯医者の香りともいわれるが，歯科領域においてチョウジ油は口腔内消毒，防腐，歯痛抑制に欠かせない医薬品でもある．クローブは，食薬の両面から使用されるもので，我が国の薬局方では，チョウジ末，チョウジ油として収載されている．

　世界各国でクローブの研究が盛んに行われ，その生物活性を列挙するには枚挙にいとまがない．最もよく知られた作用は，スパイスに共通する抗菌作用と抗酸化作用である．その他，麻酔作用，鎮痛，抗がん作用，抗炎症作用，胃運動促進作用，抗ウイルス作用などの報告が多数ある．

　これらの作用のほとんどが，精油成分のオイゲノールによって説明できるとされるが，クローブにはバニリン，タンニン，フラボノイドなども含むので，新たな薬理活性が見いだされる可能性がある．

トルティエール　豚挽肉のパイ.

スパイスの調理学：食卓を彩る使い方

●クローブにあう食材●

　シチューやポトフ，豚の角煮，カレーなどの肉類の臭み消しや，カルダモンやシナモン，ショウガなどとブレンドしてチャイや焼き菓子，ホットワインなどの甘い香りつけに使用される.

●使用上の注意●

　クローブなどのスパイス類は刺激性が強いので，極端な量を摂取することはないと思われるが，WHO では，クローブ精油のヒトにおける 1 日の摂取量として，2.5 mg/kg を許容範囲としている.

（高野 文英）

ジョー・フロッガーズ
スパイスをたっぷり使ったクッキー.

薬理作用における文献

1) Cortés-Rojas, D.F., *et al.* : *J. Trop. Biomed.*, **4**, 90 (2014).

ペッパー

Pepper　生薬名：胡椒（コショウ）

ペッパーの果実.

ペッパーの葉と果実.

ブラックペッパー.

ホワイトペッパー.

科 属 名	コショウ科　コショウ属
学　　名	*Piper nigrum*
別　　名	胡椒（コショウ）
原 産 地	インド南西部
使用部位	果実
形　　状	径 4〜6 mm の球形

　スパイスの王様と呼ばれるペッパーには4000年以上もの長い歴史がある．インドが原産地であり，そこで紀元前5世紀にはすでに栽培が始まっていたという．ここからアラブ，フェニキアの商人を通じて地中海沿岸に広まったとされている．中世ヨーロッパでは金と同じ価値があるとまでいわれ，珍重された．日本には奈良時代に中国から渡ってきたため，胡椒という名称で用いられ，正倉院御物の中にも存在している．

　ペッパーは収穫時期と加工法でグリーン，ホワイト，ブラックと呼称が異なる．

スリランカではペッパーの果実が緑色の未熟なときに収穫する．

スリランカで収穫されたペッパーの果実．

マレーシアでの収穫作業．
果実が赤味がかったころ収穫する．

グリーンは未熟な果実，ブラックは半熟果実を採取して乾燥されたもの，ホワイトは成熟果実を塩水につけて黒い果皮を取り除いたものである．ブラックペッパーはほかのものと比べ強い風味がある．

ペッパーは滑らかな木本植物で，5〜9mほどの高さになる．3〜4年で小さな房状の白い花が咲き，房状に赤く成熟する果実がつく．果実は1房に50〜60個つき，それを収穫，加工してペッパーとして用いる．

主要成分

辛み成分：ピペリン，シャビシン，ピペリジン

香り成分：ピネン，フェランドレン，リモネン，カリオフィレン，ピペロナール

ピペリン

シャビシン

スパイスの健康学

抗酸化作用，殺菌作用，抗炎症作用があり，食物を保存するためにも用いられていた．消化を助け，脂肪細胞を減らすといわれている．薬用としては発汗，健胃，食欲増進剤などに用いられる．

薬理作用

ピペリンは感覚神経に発現している温度受容体TRPV1を活性化し，辛みをもたらしている．ピペリンには抗がん作用[1, 2]，抗酸化作用[3]，止瀉作用[4]が報告されている．

スパイスの調理学：食卓を彩る使い方

肉，野菜を問わず，シチュー，スープ，サラダ，卵料理などにも風味付けのため広く用いられる．ホールをそのまま肉やピクルスのつけ汁，煮込み料理などに用いたり，風味を生かすために最後に粉末をペパーミルでひいて料理にかけたりして用いる．ソース，カレーの原料としても用いられている．

●**使用上の注意**●

食品中に含まれている量を経口摂取する場合おそらく安全であると考えられているが，妊娠中，授乳中の安全性については十

パストラミサンドイッチ（アメリカ）
コショウをきかせた牛肉の燻製のサンドイッチ．ユダヤの伝統料理．

分なデータがないため食品として通常量以上に摂取することは避けたほうがよい.

また，シトクロム P450 との相互作用がある[5, 6]ため，フェニトイン，プロプラノロール，テオフィリンなどとの薬物相互作用が報告されている.

（橋本 寛子）

アントレコート・ソティー・ドチェスター（イギリス）
4種類のコショウと生クリームのソースをそえたステーキ.

薬理作用における文献

1) Sunila, E. S., Kuttan, G.: *J. Ethnopharmacol.,* **90**, 339 (2004).

2) Bezerra, D. P., *et al.* : *J. Med. Biol. Res.,* **39**, 801 (2006).

3) Vijayakumar, R. S., *et al.*: *Redox. Rep.,* **9**, 105 (2004).

4) Bajad, S., *et al.* : *Planta Med.,* **67**, 284 (2001).

5) Hu, Z., *et al.*: *Drugs,* **65**, 1239 (2005).

6) Bhardwaj, R. K., *et al.* : *J. Pharmacol. Exp. Ther.,* **32**, 645 (2002).

コリアンダー

Coriander

コリアンダーの種子.

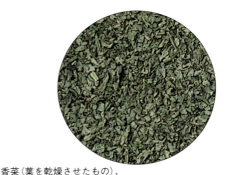

香菜（葉を乾燥させたもの）.

コリアンダーの花.

科 属 名	セリ科　コエンドロ属
学　　名	***Coriandrum sativum***
別　　名	コエンドロ, シラントロ, 香菜（シャンツァイ）, 中国パセリ, パクチー, カメムシソウ, コスイ（胡荽）
原 産 地	地中海沿岸地方から西アジア
使用部位	青葉を香味料として, 果実をスパイスとして用いる
形　　状	葉は羽状に裂け, セロリの葉に似ている. 果実は径 3～5 mm の球形

　世界最古のスパイスの一つといわれている. 地中海沿岸から西アジアが原産. 紀元前 3500 年ごろのメソポタミアの楔状文字板や古代エジプトのパピルス, 古代ギリシャの粘土板にもその名前が記されている. 薬用, 香辛料などとして使用されてきたが, さらに古代エジプトでは幸福のスパイスと呼ばれ, 亡骸と一緒に葬る習慣もあった.

媚薬として用いられたこともあったようだ. 湿り気のある荒地に生え, 高さは 30 ～ 50 cm になる. 生葉には独特の香りがあり, タイではパクチー, 中国では香菜（シャンツァイ）, ベトナムではザウムイ, 中南米ではシラントロ, ポルトガルではコエントロ, インドではダニヤーと呼ばれている. 熟した種子を乾燥させたものは甘くてまろやか

で柑橘類を思わせる香りがし，カレーなどでは欠かせない香辛料とされている．また，種子から水蒸気蒸留法で得たエッセンシャルオイルはスパイシーな甘い香りで，アロマテラピーなどにも使われている．

1年草で，高さは 30 ～ 50 cm になる．

葉は羽状に裂け，セロリの葉に似ている．全草に特有の臭気がある．初夏に小さな白やピンクの花が咲き，8 ～ 9 月に直径 3 ～ 5 mm の果実を付ける．熟してから収穫し，よく乾燥させてスパイスとして用いる．

主要成分

●果実

精油：d-リナロール，p-チモール，α-，β-シメン，リモネン

脂肪酸：オレイン酸，オクタデセン酸，リノール酸，パルミチン酸

その他：フラボノイド配糖体，β-シトステロール，マンニトール

●葉

精油：ピネン，**デカナール**，**リナロール**，ノ

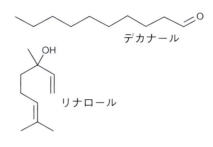

ナナール

生の葉：ビタミンB_1，B_2，C，E，β-カロテンが含まれている

スパイスの健康学

ヨーロッパでは消化不良，健胃，駆風薬として薬用とされている．炎症を緩和する，気分を落ち着ける，体内の毒素を排泄する（デトックス）などともいわれるが，ヒトでの有効性に信頼できる十分なデータは見当たらない．アロマテラピーでは鎮痛作用，健胃作用，抗菌作用，強壮作用などがあるといわれている．

スパイスの調理学：食卓を彩る使い方

タイ料理，インド料理，ベトナム料理，メキシコ料理，ポルトガル料理など広く用いられている．葉は東南アジアの料理には欠かせない存在で，香辛料として魚や肉料理に添えられる．果実は挽肉料理，ソーセージ，シチュー，カレー，ピクルスなどに用いている．甘味にも用いられ，クッキー，焼きリンゴ，生の桃などにかけると甘さが引き立ちおいしい．

●使用上の注意●

食品に通常含まれている量を摂取する場合にはおそらく安全と考えられている．

粉末コリアンダーとその油脂により，アレルギー反応や光過敏症，接触性皮膚炎を起こすことがある．

妊婦・授乳婦については安全性について信頼できる十分なデータがないため，濃縮物としての使用を避けること．

（橋本 寛子）

87

サフラン

Saffron　生薬名：蕃紅花（バンコウカ）

サフランの花. 雌しべの先の赤い柱頭が目立つ.

サフランの花の収穫. サフランの開花期は2週間と短く手づみのため，たいへんな労力を必要とする.

高価なスパイス，
サフラン

　古くから用いられているスパイスであり，最も高価なスパイスとしても知られている. サフランの雌しべの先の赤い柱頭しか用いられず，伝統的に手づみで収穫する. 1 kgを得るためには 100,000 ～ 140,000 個の花が必要なので，かなり高価になってしまう. 古代メソポタミアの楔形文字板や古

科 属 名	アヤメ科　クロッカス属
学　　名	*Crocus satives*
別　　名	蕃紅花
原 産 地	西南アジア
使用部位	雌しべの先の3本に分かれた部分
形　　状	濃い赤色から赤褐色. 糸状

サフランの花．赤い3本の柱頭がたれている．

収穫されたサフランの花．1つの花にある赤い3本
の柱頭以外は必要とされない．美しい花びらは捨て
られてしまう．

花期は短いため，収穫されたサフランの花から柱頭
をつみ取る作業が昼も夜も続く．

代エジプトのパピルスにも記されており，
古代ギリシアではその黄色は王族しか用い
ることができない高貴な色とされていた．

　水に浸すと鮮やかな黄色を呈し，パエリ
アやサフランライスなどに，着色と香り付
けに用いられている．

　漢方では蕃紅花と呼ばれ，微小循環の停
滞を治療する薬として循環器系，月経痛，
月経異常などの治療薬として用いられる．

　球根性の多年草植物で，草丈は20〜30
cm，10〜11月に独特の3分裂した赤い柱
頭（雌しべの先）を持つ青紫色の花をつけ
る．その日に開花したものの花柱をとり，
風通しの良い室内で陰干しをする．

サフラン畑（スペインのコンスエグラ）．

主要成分

カロテノイド：α，β，γ-カロテン，**ク
ロセチン**

色素配糖体：**クロシン**

苦味配糖体：ピクロクロシン

精油：テルペン，テルペンアルコール，**サ
フラナール**(香りの主成分)，サビトール

クロセチン

クロシン

サフラナール

スパイスの健康学

　古くから鎮静剤，去痰剤，媚薬，消化不
良，感冒，不眠症などに用いられた．現在
でも漢方で駆瘀血薬(うっ滞した血液を改
善する薬)として用いられている．

薬理作用

●脳・神経系●

大うつ病性障害患者のサフラン摂取で，症状の軽減が認められた[1]．

サフラナールはマウスの誘発痙攣に対して発作の持続を短縮し，死亡を防いだ[2]．

クロシンはヒト腫瘍細胞に対してアポトーシス誘導が示唆されている[3]．

クロシンにはフリーラジカル除去活性が報告されている[4]．

サフラナールはラットの海馬組織における抗酸化作用が報告されている[5]．

スパイスの調理学：食卓を彩る使い方

スペインのパエリア，フランスのブイヤベース，インドの米料理，甘味などに用いられていることが有名である．主にシチュー，スープ，肉・魚・卵料理などに用いる．

●使用上の注意●

通常の食事で摂取する量では安全と思わ

パエリア　スペイン風サフラン入り炊き込みご飯.

れる．しかし，大量摂取はおそらく危険である．1.5 g/日までの摂取では副作用は報告されていない．5 g/日以上の摂取で皮膚，強膜，粘膜が黄色くなる症状，嘔吐，眩暈，血便，血尿，鼻や唇，眼の縁，子宮からの出血，しびれ感，尿毒症による衰弱，血小板減少症紫斑などの症状を起こす．10 g／日で堕胎作用を示す[6,7]．

妊婦の摂取では堕胎作用，子宮収縮作用，通経作用に注意が必要である．授乳婦の摂取では十分な安全性に関する情報がないため避ける．

サフランにはオリーブ属，オカヒジキ属，ドクムギ属の植物と交差過敏症があるため，これらの植物に過敏症がある人は注意が必要である．

(橋本 寛子)

薬理作用における文献

1) Hausenblas, H. A., *et al.* : *J. Integr. Med.,* **11(6)**, 377 (2013).

2) Hosseinzadeh, H., *et al.* : *Fitoterapia,* **76(7-8)**, 722 (2005).

3) Escribano, J., *et al.* : *Cancer Lett.,* **100(1-2)**, 23 (1996).

4) Assimopoulou, A. N., *et al.* : *Phytother. Res.,* **19(11)**, 997 (2005).

5) Hosseinzadeh, H., *et al.* : *J. Pharm. Pharm. Sci.,* **8(3)**, 394 (2005).

6) Leung, A. Y.ら 著, 小林彰夫ら 監訳："天然食品・薬品・香粧品の事典"，朝倉書店 (2009)．

7) Pharmacist's Letter/Prescriber's Letter エディターズ 編，国立健康・栄養研究所 監訳："健康食品データベース"，第一出版（2007）．

シナモン

Cinnamon　生薬名：肉桂（ニッケイ）

シナモンの若木（スリランカ）.

シナモンの葉.

シナモンはクスノキ科の常緑樹で葉は厚く卵円〜楕円形，花は小さく，黄色か緑の両性花で円錐花序をなす．成熟した木は20 mにも達することがある．

世界最古のスパイスの一つで，古くから香辛料や薬用として用いられてきた．シナモンは，古代エジプトでは遺体の防腐処

芳香性に富むシナモン.

科 属 名	クスノキ科　ニッケイ属
学　　名	*Cinnamomum verum*，*Cinnamomum cassia*
別　　名	桂皮（ケイヒ），桂枝（ケイシ），ニッキ（以上，カシアの別名）
原 産 地	インド南西部，スリランカ
使用部位	樹木の内皮
形　　状	粉末状としてシナモンパウダー，樹皮をそのまま巻いてシナモンスティックとする

シナモン畑.

シナモンの収穫.
極上のシナモンは，茂みの中にある中心部の柔らかな若木から採れる.

93

理にも用いられていた．交易でも貴重なスパイスとして扱われ，古代ローマでは通貨として用いられ銀の15倍の価値があるといわれていた．

また，日本には8世紀前半に伝来しており，正倉院御物の中にも「桂心」という名称で薬物として奉納されている．

シナモンは大きく分けてセイロンシナモン（*Cinnnamomum verum*），カシア（チャイニーズシナモン，*Cinnamomum cassia*）の2種がある．セイロンシナモンの

収穫されたシナモン．

シナモンを作る作業．子どもや女性たちがシナモンの下準備をし，熟練の男たちが皮をむき巻物のようなシナモンを作る．

シナモンを梱包し，輸出の準備をする．
スリランカでは，18世紀からシナモンが世界中に
輸出されていた．

シナモンの下準備．
収穫したシナモンの幹の薄皮をむいてシナモン作
りの下準備をする．

ほうが上品な香りを持ち，高級とされてい
る．独特の甘みと香り，辛みがある．

　漢方では生薬として頻用され，桂皮と呼
ばれている．中国産，ベトナム産のものを
主に用い，内面の色が濃褐色から紫黒色，
辛くて良い芳香のあるものが良品とされて
いる．医療においては発汗，解熱，芳香性
健胃，駆風薬として頭痛，発熱，のぼせ，
感冒，身体疼痛などに応用する．

主要成分

精油：シンナムアルデヒド，酢酸シンナミル，
ケイヒ酸，**シンナミルアルコール**，オイゲ
ノールなど

タンニン：シンナムタンニン，エピカテキ
ン，フロシアニジン，**クマリン**など

テルペノイド類：シンナモシド，カッシオ
シド，シンカッシオール，シンゼラノール，
シンゼイラニン，シンナモノールなど

シンナムアルデヒド

シンナミルアルコール

クマリン

シナモンの葉からオイルを作っているところ. 精油は水蒸気による蒸留で抽出される.

スパイスの健康学

微生物の増殖を防ぐ作用があるため，肉の保存料として用いられた. 芳香性健胃，発汗，解熱の効果を持ち，古代から感染症，関節炎，呼吸器疾患，消化器疾患など幅広く使用され，万能薬と考えられていた.

薬理作用

●消化器系・肝臓への作用●

非アルコール性脂肪性肝疾患（NAFLD）患者にシナモンを摂取させたところ，糖代謝,血清脂質濃度,高感度CRP（炎症によって増加するタンパク質を感知する検査）の改善が見られた. BMI，ウエスト径，HLDコレステロール値には影響が認められなかった[1].

●糖尿病・内分泌への作用●

Ⅱ型糖尿病に対する有効性に対しては有効性を認めたとする報告と認めなかったとする報告とがあり，さらなる検証が必要で

ある[2〜5].

●鎮静作用●

シンナムアルデヒドには自発運動およびメタンフェタミンによって亢進された運動の抑制作用，ヘキソバルビタールによる麻酔時間の延長作用が認められた[6].

●発汗解熱作用●

水製エキスおよびシンナムアルデヒドにはウサギ，マウスの実験的発熱に対して著明な発汗解熱作用が認められた[7〜9].

●末梢血管拡張作用●

シンナムアルデヒドはイヌおよびウサギに対して末梢血流量の増加を示した[10〜12].

●鎮痙作用●

シンナムアルデヒドにはマウス，ラット摘出小腸のアセチルコリンとヒスタミンによる収縮に対する鎮痙作用が認められた[13].

●抗潰瘍作用●

桂皮エキスには胃液分泌抑制作用，潰瘍形成抑制作用が認められた[14].

●抗腫瘍作用●

水溶性多糖体に，サルコーマ180腫瘍細胞の腹腔内移植マウスに対する延命作用が認められ[15]，エールリッヒ腹水がん細胞の移植マウスに対する腫瘍抑制・腫瘍発育遅延作用が認められた[16, 17].

●抗菌作用●

精油，シンナムアルデヒドに糸状菌発育抑制殺菌作用[18]，結核菌発育抑制作用[19]，赤痢菌・ブドウ球菌・大腸菌・酵母菌・カンジダに対する発育抑制作用が認められた[20].

アップル・シュトルーデル（オーストリア）　リンゴの薄皮パイ.

焼き菓子，野菜や果物の煮込み，紅茶やコーヒーの香り付けに用いられる．

●使用上の注意●

食品として通常量経口摂取した場合，安全と考えられる．過剰量を長期にわたって摂取することには危険性が示唆されている．クマリンを多く含む製品もあり，肝障害を起こす可能性を指摘されている．東京都福祉保健局では一般的な食生活の中で料理などに使われる量としては心配はいらないものの，通常の食品よりも成分を濃縮しているサプリメントなどの場合には，過剰に摂取する可能性があるので注意を呼び掛けている[21]．妊娠集中・授乳中の医療目的での大量摂取における安全性については十分なデータが見当たらない．アレルギー反応を起こすことがある．薬剤，サプリメントとの相互作用としてはクマリンが含まれ，肝毒性を有するサプリメント（カバ，コンフリーなど）と併用すると肝障害を誘発する可能性がある．血糖値を低下させる可能性があるので，血糖降下作用のある薬，ハーブ，サプリメントなどと服用すると，血糖値に影響を与える可能性がある．

（橋本 寛子）

薬理作用における文献

1）Askari, F., *et al.* : *Nutr. Res.,* **34(2)**, 143 (2014).
2）Akilen, R., *et al.* : *Clin Nutr.,* **31(5)**, 609 (2012).
3）Davis, P.A., *et al.* : *J. Med. Food.,* **14(9)**, 884 (2011).
4）Suksomboon, N., *et al.* : *J. Ethnopharmacol.,* **137(3)**, 1328 (2011).
5）Vanschoonbeek, K., *et al.* : *J. Nutr.,* **136(4)**, 977 (2006).
6）原田正敏ほか：薬誌，**92(2)**, 135 (1972).
7）野口衛：生薬誌, **21**, 17 (1967)
8）原田正敏ほか：薬誌, **92**, 135 (1972).
9）東田道久ほか：和漢医薬学会誌, **2**, 244 (1985).
10）Harada, M., *et al.* : *Chem. Pharm. Bull.,* **23**, 941 (1975)
11）Harada, M., *et al.* : *J. Pharmacobio. Dyn.,* **1**, 89 (1978)
12）張礼世：日薬物誌, **35**, 176(1942)
13）Harada, M., *et al.* : *Chem. Pharm. Bull.,* **23(5)**, 941 (1975).
14）Akira, T., *et al.* : *Planta Med.,* **52(6)**, 440 (1986).
15）木下 剛ほか：生薬誌, **40(3)**, 325 (1986).
16）原中瑠璃子ほか：和漢医薬学会誌, **4(1)**, 49 (1987).
17）Haranaka, R., *et al.*, : *J Biol Response Modifiers.,* **2**, 77 (1988).
18）岡崎寛蔵ほか：薬誌, **72(3)**, 1131 (1953).；**73**, 690 (1953).
19）伊藤秀夫：日薬理誌, **53**, 627 (1957).
20）諸角聖：真菌誌, **19(2)**, 172 (1978).
21）東京都福祉保健局：食品衛生の窓　たべもの安全情報館，知って安心〜トピックス〜（化学物質関係）

ジンジャー

Ginger　生薬名：生姜（ショウキョウ）

ジンジャーパウダー

ジンジャー

古代から香味料，薬などに用いられており，コーランにも記載されている．原産地は東南アジアであり，そこから中国，インド，中東，ヨーロッパへと広まった．インドでは香辛料であるとともに，アーユルヴェーダ医学でも用いられている．ヨーロッパでは1世紀ごろには伝わっていたとされるが，当初あまり一般的ではなかった．しかし，その後徐々に広がり，14世紀ごろには貴重なスパイスとして流通をしていた．ターメリックやカルダモンと同じショウガ科に属しており，特有の爽やかな香りがある．

日本には3世紀ごろに渡来しており，香辛料や薬用として用いられていた．現在も漢方の構成生薬としてよく用いられている．体を温める力が強く，消化機能も整える力があるとされ，加熱後もしくはそのまま乾燥させたものをほかの生薬とともに風邪やインフルエンザ，関節痛，胃薬などに用いている．

また，ドイツではコミッションEモノグラフ（薬用植物評価委員会）によって消化不良と乗り物酔いに対しての使用を承認されている．

科 属 名	ショウガ科　ショウガ属
学　　名	*Zingiber officinale*
別　　名	ショウガ（生姜）
原 産 地	熱帯アジアとされる（野生のショウガは見つかっていない）
使用部位	地下根茎
形　　状	日本で流通している生姜は大きさにより大生姜，中生姜，小生姜に分けられる．小生姜は300g前後，大生姜は1kgになることもある．乾燥してパウダー状としたものもよく用いられる．

多年草で 30 〜 50 cmに成長する．根茎は多肉質で，地下に手の指を曲げたような形状で広がり，枝分かれの節から地上部を出す．適度な湿度と温度が生育には必要で，熱帯地方では秋に黄色のミョウガに似た美しい花が咲くが，日本では咲かない．

主要成分

精油：ジンギベレン，クルクメン，ビサボレン

テルペノイド：テリピネオール，ネロール，ボルネオール，サビネン，カンフェン，シネオール

辛味成分：ジンゲロール，デヒドロジンゲロン

二次的産物（加熱，アルカリ処理）：ショーガオール，ジンゲロン

ジンジャーの葉，茎と根茎

ジンゲロール

ジンギベレン

ショーガオール

ジンゲロン

スパイスの健康学

体を温め，胃の働きを助ける，殺菌作用がある，風邪に良い，などといわれている．寿司のがりには解毒作用があり，魚による中毒を防ぐともいわれている．また，独特の風味で食欲が増進し，胃腸を整えることを利用して薬味などに用いられている．この薬味とは食物の毒を消し，消化機能を整えるという効能を期待し，文字どおり薬の意味で用いられていた．まさに薬食同源である．

薬理作用

●**消化機能**● 健常人を対象とした二重盲検クロスオーバー試験の結果，ジンジャーの摂取により胃十二指腸の運動性が活発となった[1]．化学療法による吐き気を生じているがん患者にジンジャーを摂取させたところ，吐き気の改善を認めた[2]．つわりのある妊婦がジンジャーを摂取したところ症状が軽減した[3,4]．

●**糖尿病**● II型糖尿病患者にジンジャーを投与したところ，空腹時血糖，ヘモグロビン A1c の低下を認めた[5,6]．

●**中枢抑制作用**● めまい，眼振に対してジンジャーの粉末を投与したところ，有意にめまいが軽快したが，眼振については有意な作用が認められなかった[7]．

●鎮咳作用●

ショーガオールはモルモットで鎮咳作用を認めた[8].

●鎮痛作用●

ショーガオール，ジンゲロールをラットに皮下および経口投与したところ，疼痛閾値(いきち)の上昇を認めた[9].

●唾液分泌亢進作用●

生姜は唾液分泌亢進作用がある[10].

●抗消化性潰瘍作用●

生姜水製エキスは腹腔内投与により，拘束水浸ストレスによるマウスの胃潰瘍を抑制した[11]．ジンゲロール，ジンギベレンはラットの塩酸…エタノール胃粘膜損傷モデルにおいて強力な予防効果が認められた[12,13].

スパイスの調理学：食卓を彩る使い方

生でも乾燥させても用いており，味が穏やかなものは生の新鮮なものを用いる．和食では上記のように薬味として使用されたり，甘味を付け，生姜飴，葛湯，生姜糖などとすることもある．欧米，中東諸国ではドライジンジャーを用いてジンジャーブレッド，クッキー，パイ，マフィンなどに用いられていることも多い.

●使用上の注意●

通常の食品として摂取する場合は安心と考えられている．しかし，乾燥したジンジャーを大量に摂取することは妊婦および6歳以下の小児には勧められない．妊娠中に生のジンジャーを適当量摂取することは安全とされている．妊娠中の催奇形性は報告されていない．しかし，授乳中の安全性については十分な情報がないため，食品として通常量以上の量を摂取することは避けたほうがよい.

(橋本 寛子)

薬理作用における文献

1) Micklefield, G.H., *et al.* : *Int J Clin Pharmacol Ther*, **37(7)**, 341 (1999).
2) Ryan, J.L., *et al.* : *Support Care Cancer*, **20(7)**:1479 (2012).
3) Fischer-Rasmussen W., *et al.* : *Eur J Obstet Gynecol Reprod Biol*, **38(1)**, 19 (1991).
4) Vutyavanich, T., *et al.* : *Obstet Gynecol*, **97(4)**, 577 (2001).
5) Mozaffari-Khosravi, H., *et al.* : *Complement Ther Med*, **22(1)**, 9 (2014).
6) Khandouzi, N., *et al.* : *Iran J Pharm Res*, **14(1)**, 131 (2015).
7) Grøntved, A., *et al.* : *ORL J Otorhinolaryngol Relat Spec*, **48(5)**, 282 (1986).
8) 高木敬次郎ほか：薬誌, **80**, 1497 (1960).
9) 油田正樹ほか：Proc. Symp. WAKAN-YAKU, **15**, 162 (1982).
10) Sinha, K.P., *et al.* : *Indian Vet J*, **51**, 15 (1974)
11) 渡辺和夫ほか：Proc. Symp. WAKAN-YAKU, **9**, 51 (1976)
12) 黄 啓栄ほか：薬誌, **110**, 936 (1990)
13) 黄 啓栄ほか：和漢医薬学会誌, **6**, 344(1989)

セージ

Common Sage

セージは，サルビア（*Salvia splendense*）に近縁であり，ラテン語の salvia がフランス語 sauge を経て転訛したものである．セージは一般にコモンセージ（学名：*Salvia*

さわやかなほろ苦さでソーセージには不可欠．

officinale) のことをいうが，英名のセージはサルビア族全体のことを指すため，たいへん多くの種類があり，それらと区別するためにコモンセージあるいはガーデンセージとも呼ばれる．古くから薬効に富む薬草として知られ，また料理，装飾にも適している．さらにセージからとれる蜂蜜もヨーロッパでは有名である．

セージの葉．

科 属 名	シソ科　アキギリ属
学　　名	*Salvia officinalis*
別　　名	ヤクヨウサルビア（和名），コモンセージ，ガーデンセージ
原 産 地	地中海沿岸
使用部位	葉
形　　状	草丈は高さ50〜70 cmほどで，葉は長楕円形で表面に細かい縮れがある

主要成分

精油：カルノジック酸，α-ツヨン，β-ツ
ヨン，**ロズマリン酸**，カルバクロール，**ル
テオリン**，リナロール，α-テルピネオー
ルなど

ルテオリン

カルノジック酸

ロズマリン酸

スパイスの健康学

　セージはローズマリーとともに，ほかの
スパイスに比べて際立って強い抗酸化作用
を有している．その薬理作用は多彩で，以
下の報告がある．

薬理作用

●抗酸化作用●

　ほとんどの香辛料の精油成分は抗酸化作
用を有するが，中でもローズマリーとセージ
が，カルノジック酸などに由来する顕著な
作用を示し，生体の過酸化反応を抑制して
広範な薬理作用を示す[1]．活性酸素は細菌
やウイルスの除去に役立っている反面，細
菌感染の助長や毒物代謝の低下など，負の
作用も考えられているため，抗酸化作用を
有するサプリメントの過剰摂取や長期摂取
には注意が必要である．

●循環器への作用●

　高脂血症患者を対象とした二重盲検無作
為化プラセボ比較試験において，血清中の
総コレステロール値，トリグリセリド値，
VLDLコレステロール値の低下と，HDLコ
レステロール値の上昇が認められた[2]．

●脳・神経系への作用●

　アルツハイマー病に対して有効性が示唆
されている[3,4]．

●炎症への作用●

　口内炎，歯肉炎，咽頭炎などの口腔・喉
の炎症に効果があるとされる[5]．また抗菌，
抗カビ，抗ウイルス作用があるとされる[5,6]．
口腔ヘルペスに対し外用で効果が示唆され
ている[7]．

●その他●

　収斂作用がある[5]．また多汗症への効果
が示唆されている[5,7]．

安全性

●食経験の範囲内で食品としての適量を摂取
している限り問題はないと思われるが[3,4]，
過剰量を長期間摂取する場合，危険性が
示唆されている．以下に，成分あるいは過
剰摂取による副作用と，摂取に注意が必要
な疾患について述べる．

●経口摂取の副作用として，高血圧患者の
血圧を上昇させる可能性[3]，吐き気，嘔吐，
腹痛，めまい，興奮，喘鳴の可能性が報

103

告されている[4].

●含有成分ツヨンには神経毒性[8]があり，痙攣を起こすことがある[9]．またセージ精油は痙攣誘発が報告されているツヨン，樟脳，シネオールを含み，てんかんを誘発する可能性があるため，過剰摂取には注意が必要である[10].

●セージ精油に含まれる毒性成分ツヨンは月経促進，堕胎作用があると報告されており，妊娠中の精油，アルコール抽出物の摂取には注意が必要であるという[7]．また，葉の摂取は避けたほうがよいとの報告もあり[5, 11]，特にてんかん患者には使用しないほうがよいようである．

スパイスの調理学：食卓を彩る使い方

葉を乾燥してハーブティーとして飲用したり，肉の臭み消しに利用され，ソーセージや加工食品の香辛料としても使用される．ドイツ料理やイタリア料理には欠かせないハーブである．ソーセージの語源となったという民間語源説もある．

（雨谷　栄）

薬理作用における文献

1 ）斉藤浩：油化学, **26(12)**, 754 (1977).

2 ）Kianbakht, S., *et al.*: *Phytother Res.*, **25(12)**, 1849 (2011).

3 ）Perry, S.L. Nicolette, *et al.*: *Pharmacol Biochem Behav.*, **75(3)**, 651 (2003).

4 ）Akhondzadeh, S., *et al.*: *J Clin Pharm Ther.*, **28(1)**, 53 (2003).

5 ）"ESCOP Monographs", 2nd Ed, Thieme (2003).

6 ）Saller, R., *et al.*: *Forsch Komplementarmed Klass Naturheikd.*, **8(6)**, 373 (2001).

7 ）Blumenthal, M., *et al.* : "The Complete German Commission E Monographs".Thieme Medical Pub (1998).

8 ）McGuffin, M., *et al.*, eds. : "American Herbal Products Association's Botanical Safety Handbook" CRC Press LLC (1997).

9 ）Perry, N.B., *et al.*: *J Agric Food Chem.*, **47(5)**, 2048 (1999).

10）Burkhard, P.R., *et al.*: *J Neurol.*, **246(8)**, 667 (1999).

11）Pharmacist's Letter/Prescriber's Letterエディターズ 編, 国立健康・栄養研究所 監訳："健康食品データベース"，第一出版（2007）．

● *COLUMN* ●

スパイスの保存方法

　袋や瓶に小分けされているスパイスも，空気や湿気に触れたり熱や光に晒されてしまうと，せっかくの風味が飛んでしまったり，酸化や虫害，カビなどによって品質が劣化して人体にダメージを与えてしまうこともあります．できれば一度で使い切りたいところですが，残ってしまったスパイスは保存用の小袋に1回分ずつ取り分けて冷凍庫に保存します．冷蔵庫は温度差で結露して劣化を早めるので，数日中に使う場合は乾燥材入りの袋や瓶に入れて光の当たらない場所で常温保存するのがおすすめです．

（丁　宗鐵）

ウコン

Turmeric 生薬名：鬱金（ウコン）

根茎を乾燥させたターメリック.

ウコンの根茎.

栽培されているウコンの姿.

　紀元前からインドで栽培され，伝統医学のアーユルヴェーダやインド料理に使われ，根茎に含まれるクルクミンは黄色い染料の原料としても広く用いられてきた．日本では同族別種が多く存在し，カレー粉に使われるのは苦みがなくオレンジ色〜黄色の秋ウコン（ターメリック：*Curcuma lomga*）であり，抗酸化作用の強いクルクミンを多く含んでいる．食材としての使用が多い．

　苦く黄色いものは春ウコン（*C. aromatica*）で，姜黄ともいい，精油成分やミネラル分，特にカルシウムを多く含み，主に健康食品

科属名	ショウガ科　ウコン属
学　名	*Curcuma longa*
別　名	ターメリック（英名）, クニッツ, クスリウコン（インドネシア）, ハルデイ（ヒンディー語）, ウッチン（沖縄）, オレナ（ハワイ）, カミンチャン（タイ）
原産地	インド
使用部位	地下根茎
形　状	肥大した濃黄色の根茎で，水洗後皮をむき，煮沸後天日乾燥する

として使用されている．鉄分の含有量は秋ウコンに比べると少ない．さらに紫ウコンはガジュツ（莪朮）と呼ばれ，クルクミン含量が少なく，精油成分が多い．セスキテルペンなどを多く含み，中国やインドの伝統医学でも使用されている．以下，カレー粉の原料として使われることの多い秋ウコンを中心に紹介する．

ウコンの根茎．

主要成分

クルクミン，α-クルクメン，エレメン，ターメロン

クルクミン

α-クルクメン

収穫されたウコンの根茎．

ターメロン

スパイスの健康学

　肝機能強化作用，利胆作用，抗動脈硬化作用，抗潰瘍作用など多彩な効果が報告されている．主成分クルクミンに由来する作用が中心になり，食用，サプリメントとして幅広く使用されている．

薬理作用

●消化器系への作用●

　消化機能改善効果が認められており[1, 2]，また動物実験においても胃液分泌促進作用や胃粘膜保護作用[3]，胆汁酸排泄促進作用[1, 3, 4]が報告されている．

●肝臓に対する作用●

　肝臓における脂質過酸化を抑制し[3]，血清 ALT（GPT）値が高めの成人において ALT，AST（GOT）値の低下が認められた[5]．またクルクミンはラットにおいて四塩化炭素による肝障害を抑制した[6]．

●炎症・免疫・がんに対する作用●

　関節炎患者において痛みを抑制した[7]．またクルクミンは，ラットにおいて抗浮腫作用[4]を示した．

●抗酸化作用●

クルクミンほかに由来する強い抗酸化作用がある[8].

安全性

●単一成分や抽出エキスの過剰投与は避けるべきであるが，食経験の範囲内で，食物中に通常含まれる量であればおそらく問題ないものと思われる．以下に，単一成分の過剰投与や，特定の疾患を有する患者に投与した場合の副作用発現例を述べる．

●健常人に成分の一つであるクルクミン20mgを経口投与したところ，胆嚢萎縮が起きたという報告がある[9].

●妊娠中の過剰摂取は，月経出血と子宮を刺激するので使用しないほうがよいと報告されている[10].

●免疫が抑制されている場合，あるいは胆石の人は使用する際に注意が必要であり，医師に相談する必要がある[1,4,11].

●C型慢性肝炎や慢性B型肝炎，Ⅱ型糖尿病などの原疾患のある成人11名においてウコンとの関連が疑われる肝障害が報告されている．回復または軽快までに要した期間は，1日〜37週であった．またC型慢性肝炎患者は鉄過剰を起こしやすいことから鉄制限食療法が実施されるが，ウコン（特に秋ウコン）の製品には鉄を多量に含有するものがあり，注意が必要である[12].

スパイスの調理学：食卓を彩る使い方

ほんのりと土くささを感じさせる香りと，ほろ苦い風味がある．料理を黄色く着色するために使われることが多い．カレーには欠かせないが，カレーに添えるご飯に加えて，ターメリックライスにすることもある．

(雨谷 栄)

薬理作用における文献

1) Blumenthal, M., *et al.*, eds. : The Complete German Commission EMonographs, Thineme Medical Pub (1998).
2) Thamlikikul, V., *et al.* : *J Med Assoc Thai.,* **72(11)**, 613 (1989).
3) 高木敬次郎 監修，木村正康 編：漢方薬理学，南山堂 (1997).
4) Leung, A. Y.ら 著, 小林彰夫ら 監修："天然食品・薬品・香粧品の辞典"，朝倉書店 (2009).
5) Kim, S.W., *et al.* : *BMC Complement Altern Med.,* **13**, 58 (2013).
6) Park, E.J. *et al.* : *J Pharm Pharmacol.,* **52(4)**, 437 (2000).
7) Dally, J.W., *et al.* : *J Med Food.,* **19(8)**, 717 (2016).
8) 斉藤 浩：油科学, **26(12)**, 754 (1977).
9) Rasyid, A., *et al.* : *Aliment Pharmacol Ther.,* **13(2)**, 245 (1999).
10) 米国ハーブ製品協会（ANPA）ら 編著, 林信一郎ら 監訳："メディカルハーブ安全性ハンドブック 第2版"，東京堂出版 (2016).
11) キャサリン・E・ウルブリヒトら 主編集, 渡邊昌 監修："ハーブ＆サプリメント Natural Standardによる有効性評価"，ガイアブックス (2014).
12) Iwata, K., *et al.* : *J Gastroenterol.,* **41(9)**, 919 (2006).

タイム
Common Thyme

魚にも肉にもあうスパイス.

タイムの葉.

　タイムには種，変種が多い．分類が複雑化しており，正規の種が推定で100〜400種あるといわれている．料理用のハーブとしてよく用いられるタチジャコウソウ，日本に分布するイブキジャコウソウ，料理用ハーブで強いキャラウェイの香りを持つキャラウェイタイム，コモンタイムとラージタイムの交配種であり一般的なシトラスタイム（別名：ゴールデンレモン，シルバークイーン，アーチャーズゴールドなどの柑橘用の香りをもつ），ミツバチや養蜂家にとって重要な蜜源植物であるヨウシュイブキジャコウソウ（別名：クリーンタイム，ワイルドタイム）などがあり，特にコモンタイム，シトラスタイム，ワイルドタイムが有名である．

　古代エジプトではミイラを作成する際の防腐剤として，ギリシャ人は入浴時や神殿で焚く香として，中世では勇気を鼓舞する香料とされ騎士や戦士への贈り物として使われていた．

科 属 名	シソ科　タチジャコウソウ属
学　　名	*Thymus vulgaris*
別　　名	コモンタイム
原 産 地	地中海沿岸（南ヨーロッパ，モロッコ）
使用部位	全草
形　　状	高さ18〜30 cmの小低木．花期は5〜6月で，花は頂部末端に集中．葉は卵形で対をなして並ぶ

主要成分

精油：チモール，カルバクロール，その他
シモール，シネオール，リナロール，モノ
テルペン，トリテルペン，フラボノイド，
抗酸化剤として働くロズマリン酸やビフェ
ニールなど

チモール　　　　　カルバクロール

スパイスの健康学

ハーブティーとして古くから飲まれてい
て，タイムから抽出されたエッセンシャル
オイルは，消毒薬，歯磨き粉，うがい薬，
せっけんの香料などにも使われている[1]．
米国ではGRA（一般的に安全とみなされ
る物質）に認定されている．

薬理作用

●消化器系への作用●

タイムは生であれ，加熱調理後であれ，
a-アミラーゼ，a-グルコシダーゼに対し
て顕著な阻害作用を示し，糖尿病予防への
可能性が示唆されている[2]．

●その他●

タイムを含有する食品（混合物）で失読
症の小児の暗順応と運動技能の改善[3]，円
形脱毛症の改善[4]に関する予備的な報告
があるが，いずれも，さらなる検証が必要
である．

動物実験においては，呼吸量増加や抗
甲状腺刺激ホルモン作用[5]が報告されてい
る．またチモールなどに由来する顕著な抗
酸化作用を示すことが報告されている[6]．

安全性

●食経験の範囲内で食品としての適量を摂

取する場合，問題ないと考えられるが，
含有成分を単独で，あるいは特定疾患を
有する場合の摂取は注意が必要である．

以下に，報告されている副作用および特
定疾患で予想される副作用について述べ
る．

●抽出された精油は専門家の指示による使
用以外は避けるべきである．精油を経口
投与した場合，むかつき，嘔吐，胃痛，
頭痛，めまい，痙攣，昏睡，心停止，呼
吸停止を招く危険性がある[5,7]．精油は
皮膚，粘膜に炎症やアレルギーを起こす
ことがある[7~9]．

●乾燥タイムや精油の主成分であるチモー
ルを原因とする，アレルギー性接触皮膚
炎やアレルギー性肺胞炎の事例が報告さ
れている[7]．またチモールなどの精油成
分の過剰摂取は，抗酸化作用ほかによる
副作用を惹起させる可能性があり注意を
有する．

●妊婦，授乳婦がタイムを過剰に摂取する
ことは推奨できない．妊娠中の精油，鼻，
葉の大量摂取は月経を誘発するため危険
である．

スパイスの調理学：食卓を彩る使い方

肉類，スープ，シチュウの香り付けにしばしば使われ，フランス料理ではブーケガルニやエルブドプロヴァンスに欠かせない食材，またケイジャン料理，カリブ料理中東（マシュリク）の香辛料「ザアタル」の重要な成分である．またソーセージ，サラミ，塩漬けの肉の保存食にも用いられる．

（雨谷　栄）

薬理作用における文献

1) 北野左久子： "基本ハーブの辞典"，p.86，東京堂出版(2005).
2) 三浦理代，五明紀春：日本食品科学工学会誌, **43(2)**, 157 (1996).
3) Stordy, B.J. : *Am J Clin Nutr.*, **71(1 Suppl)**, 323S (2000).
4) Hay, I.C., *et al.* : *Arch Dermatol.*, **134(11)**, 1349 (1998).
5) Leung, A. Y. ら 著, 小林彰夫ら 監修： "天然食品・薬品・香粧品の辞典"，朝倉書店 (2009).
6) 斉藤浩：油化学, **26(12)**, 754 (1977).
7) キャサリン・E・ウルブリヒトら 主編集，渡邊昌 監修： "ハーブ＆サプリメント Natural Standardによる有効性評価"，ガイアブックス (2014).
8) デニー・バウン 著，高橋良孝 監修： "ハーブ大百科"，誠文堂新光社 (1997).
9) 須貝哲郎：皮膚の化学, **2(1)**, 9 (2003).

● *COLUMN* ●

毒にも薬にもなるスパイス①

人類に最も古くから親しまれているスパイスの代表といえば，トウガラシの名が挙がるのではないでしょうか．中南米原産の「アヒー」をルーツとするこのスパイスは，日本に渡来した当初は食用としてではなく，観賞用として広まったそうです．確かに，濃緑の葉に囲まれた鮮やかな赤い実は，不思議な誘因力があります．思わず手に取ってしまった誰かが，強烈な刺激や辛み，温熱作用を発見したのかもしれません．皮膚や粘膜を刺激する，このトウガラシの辛み成分は，みなさんもよく知るカプサイシン．この成分が皮膚や粘膜にある感覚神経をピリッと刺激することで温かさを感じさせたり，味覚を錯覚させたりしているのです．しかしこれは，刺激による炎症ですので，過度の使用や過剰摂取には注意が必要です．

トウガラシの摂取量が多い国では，胃がんや食道がんの発症率が高いという報告もありますので，辛み好きの人でもほどほどが良いようです．ところがこのカプサイシン，ショウガ成分のジンゲロールと一緒にとることで，副作用の炎症を抑え発がん性も相殺されることが研究結果として発表され，話題となっています．まだ肺がん発症率での影響しか調査されていませんが，スパイスの健康効果に期待が高まります．

（丁　宗鐵）

タラゴン

Tarragon

独特な甘い芳香があるスパイス.

　紀元前からギリシャで薬草として栽培され，ヒポクラテスはヘビや狂犬にかまれたときの毒消しとして,アラブの科学者イブン・バイタールは口臭予防や睡眠導入に効果があるとして用いた．現在ではドレッシングなどサラダの味付けに広く使用されている.

　またタラゴン精油はアロマテラピーにアロマオイル・エッセンシャルオイルとして使用され，フランス産とロシア産が有名である．アロマセラピーではフランス産がよく使われる．ロシア産は葉が固く，フランス産は主成分であるメチルカビコール(エストラゴール)がアニスの主成分である *t*-アニトールと異性体のため，アニスに似た香りになる.

タラゴンの葉.

科 属 名	キク科　ヨモギ属
学　　名	***Artemisia dracunculus, Artemisia glauca***
別　　名	エストラゴン，フレンチタラゴン
原 産 地	西アジア，ロシア，ヒマラヤ
使用部位	地上部
形　　状	芳香のあるキク科の多年草．高さ40〜100 cm．茎は直立してよく分岐し，葉は対生で，細長く，先がとがって，濃い黄緑色で光沢がある

主要成分

メチルカビコール（エストラゴール），リモネン，α-ピネン，**メチルオイゲノール**，t-オシメン，ザビネン，テルピノール，タンニン，クマリン，フラボノイド類アルカミド類

エストラゴール

メチルオイゲノール

スパイスの健康学

有効性に関する報告は少ないが，動物実験において消化器系，食欲低下，痛みに対して改善効果が報告されている[1]．また，動物実験において糖尿病の予防，血糖値低下作用が報告されている[2,3]．

安全性

食経験の範囲内で食品としての適量を摂取する場合は問題ないと考えられるが，過剰に摂取することは避ける必要がある（月経促進作用，出血のリスク増大の可能性が示唆されている）[4]．また精油成分エストラゴールが発がん性や肝毒性を有する可能性があることも示唆されている[4]が，今後 *in vivo*（生体内）での詳細な検討が必要である．

（雨谷　栄）

薬理作用における文献

1）Maham, M., *et al*. : *Pharm Biol.*, **52(2)**, 208 (2014).
2）Weinoehrl, S., *et al*. : *Phytother. Res*., **26(4)**, 625 (2012).
3）Kirk-Ballard, H., *et al*. : *PLoS One.*, **8(2)**, e57112 (2013).
4）Saadali B., *et al*. : *Phytochemistry*, **58(7)**, 1083 (2001).

● *COLUMN* ●

スパイスとお酒

スパイスを加えたお酒というと，日本ではお正月にいただくお屠蘇がありますが，ドイツでは年末のクリスマスマーケットで供されるグリューワイン（ドイツのホットワイン）が有名です．ドイツ式のグリューワインに使われるスパイスは，シナモン，クローブ，スターアニス（ハッカク）や柑橘系の果物などで，どれも体を温める作用があります．お酒の種類はいろいろありますが，アルコールは「寒」の性質を持つ食品で体を冷やす作用が高いので，体に冷気を溜めないよう温める作用のスパイスと組み合わせることは，漢方の考えからしてもとても良いのです．　　**（丁　宗鐵）**

チャービル

Chervil

デリケートな，ほのかに甘い香味のスパイス．

ローマ時代から知られている植物で，19世紀後半，原産地がロシア南東部，コーカサス以南からイラン北部産地であることが判明し，食材として注目を集めるようになった．強い芳香を有し，料理の風味付けなどに，バジル，タラゴンなどとともに「グルメのパセリ」と呼ばれ，利用される．フランスではオムレツ，サラダ，スープに加えられ，人気がある．キリスト教圏では復活祭前の料理の材料に使われる．伝統的にはさまざまな医薬用途にも使われてきた．妊娠した女性はチャービルを入れて沸かした風呂に入り，チャービルのローションはせっけんとして用いられた．

チャービルの葉．

科 属 名	セリ科　シャク属
学　　名	*Anthricus cerefolium, A. longirostri, Acandix cerefolium*
別　　名	フレンチパセリ，ガーデンチャービル，セルフィーユ，茴香芹（ウイキョウゼリ）
原 産 地	コーカサス地方
使用部位	葉
形　　状	葉は三回羽根状で巻いている

主要成分

β-カロテン，エストラゴール，ビタミン B$_1$，B$_3$，B$_6$，ビタミンC，葉酸，クマリン類，フラボノイド類

エストラゴール

β-カロテン

スパイスの健康学

　消化促進や血圧低下作用があるといわれているが，ヒトや動物での有効性に関する文献情報はない．またしゃっくりの治療にも使用されていたようである[1]．判明している成分とチャービルの薬効との関連性に関しても報告がない．成分からは抗酸化作用などが推察できるが，長期間の過剰摂取では抗酸化作用に由来する副作用の可能性も否定できない．

　安全性に関しては，風味付け程度に使用されるため，食経験の範囲内で食品としての適量を摂取する場合，問題ないと推察できる．しかし，変異原性をもつ可能性があるエストラゴールを含むため，妊娠中・授乳中に過剰に摂取することは控えるべきである．

スパイスの調理学：食卓を彩る使い方

　パセリよりも傷みやすく，乾燥すると香りが落ちるので生のまま使うのが望ましいとされる．

(雨谷　栄)

薬理作用における文献

1) Maggie S. *et al.* : "The Bountiful Container", Workman Publishing (2002).

● *COLUMN* ●

毒にも薬にもなるスパイス②

　お酒を飲む人に大ブームとなったウコン（ターメリック）は，抗酸化作用や抗炎症作用など，弱ってきた内臓器官をサポートする有効成分の豊富さから，お酒を飲まない方，特に中高年以上の人にも広く知られるようになりました．近年では研究も進み，アスピリンと同じような血栓防止作用があることが明らかとなり，がん予防，糖尿病や肥満防止にも役立つものとしてサプリメントなどに用いられています．ところが，今度はとり過ぎで，肝障害を起こしてしまう人が出てきてしまったのです．何事も過剰は毒になってしまうという一例です．やはり自然な形で，野菜や果物，肉，魚などを，バランス良く食べながら，体に有益な成分を取り込んでいきたいものです．　**(丁　宗鐵)**

チャイブ

Chives

あさつきに似ている.

　チャイブはワイルドチャイブやフラワリングオニオンなどの英名を持つが，このことはかつて野生品採取が主だったことを示唆している．チャイブを含む *Allium schoenoprasum* の名を持つ植物は北半球の新・旧大陸に多様に分布しており，多くの生態系と種類が存在する．ヨーロッパではハーブとして栽培されており，約 2000 年前からその利用が知られる．北アメリカでは食用，園芸用ともに栽培品種があり，食用品種は種をまいて秋に株分け繁殖させて収穫するほか，園芸用には花壇の縁取り装飾用の植物として多用される．

　食用の場合，生のまま切って風味を活かしながら使う方法が最も簡単だろう．チャイブはいわゆる多汁質の草本植物で自然乾燥が容易ではないため，保存には急速冷凍しての貯蔵や乾燥が良いだろう．

　日本にみられるアサツキは，チャイブの変

チャイブの花.

科 属 名	ユリ科　ネギ属
学　　名	*Allium schoenoprasum*
別　　名	エゾネギ，セイヨウアサツキ，ベンテンアサツキ
原 産 地	ヨーロッパの冷涼地
使用部位	葉
形　　状	単子葉草本，高さ 30 cm ほど，葉は中空

種と考えられており *A. schoenoprasum* var. *foliosum* の学名を持ち，本州北部から北海道にかけて自生，分布し，分布域各地でおひたしや味噌汁の材料として食用にされる．エゾネギとの違いはラッキョウのような鱗茎を形成する点にあり，民間薬としても，葉とともに鱗茎をすりつぶしたものを，止血や傷薬として患部に外用する方法が知られている．

　チャイブはネギ *Allium* 属の名が示すようにニンニク *A. sativum* の仲間だが，ハーブのチャイブは鱗茎を形成しないので，薬用・食用を含めたその利用部位は葉になるといえよう．

主要成分

二硫化アリル，二硫化プロピルアリル．**ビタミンA, B$_1$, B$_2$, C. アリシン**，アリセトインI, II.

その他：酵素アリイナーゼ

アリシン

ビタミンB$_1$

スパイスの健康学

●雑種のβ-カロテン含有量の増加●

　ネギとアサツキを交配した雑種についてβ-カロテン量を測定したところ，雑種ではネギの7倍も含んでいた．一方で辛みは少なくネギと同程度であった．また甘さを示す Brix 値が高い値であったことから，ネギとアサツキの交配は育種の素材や新規のネギ属野菜作出に有望といえる[1]．

薬理作用

●抗酸化作用●

　5〜10 mm 刻みの新鮮なチャイブの葉を70％エタノール抽出したエキスを用いた実験のうち，フォリン・チオカルト法を用いたポリフェノール含有量の測定を行った結果，葉における没食子酸当量値は70 mgGAE/g（乾燥葉）であった．この値はほかの食品群と比べてかなり低い値であり，チャイブの作用にポリフェノールが寄与する部分は少ないことが示唆された．一方，トロロックス等価抗酸化能（TEAC 試験値）については 133μg trolox Eq./g（葉）と高く，強い抗酸化能を有することがわかった[2]．

●抗炎症作用●

　チャイブの葉には高い割合でアリシン（320 mg/100 g 当たり）を含むほか，β-シトステロール（25 mg/100 g 当たり）やカンペステロール（7 mg/100 g 当たり）を含むことがわかっている．この高含量のアリシンが抗菌作用や，抗炎症作用に最も寄与すると考えられる．さらにはフィトステロールが抗炎症作用と免疫調整機能を有することも確かめられた[2]．

●精油による抗菌作用●

　ニンニクとチャイブエキスに含まれるジアリルスルフィド含有量および食物由来の

病原性細菌に対する作用を検討するために，セレウス菌，大腸菌 O157，リステリア，カンピロバクター，ボツリヌス菌，サルモネラ菌，黄色ブドウ球菌，コレラ菌などに対して各試料を水蒸気蒸留にて得た精油を適用した．ジアリルジスルフィドの含有量はニンニクで多め（53.6％）であったが，チャイブでも 42.3％であった．精油収量は 1.5 ～ 3.8 g/ 原料 kg であった．これらの抗菌作用については好気性条件下ではミュエラー・ヒントン培地を嫌気性条件下ではウィルキンス・チャルグレン培地を用いた．その結果チャイブでは最少発育阻止濃度（MIC）の値はニンニクよりは高かった．ところが，大腸菌 O157 に対する抗菌作用においては，鶏胸肉を用いた培養実験でチャイブ油を塗布したものとそうでないものとでは 24 時間のインキュベーション後では塗布しないものでは 2.5×10^8 CFU（コロニー形成単位）だったのに対して，塗布したものでは 21 時間後に 0 CFU となった[3]．

また，テレビン油誘発炎症モデルラットを用いた実験では，大量の NO（一酸化窒素）の遊離が確認されているが，これにチャイブエキスを塗布したところ，濃度依存的に NO_x 活性が減少し，高濃度でより強く活性阻害作用を示した．さらには薄めていないチャイブエキスではインドメタシンよりも強い NO_x 阻害活性が認められた．この結果はチャイブ葉エキスの抗炎症作用における NO 合成阻害作用があることを示唆するといえる[3]．

● 抗悪性腫瘍作用 ●

エールリッヒ腹水腫を持つ BDF 雄性マウスに対して，チャイブ葉水性エキスおよび希エタノールエキスを皮下投与した結果，腫瘍の成長を阻害することがわかった．このエキスには人に対する広範囲の生物活性物質を含むことがわかっており，それらが抗酸化作用および抗腫瘍作用を現したと考えられる[4]．

スパイスの調理学：食卓を彩る使い方

以上からも知られるように，チャイブはニンニク臭のもととなる硫化アリル化合物を含有しつつも，その量はニンニクよりも少なく香りもさほど強烈ではない．そのため和食系の味覚にも大きな抵抗なく受け入れられる野菜といえる．また新しい野菜の作出素材となる可能性をも秘めていることから，日本人の食生活に一層身近に取り入れられていくかもしれない．

（山路 誠一）

薬理作用における文献

1) 梅原三貴久ほか：福岡県農業総合試験場研究報告，第26号，p.25 (2007).
2) Parvu, A.E., *et al.* : *J. Phiys. Pharmaco.*, **65(2)**, 309 (2014).
3) Pongsak, R., *et al.*: *Bios. Biot. Biochem.*, **72(11)**, 2987 (2008).
4) Shirshova, T.I. *et al.* : *Pharm. Chem. J.*, **46(11)**, 672 (2013).

チリ・パプリカ

Chili pepper　生薬名：辣椒（ラージャオ），蕃椒（バンショウ）

乾燥したアカトウガラシ（市場）.

茎に成ったアカトウガラシの果実.

　ヨーロッパが海洋進出に乗り出した1492年，コロンブスによる，いわゆる新大陸発見の"土産"として持ち帰られた植物の1つにチリ，すなわちトウガラシがあった．日本には天文11（1542）年にポルトガルの宣教師がもたらしたとされるものの，時期については天文21年の誤記とする説もある．

　チリはその語から，国名としてのチリとの関連が強いと思われがちだが，そうではない．実際には，アステカ人の言語，ナワトル（Nahuatl）語でトウガラシを指すチリ chilli に由来する語であり，メキシコ原産植物の果実を指す．

　トウガラシは辛みの有無や外見上の色，形状，内部の室の数の違いがあるだけでなく，チリとパプリカは全く違うもののように理解されることがある．しかし狭義のチリについて厳密にいえば，植物分類学的には *Capsicum annuum* ただ1種で，あとは別名である．一方，現在は栽培品種として開発

科属名	ナス科　トウガラシ属
学名	チリ：*Capsicum annuum*　　パプリカ：*Capcicum annuum var. grossum*
別名	チリ：唐辛子　　パプリカ：ピーマン
原産地	メキシコ原産
使用部位	果実
形状	草本，高さ 60〜80 cm

アカトウガラシの収穫風景.

されたさまざまな種類のトウガラシの名が
あり，日本だけでも，鷹の爪，ダルマで知ら
れる群（鷹の爪群）や，八房，安房，日光な
どの群（八房群）が知られるほか，伏見甘長
唐辛子のような代表的な京野菜の品種まで
存在することからも，その多様ぶりが伺える.

また C. annuum 以外のトウガラシの仲間
の1つキダチトウガラシ C. frutescens は，
フランス領ギアナに流れる Cayenne 川にそ
の名の由来のあるカイエンペッパーの原種
である．本種も本邦に伝来し，現在も沖縄
の島トウガラシが特に有名である．沖縄の
琉球郷土料理では，島トウガラシは鮮やか
な彩りを添えるだけでなく，泡盛漬けの調
味料「コーレーグース」も沖縄特産品とし
て人気がある.興味深いのはその呼び名で，
トウガラシ自体は日本（大和）から朝鮮に伝
わったとされる一方，沖縄では島トウガラ

収穫され収穫箱に入ったアカトウガラシ.

シが朝鮮半島伝来と考えられたようで，コ
ーレーグースのコーレーは高麗，グースは
胡椒である．島トウガラシの仲間の1つに
はタバスコ種があり，本品種はペッパーソ
ース原料として有名である．

トウガラシにはまた，コショウと関係が
ないにもかかわらず pepper の名が付されて

ポブラノス

パプリカ

パプリカ

パプリカ

ハバネロ

パプリカ

さまざまな種類（品種）の生のトウガラシ.

いるが，これは北米大陸をインドと信じて疑わなかったのと同様，トウガラシをコショウの一種とみなしたことによるとされており，そのためにトウガラシの仲間を全てpepper と呼称するようになったようである.

　トウガラシの生命線といえばその辛みが身上だが，トウガラシの辛みはスコヴィル値（Scoville scale, Scoville heat unit）という単位でその強弱を知ることができる．この概念は 1912 年，米国の薬剤師であるウィルバー・スコヴィルによって提唱されたもので，元はヒトを被験者とした官能試験によって算出していた．しかし主観に偏りやすく，慣れを生じやすかった欠点があった．そのために現在ではカプサイシン含有量を高速液体クロマトグラフ（HPLC）法によって測定し，分析結果としての数値を，改めてスコヴィル値に変換する方法を採ること

グァヒージョ

チポトレ

チリ

モリタ

ムラート

アンチョ

パシージャ

メキシコ産の，乾燥させたさまざまなトウガラシ．

パプリカの花と果実．

茎に成ったパプリカの果実．

が多い．多分に漏れず，トウガラシ中の辛み成分の生成も遺伝子情報によって支配されているが，2014年にはKimらによって全遺伝子情報が解読されていることから，今後はこのようなゲノム情報の利用から辛み関連遺伝子がいかにして発現するかが解明されるであろう[1]．

主要成分

カプサイシン

β-カロテン

クエルシトリン

主要：酸アミド化合物（アルカロイドに分類する考え方もある）の**カプサイシン**，ジヒドロカプサイシン

ポリフェノール類：フェルラ酸グルコシド，**クエルシトリン**，ケルセチン

カロテノイド系色素群：**β-カロテン**（体内でビタミンAに変化する），β-クリプトキサンチン，ゼアキサンチン，カプソルビン，カプサンチン，ルテイン（生鮮ピーマン）

その他：ビタミンC（L-アスコルビン酸），ビタミンB$_1$，B$_2$

スパイスの健康学

パプリカはチリと異なり，カプサイシンを含まないことから，健康効果としてはカロテノイド系色素とビタミンCによるところが大きく寄与するはずである．パプリカは完熟したピーマンと同等のものであるが，ベル型とよばれる大型で肉厚のものがパプリカに分類される．

ピーマンにはポリフェノールの1種であるクエルシトリンが含まれている．クエルシトリンは苦味というよりは，渋みとして感じられる成分であるが，この成分に加えてピラジンという成分を含んでおり香気を一緒に感じることで苦味として知覚されることが明らかにされた[2]．なおクエルシトリンは旧来ビタミンPと称されていた物質群の1つで，抗酸化作用や活性酸素の消去作用を有することで知られる．

トウガラシはカプサイシンがその辛み成分として有名であるが，ハンガリーのゲオルギー博士がパプリカから初めて発見した物質が壊血病（scorbutus）を治す作用，すなわち抗壊血（アスコルビック）活性を有することを見いだし，これをアスコルビン酸と命名しており，これがいわゆるビタミンCの発見であった．

また鮮やかな赤色はプロビタミンAであるカロテノイド系色素を豊富に含有することを示している．カプサイシンにも抗菌作用のあることは知られているが，殺菌作用というよりは制菌作用という程度であ

る．しかし最近の研究では連鎖球菌の1種 *Streptococcus pyogenes* に対して，エリスロマイシン耐性の有無を問わずに抗菌作用を有することが明らかにされており，その作用は細菌の膜に対して傷害を与えるためとされた．同様の作用はタイム油やオレガノ油に含まれるカルバコールで確かめたケースでも認められている．

　トウガラシの作用として最もよく知られる健胃作用については，カプサイシンの作用として研究が進められており，例えば粘膜血流増大作用，粘膜保護作用，運動促進作用などが報告されている．ところでこれまでトウガラシの健胃作用を食欲増進，消化促進と考えれば，胃酸分泌は亢進されるというのが常識的であった．もちろんそうした見解を支持する報告がある一方で，近年の実験[3]では逆に抑制されたとの報告もある．こうした報告に対して，改めて検討したところ，カプサイシンによる胃酸分泌は，胃に対する刺激応答に関わる神経系を活性化させることで発現していることが，日本のグループの研究で判明している．

薬理作用

●胃の保護作用●

　カプサイシンはエタノールやインドメタシンによって誘発された胃粘膜傷害から胃を保護する作用がある[4]．最近の研究では，

カプサイシンが辛さ，つまり痛みを引き起こさせる仕組みは，知覚神経上にある TRP V 1（トリップ V1）という受容体の刺激によることが明らかにされた．カプサイシンは適量では刺激になる一方，大量では神経ペプチドの枯渇を来たしたり，神経毒性を示すこともまた明らかにされている[5]．

●抗菌作用●

　カプサイシンには溶血性連鎖球菌に対する抗菌作用があるとされる[6]．

●引赤作用●

　トウガラシには刺激作用があるが，この作用は皮膚に対しては引赤発泡作用をもたらすものである．この刺激の応用がかつてのリウマチのツボ刺激療法であったが，現在ではあまり使われない．

　カプサイシンが脂質燃焼に寄与するとの報告は数多く見られ，減量目的で使用を勧める向きも多い．日本では当初，食用よりも血行促進による温感促進効果に用いたとされる記述もある．本格的な記載が見られるのは『庖厨備用和名本草(1671)』で「番椒」の名で「宿食を消し，結気を解き，胃口を開き，邪気を退け，腥気諸毒を殺す」と記されるほか，『大和本草』にトウガラシ末を紙や布に広げてハップ剤を作り頭や腹などの痛むところに貼り，よく効くとする旨が書かれている．

スパイスの調理学：食卓を彩る使い方

　パプリカはハンガリーの一農家の栽培していたトウガラシが，甘味を持つ種類として偶然発見され，これを親として交配が重ねられて現在に至る．現在の主なパプリカの産地はヨーロッパのスペイン，オラン

ダ，ハンガリー，および米国である．そしてパプリカ料理といえばやはりハンガリー料理が有名で，日本でいうピーマンの肉詰め「Töltött Paprika（トルトット・パプリカ）」や，それを用いたシチューの「Gulyás（グ

モウレイ・ポブラーノ・デ・ポロ　メキシコの伝統料理．鶏肉のチリとチョコレートのソース添え．

ヤーシュ）」がポピュラーである．このパプ
リカやピーマンは近傍でトウガラシを栽培
していたような場合，訪花昆虫によってこ
のトウガラシの花粉が受粉され，カプサイ
シンを産生することがある．シシトウで辛
いものが見つかったり，中国のピーマンが
時折辛いのは，こうした昆虫によって受粉
されるケースが少なくないため，といわれ
る．また，暑さによってカプサイシン産生

の遺伝子が発現するとも考えられている．

　トウガラシもパプリカもピーマンも，現
在ではその原産地が中南米であることさえ
忘れられてしまうほどに，世界中で広く用
いられるようになったが，絶え間なく行わ
れる品種改良や科学的な研究によって，新
しい使用方法や意外な発見などがこれから
も続くことが期待される，そんなスパイス
であり，食物であるといえよう．

（山路 誠一）

薬理作用における文献

1) 田中義行：特産種苗，**20**, 13 (2015).
2) 恩田恵子ら：日本農芸化学会2012年度大会　講演要旨集, p.2260 (2012).
3) Ochi, Y., *et al.* : *Ulcer Res.,* **33**, 175 (2006)
4) Buch, S.H. ,*et al.* : *Pharmacol. Rev.,* **38**, 179 (1986).
5) Mozsik, G., *et al.* : *J. Gastroenterol. Hepatol.,* **16**, 1093 (2001).
6) Marini, E., *et al.* : *Front. Microbiol.,* **6**, 1281 (2015).

ナツメグ

nutmeg, mace

ニクズクの果実

メース（ニクズクの仮種皮）

ナツメグ
（ニクズクの種子の中の仁）

ナツメグは赤道直下のインドネシアの
マルク諸島の産である．マルク諸島は英
語標記にならってモルッカ諸島（Moluccas
islands）と書かれることが多いが，現地語
はマルク（Maluku）が正音である．マルク
諸島はまた多くの島嶼部からなり，行政的
にはクローブの産地で知られるテルナテ，

ナツメグパウダー（左）とナツメグ（仁：右）．

科 属 名	ニクズク科　ニクズク属	
学　　名	*Myristica fragrans*	
別　　名	ニクズク（和名）　　　メース（仮種皮の乾燥品）	
原 産 地	バンダ諸島（マルク諸島内）	
使用部位	種子の中の仁（ナツメグ）　　　種子の周りの仮種皮（メース）	
形　　状	樹高 20 m	

125

ニクズクの果実（左）と樹形（右）．インドネシア・バンダ諸島．

ティドレおよびハルマヘラ島からなる北部地域とケイ諸島からなる南東地域，そしてバンダ諸島と東リース諸島からなる中央地域の3つに大別され，ナツメグ自体はケイ諸島とバンダ諸島に産し，特にアンボン島のアンボンがナツメグ積出港として有名である．またメースは植物のニクズクの仮種皮の乾燥品であることから，ナツメグと同地に産し，マルク諸島は都合2種類のスパイスを産することになる．

スパイスとなるニクズクは，植物のニクズクから得られた果実の種子を用いるが，この果実は外側から外果皮，果肉を構成する中果皮，そして内果皮は仮種皮，すなわちメースとなる部分で覆われ，最内部に存在する種子の中の仁がナツメグである．ナツメグの木は高さ10 mを越え20 mに達するものもあり，淡い黄色の花被を持つ雄花と雌花をつける．果実は卵形で，初め薄い黄色で熟するに従って褐色がかり，やがて鮮やかな赤の仮種皮に覆われた種子が露出する．この種子の中には外胚乳が入り組み，その中にいわゆるエッセンシャルオイル（精油）が多く含まれている．

ニクズクの果実から種子とメースを取り出したところ.

種子からメースを取り分ける.

ニクズクの果肉は砂糖漬けにして保存され,
菓子やゼリーなどに使われる.

メースを乾燥させているところ.

　ナツメグは 6 世紀中にはヨーロッパにもたらされていたようだが，文献記載は 11 世紀に編まれたイブン・シーナの『医学典範』が最初のようである．当初アラビア人の通商を通してもたらされていたこのスパイスも，16 世紀にはポルトガルが，17 世紀初頭にはオランダが，それぞれマルク諸島を制圧することによってその権益を手中に収め，独占しようとした．しかしイギリスやフランスの植物学者が種子を持ち出しモーリシャスやグレナダでの栽培が進んだ．現在では両者とも世界的なナツメグ，メースの産地として知られるだけでなく，熱帯地域で広く栽培されるに至っている．

ナツメグと分離されたメース.

種子を乾燥させ, 割ってナツメグを取り出す.

主要成分

精油：**サビネン**（最多 21.38%），α-ピネン
（10.23%），ほかに 4-テルピネオール，γ-テルピネン，サフロール，ミリスチシン，リモネン，α-テルピネオール．イソオイゲノールなど

ポリフェノール類：ナツメグ；**ミリスリグナン**，ミリフラリグナンA〜E（ネオリグナン），ネクタンドリンA, B, ガルバシン，フラグラシンC$_1$（テトラヒドロフランリグナン類）．メース；メースリグナン，**フラグ**

サビネン

ミリスリグナン

フラグラシンA$_2$

ラシンA$_2$, B$_1$〜B$_3$, C$_1$（テトラヒドロフランリグナン類）

スパイスの健康学

　伝統医学的には，まずアーユルヴェーダでナツメグはジャーティ・パラの名で，ヴァータ，カパの各ドーシャのバランスを整える目的で関節炎，小児の風邪，頭痛，消化力減退などの改善目的で用いられる．メースはジャーティ・コサあるいはジャティ

トリの名で，ヴァータ，カパの各ドーシャのバランスを整える目的で去痰，駆虫，強心に用いるとされる．

　中国では，10 世紀の『開宝本草』に初めて収載されたが，同書中の『図経本草』文章には「嶺南（現在の広東，広西などの

129

地域）地方の人家でも栽培し，春苗を生じ夏茎が抽き出でて，花を開き実を結ぶ」とあることから，当時の中国にすでに渡来していた可能性がある．効能としては「中を温め積を治し，腹の張って痛むものや霍乱を冷ます」などと記されており，消化器系のトラブル改善に用いられていたことが伺える．

薬理作用

●鎮静作用[1] ●

ケージ飼いマウスに，一定量のナツメグの精油を吸入させる実験を行ったところ，自発運動の抑制が容量依存的に認められた．Muchataridi らは1ケージあたり 0.1, 0.3, 0.5 mL のナツメグ精油を滴下し，ケージ内のマウスが回転かご運動をどれだけ抑制するかについて観察したところ，コントロール群と比較し，用量依存的にそれぞれ 62.81%, 65.33%, 68.62% の抑制効果が認められた．このことは害の少ない鎮静作用を天然物由来品に求めうる方向性を示唆するものであり，今後の研究に期待が持てる成果といえよう．

● NO 産生抑制作用[2] ●

マクロファージ用細胞株 RAW264.7 を用いたリポ多糖刺激による NO 産生に対する抑制作用について，ナツメグから抽出して得たネオリグナン類ミリフラリグナン A ～ E と5つの同類構造物を用いて検討した．

その結果，ミリフラリグナン C, D, E およびミリスリグナンおよびマキリン D に NO 産生抑制作用が見いだされ，特にミリスリグナンとマキリン D がこれらの中で最も強い抑制作用を示した．

両化合物の IC_{50}（50%阻害濃度）はそれ

ぞれ 21.2 および 18.5 μM で，誘導型 iNOS 阻害薬の L-N6 イミノエチルリシン塩よりも強い阻害活性を示した．このことは免疫系や心血管系に対する疾患に対する防御研究を進展させる上で大きな成果になると思われる．

●抗肥満作用[3] ●

ナツメグから得られた AMP 活性化プロテインキナーゼ活性化物質による．糖尿病やメタボリックシンドロームの人たちに見られがちな傾向の1つに，インスリン抵抗性が挙げられる．このインスリン抵抗性を改善する因子として注目されているのが AMP 活性化プロテインキナーゼ（AMPK）であるが，この AMPK を活性化させる成分として，ナツメグから7種類のジメチルテトラヒドロフラン類化合物が単離され，その効能が確認された．

Nguyen らは C2C12 細胞の分化を通して AMPK 活性化物質の探索をしたところ，7つの化合物の中で特にテトラヒドロフログアイアシン B，ネクタンドリン A, B が，わずか5 μM でその活性を発現することを明らかにした．

さらに高脂肪食誘発（HFD）マウスを用い，ナツメグ由来テトラヒドロフラン類（THF）混合餌を与えない HFD マウスと与えた HFD マウス，および ND（標準食）マウス群とで6週間後の体重を比較した．その結果，実験開始時にほぼ同じだった体重が，6週間後，何も措置しない HFD マウスでは体重が 10.5 g 増加したが，THF 混合餌を与えたマウスでは体重増加が 30% も少ないことがわかった．

これらのマウスについては，ALT（GPT）

ラム・パンチ
カリブ生まれのカクテル.
材料を合わせたら、最後にナツメグ
をすりおろす.

や BUN（尿素窒素），HDL やコレステロールといったヒトと同じ血中成分の測定を行った結果でも，同様に HFD マウスでは有意にこれらの数値の減少が認められ，肥満に対する有用性が明らかになった.

●抗菌作用 [4, 5] ●

メースのメタノール抽出エキスを用い，試験管希釈法を用いた歯のう蝕原因細菌，ミュータンス菌に対するプラーク形成抑制作用を検討した．その結果，デヒドロジイソオイゲノールおよび 5'-メトキシデヒドロジイソオイゲノールが主な抗菌効果を持つ物質として見いだされた [4].

また別のグループが同様にメタノールエキスを用い，メース含有化合物であるメースリグナンを用いてミュータンス菌に対する最小発育阻止濃度法による濃度を調べたところ，3.9 μg/mLの低用量で阻害することが明らかになった．このメースリグナンはミュータンス菌以外にも *Streptococcus salivarius*, *S. sanguis*, *Lactobacilus acidphilus*, *L. casei* の口腔内細菌に対しても 2 〜 31.3 μg/mL の範囲のMIC（最小発育阻止濃度）を示すことが明らかになったが，特に 20 μg/mL の濃度ではミュータンス菌をたった 1 分で無効化することが見いだされた [5]．このようにメース由来成分による，特異的かつ即効性のある口腔内細菌に対する活性は機能性食品やオーラルケア製品の開発に大きく寄与すると考えられる.

レモン・カード・ナツメグ・タルト
ナツメグで香り付けしたレモンとカッテージ
チーズのタルト.

131

スパイスの調理学：食卓を彩る使い方

　ナツメグ，メースとも，独特の甘い芳香をもつが，実際に味わうと刺激のある辛みや苦味が感じられる．ナツメグは肉や魚の臭みを消す目的で，さまざまな料理におろし金でひいたりグラインダーで粉にしたものを用いたり，焼き菓子を焼く前の生地に練り込むこともある．

　ナツメグとメースはスパイスとしての活用もさることながら，オーラルケアからメタボリックシンドロームケアに至るまで，さまざまな展開の可能性を秘めたスパイスといえよう．欧米化している日本人の食生活にも，実は積極的に取り入れるべきものといえるかもしれない．

（山路 誠一）

薬理作用における文献

1) Muchataridi., *et al.* : *Int. J. Mol. Sci.,* **11(11)**, 4771 (2010).
2) Cao, G. Y., *et al.* : *Food Chem.,* **173**, 231 (2015).
3) Nguyen, P. H., *et al.* : *Bioorg. Med. Chem. Let.,* **20**, 4128 (2010).
4) Hattori, M., *et al.* : *Chem. Pharm. Bull.,* **34(9)**, 3885 (1986).
5) Chung J. Y., *et al.* : *Phytomedicine,* **13**, 261 (2006).

● *COLUMN* ●

温めるスパイスと熱を発散させるスパイス

　体を温めるスパイスの中でも，冷えた胃腸を温める作用があるだけでなく，体にたまった熱を発散させる作用が高いスパイスがあります．前者の代表的なスパイスにはショウガがあり，後者を代表するものはトウガラシでしょう．どちらも体温を上げる作用があるのですが，効果的には大きな違いがあるのです．　　　　　　　　　　　　　　　　　　**（丁 宗鐵）**

バジル
Basil

バジルシード（左）とスイートバジル（右）.

　バジルは日本でもイタリア語のバジリコの名で知られ，今でこそヨーロッパ・ハーブの重要な一角をなすように認識されているが，原産はインドを含む熱帯アジア地域である．バジルは16世紀にヨーロッパにもたらされたとされるが，ギリシャ語表現で basilikón phutón＝ロイヤル・プラントを意味することからもわかるように，ハーブの王，あるいは王族に愛顧されたハーブを意味しており，高貴なハーブだったことが容易に想像できる．原産地のインドでも古くから用いられ，アーユルヴェーダではい

バジルの葉.

科 属 名	シソ科　メボウキ属
学　　名	*Ocimum basilicum*（スイートバジル），*O. minimum*（ブッシュバジル），など
別　　名	メボウキ（和名）　バジル，バジリコ
原 産 地	インド，イラン，熱帯アジア地域
使用部位	葉
形　　状	スイートバジル：高さ 20〜60 cm，ブッシュバジル：高さ：10〜30 cm

わゆるバジルであるスイート・バジルと，同属異種の植物に由来するホーリー・バジルと使い分ける．そのほか，東南アジアにはタイ・バジルがあり，ガパオ・ライスに代表されるタイ料理に用いるにはスイート・バジルよりも好適である．また北ヨーロッパ原産の類似種ワイルド・バジルはタイムに似た香味を持つことから，ハーブティー向きと思われる．また南米原産のブッシュ・バジルは矮小性種であるが，スイート・バジルと香味が似ているので，スイート・バジルと同様に用いることが可能だが，寒さに強いことや香りのさわやかさなどから，スイート・バジルとは好みで使い分けられる．

主要成分

精油：リナロール（最多），α-キャディノール，ベルガモテン，γ-キャディネン．シトロネラール，チモール，メチルオイゲノール，1,8-シネオール，ボルニール酢酸エステル，リナリール酢酸エステル，β-オイデスモール，α-ビサボロールなど（夏期はセスキテルペン類の含量が増すが，冬期は酸化モノテルペンが増える傾向にある）

ポリフェノール類：ロスマリン酸

フラボノイド類：サルビゲニン，ネバデンシン，オイラプトリン，アピゲニン，アカセチン，ゲンカニン，ガルテニンなど

R-リナロール

ロスマリン酸

サルビゲニン

スパイスの健康学

原産地のインドに伝わる伝統医学アーユルヴェーダでは，スイート・バジルをアルジャカの名で用いているが，耳の浄化作用があるとされている．化膿性耳瘻の治療に，このスイート・バジルの葉の粉末とホーリー・バジルの葉の粉末を，ほかの生薬末と混ぜて油剤（タイラ）を製し用いることがある．

この中でスイート・バジルはヴァータ，ピッタ，カパの各ドーシャの働きを抑えるとされ，解熱，消腫の目的で使われる．

ホーリー・バジルはスラサーの名で用いられているが，ヴァータ，カパの各ドーシャの働きを抑えつつ，ピッタ・ドーシャを亢進するとされ，古くはマラリア熱に用いられ，現在は口臭や創傷，泌尿器系の疾患に

用いるとされる.

このように同じバジルの仲間でも，両者の用法には細かな差違が認められる. スラサーは，紀元前に完成していたとされるアーユルヴェーダ医学書『チャラカ・サムヒター』中に記される油剤の1つ「アヌ・タイラ」の製造原料として用いられる. この方法は催嚔法（さいていほう：くしゃみを催させ鼻疾患を治す）"プラティマルシャ・ナスヤ"と呼ばれる.

アルジャカはまた，ヒンズー教の神であるビシュヌおよびそのアヴァターラであるクリシュナに献じるハーブとしても有名である.

メボウキは中国でも羅勒（らろく）の名で知られ，後漢時代の『名医別録』にも収載されており「胃腸を調え，消食し，生で食べるをよし」としていることから，古来野菜として摂取していたことがうかがえるほか，歯の病気を療ずるにはその灰を用いたとする記述も見られる. しかし過食は避けるようにとも記されている.

薬理作用

●力科昆虫の殺虫作用[1]●

スイート・バジルの葉にはハマダラカとその幼虫，つまりボウフラに対する殺幼虫，サナギに対する殺蛹効果があることが明らかになった. この活性は，LC_{50}（半数致死濃度）が29.69（幼虫）〜 69 ppm（蛹）であった. またスイート・バジルの葉から製した蚊取り線香を，ピレスリンをコントロールに用いた燻蒸と比較して活性を確かめたところ，スイート・バジル製蚊取り線香が52%，ピレスリンを用いた蚊取り線香が42%と，スイート・バジル製蚊取り線香のほうが殺傷率

が高いとする結果が導かれ，食品由来で害の少ない殺虫剤として，スイート・バジルの活用法の開発に期待がもてる.

●力科昆虫の殺虫作用[2]●

スイート・バジルの精油に，コガタアカイエカ，ヒトスジシマカなどカ科に対する幼虫殺虫作用のあることが明らかにされた. 精油成分を精査したところ，主な成分としてはリナロール（52.42%），メチルオイゲノール（18.74%），1,8-シネオール（5.61%）が見いだされている. スイート・バジル精油のこれら3種の幼虫のうちサナギ直前の3齢幼虫に対するLC_{50}はそれぞれ14.01, 11.97, 9.75 ppm であった. 以上の結果から，スイート・バジルの精油は天然由来のカの殺幼虫素材として安全かつ有用であることが示唆された.

●抗酸化活性および抗菌活性●

DPPH（ジフェニルピクリルヒドラジル）法を用いてフリーラジカル捕捉活性を測定したところ，精油に良好な抗酸化活性が見いだされた. またリナロールは黄色ブドウ球菌,大腸菌,枯草菌,クロコウジカビ,ケカビ,ジャガイモ乾腐病菌に対する抗菌活性を有することが見いだされた. これらの精油成分と抗菌活性は，季節的消長のあることも合わせて認められたが，夏に多い物質が見いだされた一方で，冬に多い物質，秋に多い物質なども認められ，結果として一様ではなかった. 精油含量自体は冬が最も多く，夏が最も少ないことが確認された[3]. また別のグループはリナロールのほかに，エストラゴール，ケイヒ酸メチルエステル，オイゲノールなどを見いだし，このうちオイゲノールに強い抗酸化活性が認められたとしている[4].

スパイスの調理学：食卓を彩る使い方

バジルはいまやハーブ，スパイスとしてヨーロッパ料理，とりわけトマト料理には欠かせないものの1つとなっており，その相性の良さは世界的に賞賛されている．興味深いのは，このバジルをトマトと混植するとトマトに集まる昆虫を避けることが可能なことから，農薬を使わずに害虫を防ぐ，いわゆるコンパニオン・プランツとしても有名であることだ．

バジルはスイートバジルだけでなく，さまざまな種類を擁することからも，その多様性を武器としてこれからもさまざまな活用法が見いだせるのではないだろうか．農業，園芸，科学，医学，薬学，さまざまな知識を持ち寄り，一層有用な食材・スパイス，あるいは機能性食品として将来が期待できそうである．

料理では乾燥ハーブを使うことが多いが，生の葉を細かくちぎる，切るなどしてスープやキャセロール鍋料理やサラダに散らすなどして用いることも多い．また肉料理にも風味を増すために用いられ，鶏料理の詰め物にも使われる．

またハーブ栽培愛好家は，生のバジル葉をほかのスパイス類（松の実，ニンニク）やオリーブ油，塩，粉チーズなどと合わせて個性的なバジルソースを作るなどする例もある．中でもいわゆるブランド・バジルの1つ，EU基準のD.O.P.（原産地保護証明）規格の産品として知られるジェノベーゼ・バジルはイタリア北部のリグリア州にあるジェノバ，サボナ，インペリアにおいてのみ生産されたバジルにのみ冠する呼称としてのみ認められている，いわゆる原産地統制品として有名である．しかしバジルはジェノベーゼだけにとどまらず60種を超える栽培品種を擁しており，よく知られているものだけでも「シナモン」「テンプル」「ブッシュ」「ワイルド」があり，とりわけ地中海産のものに人気がある．

（山路 誠一）

薬理作用における文献

1) Murugan, K., *et al.* : *Parasitol. Res.,* **114(10)**, 3657(2015).
2) Govindarajan, M., *et al.* : *Exp. Parasit.,* **134(1)**, 7 (2013).
3) Hussain, A.I., *et al.* : *Food Chem.,* **108(3)**, 986 (2008).
4) Lee, S.-J., *et al.* : *Food Chem.,* **91(3)**, 131 (2005).

● **COLUMN** ●

アルコール好きのためのスパイス活用法

一時期，肝臓の解毒作用を高めるとして人気となったものにウコンがあります．ウコンは生薬でもあるショウガの仲間のスパイスで，インドカレーには欠かせないターメリックとしてよく知られています．カレーを食べると体の深部体温が上がって内臓が活発に働くようになります．その結果，体内のアルコールが汗や尿となって体外へ排出されるため，アルコールを摂取する前や後にカレーを食べることは，大変理にかなった体調管理術でもあるのです．　　**（丁 宗鐵）**

パセリ

Parsley

パセリ（左）とイタリアンパセリ（右）.

イタリアンパセリ.

　パセリは，古くは「オランダゼリ」と呼ばれており，現在では一般的に「パセリ」という名前で知られている．もともと，地中海地方が原産の植物であるが，現在は世界中で栽培され料理の付け合わせやスパイスとして使われている．パセリは，植物学的に数少ない「二年生植物（2年に1回花を咲かせる植物）」である（パセリのほかには，タマネギなども二年生植物である）．パセリの花は黄色っぽく可愛らしいが，花言葉はなんと「死の前兆」である．それに反して，数多くの薬効を持つことから民間療法にも古くから用いられてきた．

主要成分

フラボノイド：アピゲニン， アピイン
精油： ミリスチン酸，**アピオール**
その他： クマリン類

アピゲニン

アピオール

科 属 名	セリ科　オランダゼリ属
学　　名	*Petroselinum crispum*　　*P. neapolitanum crispum*
別　　名	オランダゼリ
原 産 地	地中海地方
使用部位	葉
形　　状	茎の高さは60〜100 cmほど，多数の茎が1本の根から生える

スパイスの健康学

●伝統医療●

パセリは,古くから「風邪」「胃薬」「利尿剤」「尿路消毒剤」「抗尿路結石」「抗気管支炎」「抗炎症作用」など幅広い薬効があるとされ,「無月経」「月経困難症」「胃腸障害」「高血圧」「心臓病」「耳鼻咽喉炎」「鼻炎」「糖尿病」「皮膚疾患」などの患者に用いられてきたという記録がある[1].表1に世界各地の伝統医療におけるパセリの使用について示す.

<臨床>

ヒトを対象とした臨床試験では,パセリを14人の食事に1週間追加したところ,パセリなしの食事と比較して抗酸化酵素が増えることがわかっている.また,その有効成分がアピゲニンであることもわかっている.

<日本人を対象とした臨床試験>

日本人では分娩後24時間の経産婦の後陣痛緩和のためのパセリの効果について調べた臨床試験において,パセリは感覚的性質の痛みを緩和することが明らかとなっている.子宮収縮剤未使用者がパセリを食すると,後陣痛の緩和効果が分娩後24時間まで期待でき,鎮痛剤使用率も少なくなった[2].

<毒性および忍容性>

伝統医療では,パセリは中絶薬として用いられているため,妊婦や妊娠の可能性がある女性は避ける必要がある.パセリの急性毒性をラットで評価した試験では,毒物学的に悪影響は認められなかった[3].また,接触性光過敏症皮膚炎(その物質に触った後に,日光の紫外線を浴びると発症す

表1 世界の伝統医療におけるパセリ

地域	使用部位	利用方法・利用目的
イラン	種子	抗菌薬,消毒薬,鎮痙薬,鎮静薬,胃腸障害,駆虫薬,消化薬,収斂薬,胃腸炎,炎症,解毒剤,口臭,腎臓結石および無月経発疹,黄斑,頭痛,鼻炎,
	葉	腎臓結石,痔,胃腸障害,視力および皮膚炎,食品の風味付け
イラク	葉	皮膚病
トルコ	葉	抗凝固剤,高血圧,高脂血症,肝毒性および糖尿病
	種子	利尿
中国	葉	食品の風味付け
モロッコ	葉	動脈性高血圧,糖尿病,心臓病,腎臓病,腰痛,高血圧,湿疹および鼻血,無月経,月経困難症,腎臓結石
スペイン	葉	前立腺炎,糖尿病,口臭,中絶,貧血,高血圧,高尿酸血症,便秘,歯磨き粉,痛み,脱毛症
イタリア	地上部	中絶薬
ペルー	種子	駆風薬,胃炎
セルビア	葉	尿路疾患,むくみ,尿路感染症

る皮膚炎）が，ブタを用いた動物実験に加え
て，ヒトにおいても報告されており，その
原因物質がパセリに含まれるフロクマリン
（furocoumarins）類，特にオキシプセダニン
（oxypucedanin）であることがわかっている．

＜アレルギー＞

花粉症の人は，パセリをはじめとするセ
リ科の植物で口腔アレルギー症候群を発症
しやすいので注意が必要である．

薬理作用

●生物活性と薬効薬理●

パセリは「抗酸化」「肝保護作用」「脳保
護作用」「血糖抑制」「鎮痛」「鎮痙」「免疫
抑制」「血小板凝集抑制」「胃腸の保護」「細
胞保護」「下剤」「エストロゲン作用」「利尿」
「降圧」「抗菌」「抗真菌」などの生物活性
を期待して研究が進められている[1]．代表
的な効能効果について，現在までの研究の
進み具合について紹介する．

＜in vitro（試験管や培養器内での実験）＞

パセリの葉，茎および種子に含まれるア
ピオールとミリスチン酸は in vitro で抗酸化
性を示すことが知られている[2, 4～7]．パセ
リの種からとれる精油は，免疫細胞に働き
かけ，液性免疫，細胞性免疫の両方を抑制
する[8]．パセリの食用部分に含まれるアピ
ゲニン，ジオスメチン，およびケンフェロー
ル（ケンペロール）などのフラボノイド類
は，大豆に含まれるイソフラボン配糖体と
同様に，エストロゲン感受性乳がん細胞株
（MCF-7）において増殖活性を示した[9]．パ
セリの葉に含まれるケンフェロール，アピ
ゲニンなどのフラボノイド類は強い血小板
凝集抑制作用を示す．この血小板凝集抑制
作用は，試験管内だけで観察されるもので

あり，動物に投与してもその効果は見られ
ない．パセリの葉や茎に含まれるソラレン，
8-メトキシソラレン，5-メトキシソラレンな
どの抗菌性のクマリン類は，大腸菌，緑膿
菌，黄色ブドウ球菌，結核菌など，さまざ
まな菌に対して抗菌作用を示す[4, 10～13]．ア
ロマテラピーに用いられる精油には抗菌性
は見られない[14]．

＜in vivo（生体内での実験）＞

パセリのさまざまな種類のエキスは，マ
ウスやラットなどの動物実験で，膵臓の働
きとは独立して血糖を下げることが明らか
になっている[15～17]．また，パセリはその抗
酸化力によって，糖尿病状態のマウスやラッ
トの肝臓や心臓，血管などを保護するこ
とも明らかになっている[18, 19]．ただ，タン
パク質の糖化（人間において中期の血糖コ
ントロールの指標である HbA1c など）には
効果がない．パセリの種子のアルコールと
水のエキスはマウスにおいて鎮痛作用を示
す[20]．また，ラットにおいて腸の痙縮を抑
える[21]．種子のエキスだけでなく，パセリ
の根以外の部分のエキスでも同じような効
果が見られた．パセリのエタノールエキス
は，胃液の分泌を抑え，粘膜を保護するこ
とでラットのさまざまな消化性潰瘍に効果
を示す[3]．また，水エキスはラットで消化
管における水分の吸収増加と結腸内の Na-
$K-Cl_2$ トランスポーター活性の増強によっ
て穏やかな下剤として働く[22]．フラボノイ
ドのアピイン，アピゲニンは，マウスにお
いてエストロゲン様作用を示す[23]．パセリ
は，ムスカリン受容体を介して，ラットの
血圧を低下させる[24]．

スパイスの調理学：食卓を彩る使い方

パセリは，生食で料理の付け合わせとして用いる場合は，鮮度保存のために，4〜5℃で湿度を保った場所で（相対湿度83％），切った部分を水につけると色も栄養素も安定して保たれることがわかっている．

スパイス（香辛料）として用いる際には，主に乾燥した葉が用いられる．太古，狩猟民族であったヨーロッパ諸民族は，獲物の肉を空気中に放置保存しておくと，含有されている油脂の酸化による不快臭の発生，風味の低下，腐敗，毒性の発現などが生じることに悩まされていた．そこで，香りの良い草の葉など，いわゆる香草系スパイス（香辛料）を使って，この悪変劣化を防ぐことを発見した．その1つが，パセリであり，古文書によれば，香草系スパイス（香辛料）であるディル，マジ・ラム（マジョラム），パセリ，タイムなどが獲物の肉の保存に使われていたという記録がある．現在は，特徴的な呈味（味を感じさせる匂い）がある食品香料のオレオレジン（Oleoresins）の原料としても用いられている．

（岩堀 禎廣）

薬理作用における文献

1 ）Farzaei M. H.: *J Tradit Chin Med.,* **33(6)**, 815 (2013).
2 ）釜瀬真弓ほか：福岡県立看護専門学校看護研究論文集，19巻，p.161 (1996).
3 ）Branković, S., *et al. : Med Pregl,* **63(7-8)**, 475(2010).
4 ）Zhang, H., *et al. : Food Res Int,* **39(8)**, 833 (2006).
5 ）Wong, P. Y. Y. *et al. : Food Chem,* **97(3)**, 505 (2006).
6 ）Popović, M., *et al. : Phytother Res,* **21(8)**, 717 (2007).
7 ）Fejes, S. Z., *et al. : Phytother Res,* **14(5)**, 362 (2000).
8 ）Vora, S. R., *et al. : Indian J Exp Biol,* **47(5)**, 338 (2009).
9 ）Yousofi, A., *et al. : Immunopharmacol Immunotoxicol,* **34(2)**, 303 (2012).
10）Yoshikawa, M., *et al. : Chem Pharm Bull.,* **48(7)**, 1039 (2000).
11）Aljanaby, A. A. J. J.: *Res Chem Intermed.,* **39 (8)**, 3709 (2013).
12）Kim, O. M., *et al. : J Korean Soc Food Sci Nutr,* **27(3)**, 455 (1998).
13）Manderfield, M. M., *et al. : J Food Protect,* **60(1)**, 72 (1997).
14）Ojala, T., *et al. : J Ethnopharmacol,* **73(1)**, 299 (2000).
15）Viuda-Martos, M., *et al. : Food Control,* **22(11)**, 1715 (2011).
16）Bolkent, S., *et al. : Phytother Res,* **18(12)**, 996 (2004).
17）Ozsoy-Sacan, O., *et al. : J Ethnopharmacol,* **104(1-2)**, 175 (2006).
18）Yanardaĝ, R., *et al. : Biol Pharm Bull,* **26(8)**, 1206 (2003).
19）Popović, M., *et al. : Phytother Res,* **21(8)**, 717 (2007).
20）Tunali, T., *et al. : Phytother Res,* **13(2)**, 138 (1999).
21）Behtash, N., *et al. : Toxicol Lett.,* **180(Suppl 5)**, S127 (2008).
22）Al-Howiriny, T., *et al. : Am J Chin Med,* **31(5)**, 699 (2003).
23）Kreydiyyeh, S.I., *et al. : Phytomedicine,* **8(5)**, 382 (2001).
24）Yoshikawa, M., *et al.: Chem Pharm Bull,* **48(7)**, 1039 (2000).

フェヌグリーク

Fenugreek　生薬名：胡芦巴（コロハ）

種を乾燥させてスパイスにする

　マメ科のフェヌグリークは，カレーの主な香りの成分として知られている．地中海沿岸地域を原産（イランが起源で地中海の東ヨーロッパ地域と北アフリカの東岸に分布したという説もある）として，現在では，世界中で栽培されている．中東だけで32種，世界では100種類以上の野生種が確認されている．学名の「Trigonou」は，ギリシャ語で三角形（トライアングル）を意味し，フェヌグリークの楕円形で少しギザギザがついた葉（小葉）が3枚セット（三葉）のように見えることに由来している．「フェヌグリーク（foenum-graecum）」は，「ギリシャの干し草」または単に「ギリシャの草」を意味し，古代ギリシャでフェヌグリークが汎用されていたことを表している．フェヌグリークは草本の一年生植物で，単黄色から白，紫がかった花を咲かせる．

フェヌグリークの鞘と葉．

科 属 名	マメ科　フェヌグリーク属
学　　名	*Trigonella foenum-graecum*
別　　名	メティー
原 産 地	地中海沿岸地方
使用部位	生の葉，種子
形　　状	茎の高さ50cmほど

主要成分

薬用アミノ酸化合物：4-ヒドロキシイソロイシン

薬用アルカロイド：トリゴネン

ステロイド化合物：ジオスゲニン，ヤモゲニン

フラボノイド：ケンフェロール-3-*O*-グルコシド，アピゲニン-7-*O*-ルチノシド，ナリンゲニン，ケルセチン，ビテキシン

多糖：ガラクトマンナンなど

脂質：不飽和脂肪酸

タンパク質：リシン，トリプトファン，ヒスチジン

ジオスゲニン

ソトロン

その他：ラクトンオルトジヒドロキシケイ皮酸などのクマリン類，タンニン，カロテノイド，精油成分など

スパイスの健康学

●伝統医療●

　スパイスやハーブの健康上の利益と薬効は古代から知られており，フェヌグリークも，多くの伝統医療において粉末，エキス，練油(ポマード)などさまざまな剤型で常用されてきた．スリランカの伝統医療において(特にタミル人文化圏において)，フェヌグリークの種子全体の水エキスは消化器疾患，消化管潰瘍，月経異常および体熱(熱射病，のぼせ，ほてりなど)を治療するために使用されてきた．イランの伝統医療の専門家によると，フェヌグリークはむくみを取り身体を温める性質があるとされる．内服では一般的な強壮剤，食欲不振の胃腸障害，冷えを原因とする咳，喘息，脾腫，肝炎，腰痛，下剤，糖尿病や，冷えによる尿意を抑えることなどに幅広く用いられる．外用では，しみ，ほくろ，たこ，うおのめ，ペラグラなどに用いる皮膚軟化剤，関節の痛み(関節痛)や局所の炎症のためのパップ剤，膣洗浄，口臭や体臭の除去に用いられてきた．さらにオイルは髪に良いとされ，育毛剤として用いられるほか，シャンプーとして使用した場合，ふけを抑えるとされている．古文書によると，古代ローマ帝国と古代エジプトにおいてフェヌグリークは，最も古くから用いられている薬用植物の一つとされ，主に出産と授乳を容易にする妊婦用薬用植物として用いられた．現在でもエジプトの女性たちは，ヒルバ茶という名前でフェヌグリークを月経痛や陣痛を抑えるために用いている．中医学(中国の伝統医療)においても，フェヌグリークは発育不良や虚弱体質を改善したり，痛風などに用いられてきた．アーユルヴェーダ(インドの伝統医療)では，強壮剤もしくは出産を容易にし母乳を出やすくするための薬として主に用いられてきた．さらには，風邪，鎮咳，去痰薬，下剤および胃腸薬，気管支炎，発熱，咽頭痛，創傷，腺腫，皮膚

刺激，糖尿病および潰瘍などかなり幅広く用いられていたという記録が残っている．また，医療用以外でも，宗教儀式やミイラを作成するために用いられたという記録が残っている．

薬理作用

●生物活性と薬効薬理●

フェヌグリークは解熱，抗炎症，抗酸化，肝保護，抗潰瘍，抗菌，抗腫瘍，免疫抑制などの作用を期待されるほか，糖尿病，高脂血症などにも幅広く用いられている[1]．さらに，鉄やリンなどのミネラル補給，虚弱体質や食欲不振から小児性骨髄炎，結核，重症筋無力症にまで用いられてきた記録がある[2]．

＜in vitro（試験管や培養器内での実験）＞

フェヌグリークの種子に含まれるアミノ酸の1種が，骨格筋におけるグルコース輸送体4（glut-4）の発現を調節することが，in vitro / in vivo の両方において確認されている[3]．ジオスゲニンは，脂肪組織での抗炎症作用を発揮することで糖代謝も改善するとされている[4]．また，フェヌグリーク種子に含まれるフラボノイド類の抗酸化性により脂質酸化が抑えられるとされている．

＜in vivo（生体内での実験）＞

ジオスゲニンは，肝臓において脂肪を作る遺伝子の発現を抑制することで，マウスにおいて脂肪肝や脂質異常症を防ぐことが確認されている[5]．また，フェヌグリークの種子に含まれるアミノ酸の1種が血糖降下作用，インシュリン分泌亢進作用を示すこと，フェヌグリークに含まれるアミノ酸が膵臓 β 細胞からのグルコース誘発性インシュリン放出を亢進させ糖尿病ラットの空腹時血糖と HbA1c を低下させること[6]，フロスタノールサポニン

は，実験的糖尿病ラットにおいて，エネルギー消費を増加させ血中コレステロールを低下させること[6]，フェヌグリークに含まれるサポゲニンが胆汁によるコレステロール排泄を増加させること[7]，食事中の脂質の糞便中への排泄を促進することによって，内臓脂肪や肝臓脂肪の蓄積を抑え，結果的に体重を減らすこと[8]，フェヌグリーク種子の強力な胃酸分泌抑制による胃粘膜保護作用によりラットの抗潰瘍および胃保護効果を示すこと[9]，フェヌグリーク抽出物の実験ラットに対する安全かつ有効な投与量が約 2.50 ％（w/w）であることなどが明らかになっている[10]．

【臨床試験】

2型糖尿病患者に対する2つのランダム化比較試験において，フェヌグリークエキス 1g の摂取は運動介入と同程度の血糖降下作用を示すことが明らかになっている[11]．

【日本人を対象とした臨床試験】

日本人を対象とした臨床試験においてフェヌグリークは食物繊維に添加され，血中コレステロールの低下作用を示すことが明らかになっている[12]．また，フェヌグリークやフェンネルなどの香辛料を含むスープの摂取後には，胃の運動が増加する傾向があること，満腹感と満足感が高まること，摂取直後の体温が上昇することがプラセボスープとの比較により示唆されている[13]．

【副作用や注意】

フェヌグリークは甲状腺ホルモンのレベルを変化させる可能性が示唆されているが，現在までに報告された副作用のほとんどは，胃の不調，下痢程度であった[14]．また，フェヌグリークには，血糖降下作用があるため低血糖の副作用を生じる可能性が指摘されている．

そのため，インスリンなどにより糖尿病治療中の患者は注意が必要であるが，治療中でない糖尿病患者にフェヌグリークを用いることは安全で効果的であると考えられている[15]．重篤なアレルギー反応はまれであるとされているが，理論的には，フェヌグリークは出血のリスクを高める可能性，血中のカリウム濃度を低下させる可能性が示されている．また，動物実験により催奇形性や胎児毒性が示されているがヒトでの事例はない[16]．授乳婦に対して，母乳分泌亢進作用を期待して用いられるが，その際には以下のことを考慮する必要があるとされている．

1. フェヌグリークは，喘息または消化器疾患の徴候を有する女性では注意深く摂取されるべきである．
2. 効果をもたらす最小限の消費量が考慮されるべきである．
3. 血圧に問題がある女性や心臓血管疾患の患者には避けるべきである．

4. 敏感肌の女性は，フェヌグリークに対する感受性をチェックする必要がある．
5. ワルファリン＋アスピリンを使用する女性は，フェヌグリークを注意して使用する必要がある．
6. 授乳を容易にする目的でフェヌグリークを使用する女性は，長期使用を避けるべきである．摂取期間中の血液凝固時間と血糖を検査することが推奨される[17]．

また，平成23年5月からドイツを中心に腸管出血性大腸菌O 104：H 4による大規模食中毒が発生した．旅行者も感染し，欧州13カ国と米国・カナダで4,321名の食中毒患者が発生し50名近くが死亡した．ドイツの輸入業者がエジプトから輸入したフェヌグリーク種子が感染源とされた[18]．

＜用量および使用方法＞

1日5～10 gを粉体として3回使用[19]．

＜薬物相互作用＞

薬物相互作用は報告されていない[19]．

スパイスの調理学：食卓を彩る使い方

フェヌグリークは，古くから食品の風味，色および質感を高めるために使用されてきた．インドでは古代から，すでに現代と同様にフェヌグリークをスパイスとして用いていたという記録が残っている．現在でも，生の葉と種子が世界中で野菜として食されるほか，乾燥させた葉や種子がスパイス（調味料）や薬用として広く用いられている．フェヌグリークの香りの主成分である3-ヒドロキシ-4,5-ジメチル-2(5H)-フラノン（ＨＤＭＦ：ソトロン）は，古酒の香りの主要成分でもある．フェヌグリークがカレーに用いられるようになったのは，その香気成分である

ソトロンが，熱分解を受けにくい成分であり，加熱により好ましくない香気が発生しないからである．ソトロンの香りは，濃度によって印象が変わることが知られており，最も高濃度だとカレーの香りとなる．「700 ppb程度では漢方薬の匂い」「70 ppb程度だとカラメルのような焦げた臭い」と濃度によって変化し，最も薄い濃度で0.01 ppb程度まで薄まると糖蜜のような香りとなることが知られている．このソトロンの「濃度変化により香りの印象変化が起こる」という現象が発見されたことから，世界の香料会社が「香りの濃度による変化」を研究するきっかけ

となったといわれている．余談であるが，フェヌグリークは成長した大人のブタが好む　香りとしても知られている．

（岩堀 禎廣）

薬理作用における文献

1）Mahmood, A. A., *et al.* : *Intl J Mol Med Adv Sci.,* **1(3)**, 225 (2005).
2）Dini, M. : Scientific Name of Medicinal Plants Used in Traditional Medicine, p.299, Forest and Rangeland Research Institute (2006).
3）Mohammad, S., *et al.* : *Life Sci,* **78**, 820 (2006).
4）Kaviarasan, S, and Anuradha, C.V. : *Pharmazie,* **62**, 299 (2007).
5）Uemura, T., *et al.*: *J. Nutr.,* **141**, 17 (2011).
6）Xue, W. L., *et al.* : *Asia Pac J Clin Nutr.,* **16(1)**, 422 (2007).
7）Basch, E., *et al.* : *Altern Med Rev.,* **8(1)**, 20 (2003).
8）村木悦子：日本栄養・食糧学会誌，**(64)2**, 99 (2011).
9）Mahmood, A. A., *et al.* : *Intl J Mol Med Adv Sci.,* **1(3)**, 225 (2005).
10）Petit, PR, *et al.* : *Steroids.,* **60**, 674 (1995).
11）Gupta, A., *et al.* : *J Assoc Physicians India.,* **49**, 1057 (2001).
12）江頭裕嘉合：日本食物繊維学会誌，**9(1)**, 1 (2005).
13）永井成美：栄養学雑誌，**70(1)**, 17 (2012).
14）Muraki, E., *et al.*: *Lipids Health Dis,* **10**, 240 (2011)..
15）Sharma, R. D., *et al.* : *Phytother Res.,* **10**, 519 (1996).
16）Flammang, A. M. : *Food Chem Toxicol*, **42**, 1769 (2004).
17）Turkyılmaz, C., *et al.*: *J Altern Complement Med.,* **17**, 139 (2011).
18）川本伸一：日本食品微生物学会雑誌，**30(2)**, 104 (2013).
19）Turkyılmaz, C., *et al.*: *J Altern Complement Med.,* **17**, 139 (2011).

● COLUMN ●

体質とスパイスの関係

　今の時代は，アレルギーへの認知が高まったことで，レストランで食事をする際にも，個別の要望を伝えやすくなりました．現在，食品表示法でアレルギー表示の対象になっている原材料は，27品目となっています．ここには含まれていないものの，海外ではチョコレートの原料となるカカオやアーモンド，イチゴやメロン，マンゴーといった食品も，アレルギー症状を引き起こす原因物質として指定されていたりします．スパイス類も例外ではありません．コショウやカラシ（マスタード），ワサビのスパイス成分が刺激となり膀胱炎のような症状を引き起こすこともあるため，過剰摂取は避けたいものです．漢方で重視する体質との相性を考えるなら，体力があり暑がりで多汗な実証タイプは代謝を上げるショウガやトウガラシなどのスパイスは控えめにすべきです．また反対に，体力のない寒がりな虚証タイプにこれらのスパイスはお勧めですが，冷えを助長する砂糖や柑橘系の果汁，お酢などは控えめにしましょう．

（丁 宗鐵）

フェンネル

Fennel 生薬名：茴香（ウイキョウ）

フェンネルはヨーロッパ南部地中海沿岸地方原産のセリ科の多年草で，7月から8月にかけて黄色の小さな花をたくさん咲かせる．古くから世界各地で地域に根付いて栽培されており，現在では，世界各地で100種類近くの名で呼ばれていることから「すべての国で栽培されている」ともいわれている．例えば，日本ではウイキョウ（茴香）と

びりっとした風味とほのかに甘みのある芳香．
パウダー（左）とフェンネルシード（右）．

呼ばれ，英語ではフェンネル（Fennel），フランス語ではフヌイユ（fenouil），インドではヒ

フェンネルの花．

科 属 名	セリ科　ウイキョウ属
学　　名	*Foenicuium vuigare*
別　　名	ウイキョウ（茴香），フヌイユ，ソーンフ，アダス
原 産 地	ヨーロッパ南部地中海沿岸地方
使用部位	種子
形　　状	直立し，数多く分岐した茎が2mの高さになる

ンディー語でソーンフ（Saunf），インドネシアのジャワ島ではアダス（Adas）など，地域ごとにさまざまな名前で呼ばれている．日本でよく見る植物としては，菜の花のようなイメージである．葉は鮮やかな緑色で羽のように柔らかく，大きさは 40 cm にもなる．根はニンニクに似ている．

　種子は 9 月から 10 月にかけて熟し，フェンネルシードというスパイスとして用いられる．インドでは，「焼肉屋の食後のガム」のような位置づけで，食後の口腔清涼のために一つまみ噛みながら帰ることが一般的で，日本でも本格的なカレー屋やインド料理屋

ではレジの付近に置いてあることがある．

　原産地の地中海の南部地方から世界中に広がり，特にアジア，北アメリカ，ヨーロッパで人々に汎用されるようになった．古代エジプト人，古代ローマ人，インド人，中国人にはポピュラーなハーブ＆スパイスであり，シャルルマーニュ皇帝（日本ではカール大帝として知られる）が栽培を奨励していたという記録が残っている．古代ローマ人は「香りの種」と呼んでフェンネルを栽培しており，イタリア南部では食用として非常に一般的な野菜であった．

主要成分

精油成分：アネトール
脂肪酸：カプリン酸，カプリル酸，ウンデカン酸，ラウリン酸，ミリスチン酸，ミリストレイン酸，ペンタデカン酸，パルミチン酸，ヘプタデカン酸，ステアリン酸，オレイン酸，リノール酸，α-リノレン酸，アラキジン酸，エイコサン酸シス-11,14-エイコサジエン酸，cis-11,14,17-エイコサトリエン酸，ヘンエイコサン酸，ベヘン酸，トリコサン酸およびリグノセリン酸

アネトール

ポリフェノール：ネオクロロゲン酸，クロロゲン酸，没食子酸，クロロゲン酸，カフェ酸，p-クマル酸フェルラ酸-7-o-グルコシド，ケルセチン-7-o-グルコシド，フェルラ酸，1,5-ジカフェオイルキナ酸，ヘスペリジン，ロスマリン酸，ケルセチン，アピゲニン

スパイスの健康学

●伝統医療●

　フェンネルは古くから現在に至るまで，その茎，果実，葉，種子，および植物全体が伝統医療に用いられてきた．フェンネルの調整法や用法用量などは，数多くの文献に収載されており，アーユルヴェーダ（現在も，アーユルヴェーダの薬局方に収載されている），ユナニ医学（インドやパキ

スタンなどのイスラム文化圏の伝統医療），シッダ医学（南インドのタミル地方の伝統医学でアーユルヴェーダの起源ともいわれる）などのインドの伝統医療や，イランの伝統医療，ボリビア，ブラジル，エクアドル，エチオピア，インド，イラン，イタリア，ヨルダン，メキシコ，パキスタン，ポルトガル，セルビア，南アフリカ，スペイ

表1　世界各地の伝統医療におけるフェンネルの代表的な用途

番号	病気／用途	使用部位／用法	地域
1	口腔潰瘍	柔らかい葉を噛んで、潰瘍部に付着させる.	バジリカータ（イタリア）
2	食前酒	柔らかい葉の生か茹でたもの	ローマ（イタリア）
3	歯肉障害	果物と種子，歯肉炎のマウスウォッシュとして	中央セルビア
4	不眠症	お茶として	ブラジル
5	便秘	種子，種子と砂糖の混ぜもの，煎じ汁	西ヨーロッパ，ジャンムー・カシミール州（インド）
6	がん	葉，花，煎じたものを飲料として	ロハ（エクアドル）
7	結膜炎	葉，花，煎じたものを飲料として	ロハ（エクアドル）
8	胃炎	葉，花，煎じたものを飲料として	ロハ（エクアドル）
9	腹痛	植物全体，または種子と葉の煎じ汁を飲料として．葉，さらにペーストとして	ローマ（イタリア），北バディア（ヨルダン），マニサ（トルコ）
10	風邪	果実と口頭，煎じ汁	ローマ（イタリア）
11	リフレッシング	根，全草，煎じ汁	ローマ（イタリア）
12	胃の腫脹	葉，少量の蜂蜜入りの煎じ汁	ローマ（イタリア）
13	育毛	種子の油	ミドルナバラ
14	制吐剤	果実，パウダー	マヨルカ島の北東部
15	抗高血圧および抗コレステロール血症	葉，直接噛む	マヨルカ島の北東部
16	浄化剤	葉と茎	イベリア半島，スペイン
17	睡眠薬	種子，葉，茎，吸入	北イラン
18	下痢	根および新鮮な葉	北ポルトガル，バンバーラ，マハラシュトラ州（インド）
19	腎臓病	地上部分，種子，煎じ汁	アルト（ボリビア），グジランワーラ（パキスタン）
20	子どもの疝痛	葉，果実，飲料として	ブラジル
21	過敏性腸症候群	葉，種子，飲料として	北ブラジル，ヨルダン
22	胃痛	葉，煎じ汁	西スペイン
23	瀉下薬	種子，注入，食用	グジランワーラ（パキスタン）
24	緩下薬	種子，注入，食用	グジランワーラ（パキスタン）
25	肝臓の痛み	種子　根を沸騰させ，茶として摂取	ペルナンブコ（ブラジル北東部）ソマリ州（エチオピア）
26	関節炎	葉，葉から作られたエキスを摂取	西アフリカ
27	風邪	葉，葉から作られたエキスを摂取	西アフリカ
28	脂肪除去	緑色の果実，噛む	西アフリカ
29	白帯下	100 g の種子，*Papaver somniferum* の種子粉末 200 g，*Coriander sativum* の 100 g の粉末，および 200 g の砂糖の混合物を調製し，この混合物 50 g を早朝に種族の女性が摂取する	ラジャスタン（インド）

番号	病気／用途	使用部位／用法	地域
30	繰り返す中絶の問題	50 gの種子，50 gの果物粉末，および50 gの砂糖の混合物が毎日妊婦に与えられる	ラジャスタン州（インド）
31	駆風薬	果物，煎じ薬 種子，煎じ薬（1杯のお茶を飲む） 全植物 果実，粉末として 種子，煎じ薬 種子，根，新鮮な葉と種子，煎じ薬	バジリカータ（イタリア），バルケシル（トルコ），西ケープ州（南アフリカ），中東，東，南，南ヨーロッパのボスニア，北ポルトガル，南スペイン
32	消化器系	生の部分または茹でた部分の柔らかい部分 全植物 種子，煎じ薬 種子，葉および茎 葉および／または果実	ローマ（イタリア），西ケープ州（南アフリカ），西ヨーロッパ，北イラン，西アフリカ
33	利尿	生の部分または茹でた部分の柔らかい部分 全植物 種子，煎じ薬 種子，根，新鮮な葉	ローマ（イタリア），西ケープ州（南アフリカ），西ヨーロッパ，北ポルトガル，西アフリカ
34	月経促進	地上部分，ニンジンと生フルーツとともに 果実，シンプルパウダー 種子	ローマ（イタリア），マヨルカ（スペイン），ハリヤナ（インド）
35	妊娠中の女性の乳汁刺激（乳汁産生促進薬）	葉，葉から作られたエキスを調味料として用いる．または噛み砕いて実を摂取するシンプルパウダー 地上部分をエキスとして	北アフリカ，ローマ（イタリア），マヨルカ（スペイン），ハリヤナ州（インド）
36	歯肉の傷	全植物，煎じ薬	ウッタラーカンド州（インド），アンダルシア（スペイン）
37	目のぼやけとかすみ	根，葉 食用 葉や果実	バルケシル（トルコ），北ポルトガル，グジランワーラ（パキスタン），南アフリカ共和国
38	咳	全植物 全植物，煎じ薬 全植物	ゲレロ（メキシコ），スペイン南部，西ケープ州（南アフリカ）
39	腹痛	全植物 果実 種の煎じ薬は胃の痛みに対して使用される 種子，葉，および茎，食用	ゲレロ（メキシコ），中央ナバラ，リグリア州（イタリア），北イラン
40	ストレス除去	地上部は子どものための鎮静剤として使用される	リグリア州（イタリア），南パンジャブ（パキスタン）
41	お腹の張り	葉と果実，種子，新鮮な果実，煎茶	ブラジル，北バディア（ヨルダン），北ベンガル（インド）

ン，トルコ，および米国などで，主に消化管，内分泌腺，生殖器，および呼吸器系に関連する広範囲の病気などさまざまな病状に使われ続けている（**表1**）．フェンネルの葉，茎および果実や種子などの地上部分は，特に，母乳の量および質を高めるだけでなく，授乳中の母親の母乳の流れを改善するために広く使用されている．古代から，フェンネルの種は，口の悪臭を取り除くための成分として使用されており，現在でも，インドやパキスタンの多くの地域では，焙煎したフェンネルの種子をムクワ（Mukhwas）と呼んで，食後の口の清涼剤または消化補助剤として用いている．

　日本でもフェンネル（ウイキョウ）は，古くから薬用植物として知られていた．フェンネルの実（Foeniculi Fructus）は香りが強く，芳香健胃，駆風，去痰の目的で利用され，漢方方剤として安中散，補陰湯，丁香柿蒂湯などに配合される．またヒトに用いられるだけでなく，獣医学的にも広範囲に用いられてきたという記録がある．さらには，薬用としてだけでなく，葉から得られる天然の淡緑色染料は，化粧品，織物/木材材料の着色，および食品着色剤として使用され，フェンネルの花と葉を組み合わせることによって，黄色と茶色の染料が得られるとされている．

薬理作用

●生物活性と薬効薬理●

＜in vivo（生体内での実験）／ in vitro（試験管や培養器内での実験）＞

　フェンネルのさまざまな抽出物が，抗老化，抗アレルギー，解熱鎮痛，抗炎症，抗菌，抗ウイルス，鎮痙，抗ストレス，抗不安，抗血栓，肝臓保護，血糖降下，血圧降下，血中脂質低下，利尿，去痰，眼圧降下，記憶増強などさまざまな作用を持つことが明らかとなっている[1]．

　フェンネルの精油は，さまざまな実験モデルにおいて抗菌および抗酸化活性が確認されている[1]．また，記憶増強効果を有し，ストレスを軽減すること，細菌，真菌，ウイルス，マイコバクテリア，および原虫起源の多数の感染症を効果的に制御すること[2]，肝臓の代謝酵素を阻害することによって，同時に投与されたほかの薬物のバイオアベイラビリティを増加させることができること[3]，視力回復に適すること[4]などが確認されている．

　さらに，フェンネルから単離された生物活性物質は，線虫，昆虫そして蚊，特にマラリアを媒介する蚊の幼虫などに対して，殺虫性，忌避性，殺ダニ性，殺幼虫性および殺線虫性などが確認されている[5]．

【臨床試験】

　コクランレビュー（国際的に定評のある医学論文のシステマティック・レビュー）において，エビデンスの質としては低から中程度であるが，フェンネルは小児疝痛（お腹の痛み．内臓痛）用の鎮痛剤として有効と判定されている[6]．

【日本人を対象とした臨床試験】

　食物繊維に添加されたフェンネルを摂取することで，血中コレステロール低下作用が示されている[7]．また，フェヌグリークやフェンネルなどの香辛料を含むスープの摂取後には，胃の運動が増加する傾向があること，満腹感と満足感が高まること，負荷直後の体温が上昇することがプラセボ

スープとの比較により示唆されている[8].

【毒性】

フェンネルは，古代から世界各地で用いられているが，その長い歴史の中で重大な副作用は報告されておらず，安全だと考えられている．実際に，これまで多くの毒性試験が実施されたがフェンネルに毒性は認められていない．マウスでは急性，慢性，それぞれの毒性が調べられており，急性毒性では3 g/kgまで，慢性毒性では100 mg/kg × 90日までは毒性が見られないことが確認されている．別の試験では5.5 g/kgまで毒性を示さないことが確認されている．これはかなり安全な量と考えられ，LD_{50}（半数致死量）は15 g/kgと考えられている[9].

フェンネルの主成分であるアネトールにおいては，ラットでLD_{50}が2090 mg/kgであることが判明している．LD_{50}の3分の1量である695 mg/kgの反復投与は肝毒性を引き起こしたが，アネトールを食餌の0.25%として1年間ラットに毎日与え続けた試験では肝障害は見られなかった．このことから，通常量ではアネトールの毒性には問題がないと考えられている[10].

また，フェンネルの精油（エッセンシャルオイル）のラットに対する急性経口投与におけるLD_{50}は1326 mg/kgであることが確認されている[11]．ヒトにおいて，原発性月経困難症のコントロールのためにフェンネルエッセンシャルオイルを用いる場合は，そのエストロゲン様作用に起因する催奇形性が理論上考えられるため，慎重に検討する必要があると考えられている．エッセンシャルオイルの催奇形性について肢芽間葉系細胞を用いて調べたところ，催奇形性は9.3 mg/mLの濃度までは認められないことが確認されている[12].

スパイスの調理学：食卓を彩る使い方

フェンネルは古くから用いられてきたハーブであり，特に，その実はスパイスとして用いられるだけでなくパン，ケーキおよびクッキーなどにも使われてきた．

フェンネルは「植物の全ての部位から良い香りがする」といわれ，生でサラダや軽食に用いられるほか，煮込んでも，茹でても，焼いてもよく，ハーブティーやスピリッツ酒にも用いられる．現代でもフランス料理やイタリア料理には欠かせない食材として，毎日の食卓を彩っている．

フェンネルは食材としても世界中で広く用いられているが，それ以上に，独特な香りを放つ精油（エッセンシャルオイル）として有名である．肉料理，魚料理をはじめ，アイスクリームにも用いられる．

(岩堀 禎廣)

薬理作用における文献

1) Tripathi, P., *et al.* : *Drug Chemi Toxicol,* **36(1)**, 35 (2013).

2) Dua, A., *et al.* : *Eur J Exp Bio,* **3(4)**, 203 (2013).

3) Seyede N. S. : *Pharmacogn Rev.,* **10(19)**, 33 (2016).

4 ）Hasan N. *et al.* : *Med Hypothesis Discov Innov Ophthalmol.,* **4(4)**, 162 (2015).

5 ）Sedaghat,M. M., *et al.* : *J Arthropod-Borne Dis,* **5(2)**, 51 (2011).

6 ）Biagioli E. *et al.* : Pain-relieving agents for infantile colic, Cochrane Database of Systematic Reviews (2016).

7 ）Kaileh, M., *et al.* : *J Ethnopharmacol,* **113(3)**, 510 (2007).

8 ）Subehan, S. F., *et al.* : *J Agric Food Chem,* **55(25)**, 10162 (2007).

9 ）Shah, A. H., *et al.* : *J Ethnopharmacol,* **34(2-3)**, 167 (1991).

10）Taylor, J. M., *et al.* : *Toxicol Appl Pharmacol,* **6(4)**, 378 (1964).

11）Ostad, S. N., *et al.* : *J Ethnopharmacol,* **76(3)**, 299 (2001).

12）Ostad, S. N., *et al.* : *Toxicol in Vitro,* **18(5)**, 623 (2004).

● *COLUMN* ●

スパイスの風味を復活させる

　開封していないけれど賞味期限を過ぎてしまった，あるいは使いかけのまま冷蔵庫に置き忘れてしまった，ということがスパイスにはありがちですね．諦めて捨ててしまう前に，一度以下の方法を試してみてください．

　① フライパンで乾煎りする

　② バターや油で炒める

　熱を加えることでスパイスの風味がよみがえり，油に成分が溶け出すのです．ただし焦げ付いてしまうと香りも風味も台無しになるので，火にかける時間は短めに．もちろん買ってきてすぐのスパイスも，加熱することで風味がぐんとアップします．

利きスパイスで体調に適したものを選ぶ

　似合う洋服を探すため試着するように，自分の体質に合ったスパイスを選ぶときには試飲・試食が大切なポイントとなります．飲んでみて，食べてみて不快感がないか，おいしく感じるか，飲んだり食べたりした後に気分や体調に変化があるか．体調が悪ければ，いつもおいしく感じるものも体が受け付けないことがあります．ご自身とご家族と，それぞれに適したスパイスを知っておくと，好みの味や風味をプラスしたオーダーメイド薬膳も簡単に作れます．利きスパイスのやり方は，小さじ 1 ～ 2 程度のスパイス（粉末または刻んだもの）を入れたカップに熱いお湯を注ぎ，立ち上ってきた香りを嗅ぎます．少し冷めたところで口に含み味を見ます．フライパンで乾煎りしたものを少量なめても香りと味が確認できます．もしこれで「不味い」とか「不快」と感じたら，体質的には合わないスパイスと考えられます．

（丁　宗鐵）

マスタード

Mustard　生薬名：芥子（ガイシ）

マスタードシード．

からしの花．

　マスタードはハクサイ，ダイコン，キャベツ，カブ，ワサビ，ブロッコリーなど，日本人には身近な野菜が多く見られるアブラナ科に属している[1]．毎年咲く花は，まばゆい黄色で，茎はまっすぐに伸び，途中，枝分かれした短い茎を持つ．

　同じアブラナ科でも，マスタードの原料となる植物は多様であり，その結果，でき上がるマスタードの色も，さまざまな色である．辛さにもいろいろ幅があるが，それ以上に風味に違いがある．マスタードはわさびとは異なり，

原料の植物の種子をすり潰して作られる．日本で「カラシナ」と呼ばれる植物の種子からもマスタードが作られることがあるが，日本では漬物として葉を食べることのほうが一般的であり，さまざまな種類が漬物用として用いられている．

　その中でも，*Brassica Juncea* の学名で呼ばれる植物の種子から作られるマスタードは，私たち日本人にとって，とんかつやおでんには欠かせない「和カラシ」と呼ばれるものになる．これは，海外では味の違いから，いわゆる一般的なマスタードとは別物と認識されており，「ジャパニーズマスタード」または「オリエンタルマスタード」と呼ばれることもある．

　したがって，スパイスにおけるマスタードは，洋ガラシと和ガラシに大きく分類される．一般にマスタードといわれるのは洋ガラシの

科 属 名	アブラナ科　アブラナ属		
学　　名	*Brassica* spp.，	*Sinapis* spp.	*Brassica Sinapis*（セイヨウカラシ）
別　　名	辛子		
原 産 地	ヨーロッパ南部地中海沿岸地方		
使用部位	種子		
形　　状	茎は直立し，枝分かれした短い茎を持つ		

153

ホワイトマスタードの実.

ホワイトマスタードの畑.

ホワイトマスタードの鞘.

ことである．このように，マスタードにも，原
料植物の違いからさまざまな種類がある．種
類によって使い方が違うだけでなく，ブレンド
して使われることも多くある．

　Sinapis alba または *Brassica hirta*（または
alba）という学名の植物の種子から作られる
マスタードは，ホワイトマスタードまたはイエ
ローマスタードと呼ばれる（和食の世界では

ブラックマスタードの実.

ブラックマスタードの畑.

ブラウンマスタードシードの収穫（カナダ）.

ブラックマスタードの鞘.

白ガラシと呼ばれる）．ホワイトマスタードの辛みは比較的まろやかとされている．イエローマスタードは，日本の食卓で一般的にイメージするような黄色ではなく，白に近い黄色である．ちなみに日本の食卓で一般的にイメージするマスタードが黄色いのは製造過程でウコンを混ぜて黄色く着色しているからである．

Brassica nigra（または *Sinapis nigra*）の学名の植物の種子から作られるマスタードはブラックマスタード（和食の世界では黒ガラシと呼ばれるそうである）と呼ばれ，比較的辛みと刺激が強いとされている．白カラシの原料植物は南ヨーロッパと西温帯アジアが原産地であり，黒カラシの原料植物は中央および南ヨーロッパと西温帯アジアが原産地である[2]．

主要成分

アリルイソチオシアネート
パラヒドロキシベンジルイソチオシアネート
グルコシノレート

アリルイソチオシアチート

グルコシノレート

スパイスの健康学

スパイスにおいて「マスタード」という場合は，同じアブラナ科の植物で，ホワイトマスタードとブラックマスタードのそれぞれの種子のことを意味する．ホワイトとブラックでは辛みに違いがあることを前述したが，それは，辛み成分が異なっているからである．ブラックの辛み成分はジャパニーズと同じで，アリルイソチオシアネートが主成分である．これに対しホワイトはパラヒドロキシベンジルイソチオシアネートが主成分で，揮発性が少なく辛みは薄いとされている[2]．

アブラナ科植物には，グルコシノレート（カラシ油配糖体）と呼ばれる一連の硫黄原子を含んだ配糖体が多種類含まれることが知られている．これらカラシ油配糖体は，昆虫などの摂食により植物の細胞が破壊されると，加水分解酵素と混合し糖部分が外れる．その後，アグリコン部分はロッセン転位反応を経て辛み成分である上記のイソチオシアネートとアルコールなどに分解される．これら分解生成物の混合物はマスタードオイル（カラシ油）と呼ばれ，抗菌性・殺虫性を有していることが知られている[1]．

これらの抗菌作用を示す有効成分の多くは精油中に存在する．1944 に Cavallito らによって，ガーリックオイル中のアリシンが強い抗菌性を有することが明らかにされてから，スパイスの抗菌成分に関する研究が数多く行われるようになった．

マスタードの抗菌性についても数多くの研究が行われ，黒カラシはシニグリンというグルコシノレート成分，白カラシはシナルピンというグルコシノレート成分から，それぞれに対応するイソチオシアネート類が酵素によ

って生成することで強い活性を示すことが明らかになっている[3].

つまり，マスタードの辛み成分と抗菌活性を示す成分は同一である.マスタードオイルは，アブラナ科植物において害虫に対する重要な防除物質としての生理活性を持つだけでなく，ヒトにおいても同様の生物活性を有している.

一般的に香辛料の持つ抗菌作用は，慣用的に食品に使われている濃度では明らかな静菌効果は示さず，食品中の微生物の発育阻害に対してほかの添加物の役割を助ける働きをする．また，その抗菌力は香辛料の種類と微生物との組み合わせ次第で強さが異なる.

マスタードもさまざまな細菌に対して抗菌活性を持つと考えられている[4〜7].例えば，芥子粉と芥子油の場合は，酵母 *Sacharomyces cerevisiae* に対して，生育阻止効果を有したり[8]，ビブリオ菌に対して中程度の殺菌力を持つとされ[9]，一般的にはグラム陽性菌に対する抗菌作用のほうが陰性菌に対する抗菌作用よりも強い活性を示すことが示唆されている[10].

抗菌作用以外には，*in vitro* において高い抗酸化性を示すことも明らかになっている[11].これらの抗酸化性を示す成分は熱に弱いことも知られている[12].

また，マスタードの辛みは，いわゆる味蕾ではなく，本来温度を感じるためのものである体性感覚器で受容されるために，味細胞で受容される狭義の味覚とは異なる．ただ，味覚生理学の立場からは，薬味受容体と総称してもいい受容体が見つかっており，唐辛子のもつ辛み，ワサビやマスタードの辛み，ハッカ類が引き起こす涼味に対する受容体が現在のところクローニングされている.

これらの薬味が有する生理的な意義は今のところ不明とされているが，我々が辛い料理を食べると身体が温かくなる感じがする現象は，薬味受容体の一つである温受容体を活性化するためであることが明らかになっている[13].

<臨床>

5 g のイエローマスタードのふすまの摂取が食後の血糖値を抑え満腹感を高めることや[14]，21 g のマスタードの摂取が食後の熱産生を高める傾向があることなどが，ヒトを対象とした臨床試験で明らかになっている[15].

【毒性】

マスタードは「マスタードガス（精製途中の不純物を含むガスの臭いがマスタードに似ているから命名されただけで，食用のマスタードとはまったく無関係）」のイメージがあることと，その辛みから，毒性が強いと思われがちであるが，通常の食用に用いられる量において有害事象は報告されていない.

スパイスの調理学：食卓を彩る使い方

マスタードは，一般的に洋風料理，主に肉料理に主に用いられるスパイスとされている．その中でも，ガーリックやクローブ，ローリエのように調理時に用いられるスパイスとは異なり，クレソンやパセリのように調理後の食事時に添えられるスパイスに分類される[8].

スパイスの基本作用には賦香作用，矯臭作用，辛み作用，着色作用などがあるが，マスタードは，そのうち「辛み作用」を担うスパイスに分類される．食用植物の辛みは大きく分けてトウガラシの辛さと，ダイコン，ワサビ，マスタードが所属するアブラナ科の辛

マスタードによく合う料理　左：ローストビーフ（イギリス），右：ソーセージ（ドイツ）．

さの2種類がある．

　七味唐辛子，コショウ，マスタードの辛さの好みを調べた調査によると，これらはすべて若年層に好まれることがわかっている．七味唐辛子とコショウは40代までに好まれ，50代から好まれなくなるのに対して，マスタードは30代までの人に好まれ40代から好まれなくなることがわかっている．

　マスタードの種子は，そのままでは辛みはないが，すり潰して水と混ぜると辛みを発生する．ワサビも含めてアブラナ科の植物は，そのようなタイプの辛みである．

　日本においては，約1200年前の「正倉院文書」の中に記載がある香辛料として，芥子（信濃国より納入されていた．芥子正油でトコロ天を食したものと推測される），生薑（生姜：ジンジャーの生のものやあえものに利用されたものと推測される），濁椒（朝倉山椒の嫩芽や実を食用にしたものと推測される）などの記載があるのが最古の文献上の記載とされている．ま

表1　スパイスの辛み成分

種類	スパイス名	化合物名	物性
アミド類	トウガラシ	カプサイシン，ジヒドロカプサイシン	N.V.
	ブラックペッパー	ピペリン，シャビシン	N.V.
	サンショウ	α-サンショオール，β-サンショオール	N.V.
バニリルケトン類	ジンジャー	ジンゲロン，ショーガオール	V.
	タデ	タデノン，タデノール	V.
サルファイド類	ニンニク	ジアリルジサルファイド	V.
	タマネギ	ジアリルサルファイド	V.
イソチオシアネート	マスタード（黒）	アリルイソチオシアネート	V.
	マスタード（白）	パラヒドロキシベンジルイソチオシアネート	N.V.

N.V.：不揮発性，V.：揮発性

プーレ・ア・ラ・ディジョネーズ　鶏肉のディジョン風グラタン.

た，平安朝時代には調理法に中国の影響が大きく，蒜を始め，ワサビ酢，芥子酢が用いられたという記録がある．いわゆる唐辛子がメキシコより輸入されてきたのは，室町時代(1341年)になってからである．ただ，古来からの「芥子」の記録は，和ガラシなのかマスタードなのか正確なところは不明である.

現在，日本では，肥満予防のための食生活改善対策として，マスタードのような香辛料を上手に使うことが推奨されている.

（岩堀 禎廣）

薬理作用における文献

1) 門出健次ほか：日本農薬学会誌，**20**, 399 (1995).

2) 長谷川忠男：栄養と食糧，**32(5)**, 267 (1979).

3) 河智義弘：生活衛生，**38**, 49 (1994).

4) Frazier W. C., : "Food Microbiology", p.140, McGraw-Hill (1958)

5) 藤江歩巳ほか：日本調理科学会誌，**37(3)**, 320 (2004).

6) 中谷延二：日本栄養・食糧学会誌，**56(6)**, 389 (2003).

7) Kanemaru, K., *et al.* : *Nippon Shokuhin kogyo Gak kaishi*, **37**, 823 (1990).

8) 森雄一：調理科学，**12(1)**, 17 (1979).

9) Beuchat, L. R.: *J. Food Sci.*, **41**, 899 (1976).

10) 桑原祥浩："天然物による食品の保存技術", p.77, お茶の水企画 (1985).

11) Chung, S.K., *et al.* : *Biosci. Biotechnol. Biochem.*, **61**, 118 (1997).

12) 高村仁知ほか：日本家政学会誌，**50(11)**, 1127 (1999).

13) 柏柳誠：口腔科，**18(2),** 207 (2006).

14) Lett, A. M., *et al.* : *Int J Food Sci Nutr.*, **64(2)**, 140 (2013).

15) Gregersen, N. T., *et al.* : *Br J Nutr.*, **109(3)**, 556 (2013).

ミント

Mint 生薬名：薄荷（ハッカ）

スペアミントの葉.

スペアミント.

ペパーミント.

　ミントという呼称は，1種類の植物を指す言葉ではなく，我々が「ハッカ」と呼んでいる植物の仲間の総称．世界では，7,000種以上の「ミント」があるといわれている．このミントという呼び名は，ギリシャ神話に出てくるニンフ（精霊）のメンテーに由来するもので，古代エジプトや古代ギリシア時代から使用されていたようだ．ミント類の中で，我が国でスパイスとしてよく用いられるものは，スペアミント，ペパーミントで，日本在来種のニホンハッカは主として医薬品に使用される．

　ミント類には，メントール（l-メントール）をはじめとする精油（エッセンシャルオイル）と呼ばれる揮発性の油が含有され，これが，特有の芳香の元になっている．葉はハーブティーとして飲むほかに，焼き菓子

科属名	シソ科　ハッカ属
学　　名	*Mentha spicata*（スペアミント）　*M. xpiperita*（ペパーミント）　*M. arvensis*（ニホンハッカ）
別　　名	スペアミント:オランダハッカ, ミドリハッカ, ちりめんハッカ　ペパーミント:コショウハッカ, セイヨウハッカ　ニホンハッカ:和薄荷, ワシュハッカ（和種薄荷）, ジャパニーズミント
原 産 地	ユーラシア大陸など
使用部位	葉などの地上部
形　　状	長さ数 cm

や肉の臭み消しに用いられる．また，抽出した精油は飲料，チューインガムなどの菓子，歯磨剤，うがい液，化粧品などの工業製品の香料として利用されるとともに，アロマテラピーにも用いられる．

スペアミントは，ヨーロッパで古くからハーブとして用いられており，ヨーロッパやアメリカにおいて，料理に使う「ミント」といえばこれのことである．ヨーロッパからアメリカに持ち込まれ，近年はアメリカでの栽培が大部分を占めている．スペアミントには *l*-メントールはあまり含まれず，精油の主成分は *l*-カルボンである．

ペパーミントは，スペアミントとウォーターミント（*Mentha aquatic*）の交雑種であるとされている．近年では，我が国では，「ミント」というと，ペパーミントを指すことが多くなっており，家庭菜園でもよく栽培されている．精油の主成分は *l*-メントー

ルである．

ニホンハッカは，日本の在来種のハッカを改良したもので，ペパーミントよりも *l*-メントールを多く含む．北海道の北見地方は，明治時代からハッカの栽培が盛んで，このニホンハッカが栽培されてきた．戦前には，世界のハッカの70％をこの北見地方で栽培していたというまで隆盛をきわめたが，近年は，化学合成されたメントールに市場を奪われ，生産は減少している．北海道の土産屋に置いてあるのは，この北見地方のニホンハッカである．漢方薬でも「ハッカ」を用いるが，日本で医薬品として用いるハッカ（日本薬局方 ハッカ）はこのニホンハッカの変種の *Mentha arvensis* var. *piperascens* である．漢方処方では，加味逍遙散，防風通聖散，荊芥連翹湯，柴胡清肝湯，滋陰至宝湯，清上防風湯，川芎茶調散などに配合されている．

主要成分

スペアミント：*l*-カルボン，ジヒドロカルボン，1,8-シネオール，酢酸 α-テルピニル
ペパーミント：*l*-メントール，メントン，1,8-シネオール，メントフラン
ニホンハッカ：*l*-メントール，メントン，リモネン，ピネン

l-カルボン　　*l*-メントール　　メントン

スパイスの健康学

ミントは，古くから健胃，制吐，抗痙攣や，発汗を促して体を冷やすため，病後の回復などに用いられてきた．またニキビや皮膚炎，喘息，歯痛，過敏性腸症候群（IBS）などに有効ともされているが，これらについては，ヒトにおける明確なエビデンスはない．

ヒトでのグレードの高いエビデンス（二重盲検無作為化比較試験）結果としては，化学療法を行っているがん患者に対し，制

吐薬に加えてペパーミント，スペアミントおのおのの精油含有カプセルを3回摂取させたところ，化学療法治療後24時間の悪心の強度および頻度が軽減したという報告がある[1].

薬理作用

●冷感誘発作用●

メントールが入った湿布剤を皮膚に貼ると，冷感を感じる．これは，皮膚の温度が実際に下がっているわけではなく，温度感受性 TRP（Transient receptor potential）チャネルの1つの TRPM 8 がメントールにより刺激されるためである[2].　トウガラシエキス（カプサイシン）の入った温感湿布剤により暖かく感じるのも，同じ仲間の TRPV1 チャネルを介するものである[3].

●鎮痛作用●

メントールはマウスにおいて，選択的に κ

オピオイド受容体を刺激して鎮痛作用を示す[4].　また，ヒトにおいて，局所血管拡張作用によって皮膚のバリア機能を低下させイブプロフェンの消炎鎮痛作用を増強する[5].

スパイスの調理学：食卓を彩る使い方

ミントティーとしてお茶を楽しむのが，最もポピュラーな使い方．特に，自分で家庭菜園で栽培したミントのお茶であれば格別である．

ラム肉の臭み取りとしてもよく使われる．最近はモヒートと呼ばれるラム酒のカクテルにして飲むのも流行のようだ．

●使用上の注意●

通常の使い方であれば，特に問題は報告されていないが，食品に通常含まれている量を超えての使用での安全性は確認されていない．清涼感を楽しみながら，利用するにとどめておくべきであろう．なお，ミントにアレルギーを持つ人もいるので注意が必要である．

（新井 一郎）

薬理作用における文献

1) Tayarani-Najaran, Z., *et al.* : *Ecancermedicalscience,* **7**, 290 (2013).

2) Peier, A. M., *et al.* : *Cell,* **108**, 705 (2002).

3) Davis, J. B., *et al.* : *Nature,* **405**, 183 (2002).

4) Galeottia, N., *et al.* : *Neurosci. Lett.,* **322**, 145 (2002).

5) Braina, K. R., *et al.* : *Skin Pharmacol. Physiol.,* **19**, 17 (2006).

ローズマリー

Rosemary　生薬名：迷迭香（メイテツコウ）

ローズマリーホール．肉のくさみ消しに使われる．

ローズマリーの花．　　　　撮影：水野昌彦

ローズマリーの葉．

　ローズマリーは香りが強く，もともとは，「常に香りがする」という意味で，中国では「万年香（マンネンコウ）」と呼ばれていたが，これが変化して，現在では「迷迭香（メイテツコウ）」と呼ばれている．日本では，永遠の若い青年に例えた「万年朗（マンネンロウ）」と表す場合もある．属名のRosmarinus は「海のしずく」を意味するが，ヨーロッパでは，教会，死者，生者を悪魔から守る神秘的な力を持つといわれ，聖母マリアと結びつけて語られる場合が多く，女性の名前にも多く使われるので，ご存じの人も多いだろう．

　最近では，家庭菜園として，ベランダなどで育てて利用する人も多い．冬から春にかけて青や紫がかった白い花が咲くことから，鑑賞用に植えられている人も多いようだ．

科 属 名	シソ科　マンネンロウ属
学　　名	*Rosmarinus officinalis*
別　　名	万年朗，万年蝋，Compass Plant，Compass Weed，Old Man，Polar Plant，Rusmari
原 産 地	地中海沿岸地
使用部位	乾燥葉
形　　状	葉は羽状に裂け，セロリの葉に似ている．果実は径3～5mmの球形

古代より薬用に用いられ，俗に，「不安や緊張を和らげる」「記憶や集中力を高める」といわれている．主要成分のシネオールは，ユーカリやローリエ，ヨモギ，バジリコ，セージなどにも含油されるものである．なお，ローズマリーは漢方では用いられていない．

スパイスとしては，肉料理や食品の保存に用いられる．

主要成分

精油：**シネオール，ボルネオール，カンファー**，ピネン，リナロール，ベルベノール
フラボノイド類：**ジオスミン**
その他：フェノール酸，カルノシン酸（**ロスマリネシン**）

シネオール

ボルネオール

ロスマリネシン

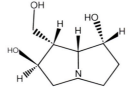

ジオスミン

カンファー

スパイスの健康学

ドイツのコミッションE（ドイツで販売されるハーブの安全性と効能を審査するための科学者，毒物学者，医師，薬剤師からなる委員会）では，経口使用で消化不良に対して，外用での血行不良の補助的治療，リウマチの補助的治療が承認されている．一般的には，消化器疾患，風邪，歯痛などに良いとされているが，ヒトでのグレードの高いエビデンスは，下記の記憶速度の短縮と気管支喘息に対する作用だけである．

薬理作用

●記憶への作用●

ヒト（健常な高齢者）における二重盲検クロスオーバー無作為化プラセボ比較試験において，ローズマリーの葉乾燥粉末750 mg 摂取で，摂取1〜6時間後の記憶速度の短縮が認められた．ただし，より高用量の 6,000 mg では，反対に記憶速度の延長や，認識機能の悪化が認められた[1]．

●運動への作用●

マウスにローズマリーオイルを経口摂取または吸入で与えると，運動活性を刺激する．活性物質はシネオールと考えられる[2]．

●抗菌作用●

ローズマリーオイルには抗菌，抗かび活性が認められている[3]．

●抗ウイルス作用●

シネオールは，マウスにおいて，インフルエンザに起因する肺炎を抑制した[4]．

●抗炎症作用●

シネオールはヒト二重盲検無作為化プラセボ比較試験において，気管支喘息患者において抗炎症作用を有し，ステロイドを減量できることが報告されている[5]．また，急性非化膿性副鼻腔炎にも有効との報告がある[6]．動物実験では，以下の報告がある．

(1)遅発性鼻副鼻腔炎モデルにおいて粘液産生を低下させる[7]．

(2)マウスの LPS（リポ多糖類）誘発急性肺炎を減弱させる[8].

(3) NF-κB p65 の核への移行，NF-κB 依存性転写活性を抑制することから，抗炎症作用を持つ可能性がある[9].

(4) オボアルブミンを投与したモルモットの気道における炎症パラメータを低下させる[10].

(5) 培養リンパ球，単球における TNF-α や IL-1

β などのサイトカイン産生を抑制することから，喘息や副鼻腔炎，COPD（慢性閉塞性肺疾患）の増悪を改善させる可能性がある[11].

●胃障害予防作用●

シネオールは，ラットにおいて，エタノールによる胃障害を予防した．この作用は，抗酸化作用やリポキシゲナーゼ阻害作用によるものと考えられている[12].

スパイスの調理学：食卓を彩る使い方

ラムや最近流行のジビエ（野鳥獣肉）など，匂いの強い肉を焼く場合によく用いられる．カブ，カリフラワー，ジャガイモなどの野菜にもよく合う．

●使用上の注意●

食品に通常含まれる量を摂取する場合は

おそらく安全であるが，薄めていないローズマリーオイルの飲用はおそらく危険である．医療目的での大量の使用は，子宮刺激および月経刺激作用があるため，危険性が示唆されている．なお，外用による接触性皮膚炎が数件報告されている[13～18].

（新井 一郎）

薬理作用における文献

1）Pengelly, A., *et al.* : *J. Med. Food.*, **15**, 10 (2012).

2）米国ハーブ製品協会（ANPA）ら 編著，林真一郎ら監訳："メディカルハーブ安全性ハンドブック 第2版"，東京堂出版 (2016).

3）Leung, A. Y.ら 著，小林彰夫ら 監訳："天然食品・薬品・香粧品の事典"，朝倉書店 (2009).

4）Li, Y., *et al.* : *Inflammation.* **39**, 1582 (2016).

5）Juergens, U.R., *et al.* : *Respir. Med.* **97**, 250 (2003).

6）Kehrl, W., *et. al.* : *Laryngoscope.* : **114**, 738 (2004).

7）Sudhoff, H., *et al.* : *PLoS One.* **10**, e0133040 (2015).

8）Zhao, C., *et al.* : *Inflammation,* **37**, 566 (2014).

9）Greiner, J.F., *et al.* : *Biochim. Biophys. Acta.* **1833**, 2866 (2014).

10）Bastos, V.P., *et al.* : *Basic Clin. Pharmacol. Toxicol.* **108**, 34-9 (2011).

11）Juergens, U.R., *et al.* : *Pulm. Pharmacol. Ther.,* **17**, 281 (2004).

12）Santos, F.A., *et al.* : *Dig. Dis. Sci.* **46**, 331 (2001).

13）Fernandez, L., *et al.* : *Contact Dermatitis,* **37**, 248 (1997).

14）Armisén, M., *et al.* : *Contact Dermatitis,* **48**, 52 (2003).

15）González-Mahave, I., *et al.* : *Contact Dermatitis,* **54**, 210 (2006).

16）Martínez-González, M. C., : *Contact Dermatitis,* **56**, 49 (2007).

17）Ando, H., *et al.* : *Environ Dermatol,* **2**, 291 (1995).

18）Inui S., *et al.* : *J Dermatol,* **32**, 667 (2005).

ローリエ

Laurel　生薬名：月桂葉（ゲッケイヨウ）

ローリエ.

月桂樹の樹冠（上）と葉列（下）.　　撮影：水野昌彦

　ローリエは月桂樹の葉のことで，古代ギリシアや古代ローマでは月桂樹は「勝利と栄光のシンボル」とされ，古代オリンピックでは勝者には月桂樹の葉のついた若枝を編んで冠にして頭に乗せてたたえた．これが月桂冠で，日本酒の名前にも使われている．月桂冠の英語名のローレルも，以前日本の自動車の名前に使われいたことがあり，日本人にはなじみのある言葉だ．

　月桂樹は，日本でも庭木として育てやすく，成長すると 10 m ほどにもなる．庭に植えておくと，スパイスとしてちょっと使いたいときにすぐに使えるので，重宝するが，広い庭が必要になる．

　葉は，スープやシチュー，蒸し煮やソースの風味付けに加えられる．生の葉を使う場合と，乾燥した葉を使う場合とがあるが，乾

科 属 名	クスノキ科　ゲッケイジュ属
学　　名	*Laurus nobilis*（月桂樹）
別　　名	ローレル，ベイリーブス，ベイリーフ
原 産 地	地中海沿岸
使用部位	葉
形　　状	7.5〜10 cm 程度，深緑色で楕円形

166

燥させた葉は生の葉に比べて，ピリッとした苦みの風味が加わる．原産地の地中海地方だけでなく，タイやフィリピン，インド，パキスタン料理にも使われ，世界中でスパイスとして用いられている．

月桂樹は，日本の漢方では用いないが，中国では果実（月桂子）を小児の耳後間隙性湿疹に外用で用いる[1]．また，月桂子の煎液はフグを誤食した時の解毒薬になるとの報告もある[1]．

主要成分

精油：**シネオール**，**オイゲノール**，**メチルオイゲノール**，ゲラニオール
セスキテルペン：**コスチュノリド**
その他：タンニン酸

コスチュノリド

シネオール

メチルオイゲノール

スパイスの健康学

ローリエは，胃潰瘍や腹部膨満感を緩和し食欲を増進させたり，抗菌作用や抗炎症作用を持つことなどが経験的にいわれている．薬理作用では，主成分のシネオールで，ヒトでの二重盲検無作為化プラセボ比較試験の報告があるが，その他は動物での報告である．

薬理作用

●アルコール吸収抑制作用●

ローリエは，胃液分泌亢進や胃排泄抑制などにより，アルコール吸収抑制作用を示す．活性物質はコスチュノリドなどのサポニン類とされている[2]．

●アルコール吸収抑制作用●

メチルオイゲノールは，マウスに対して少量投与で鎮静作用を，大量投与では可逆的な麻酔作用を生じさせる[3]．

●抗ウイルス作用●

シネオールは，マウスにおいてインフルエンザに起因する肺炎を抑制した[4]．

●抗炎症作用●

シネオールは，ヒト二重盲検無作為化プラセボ比較試験において，気管支喘息患者において抗炎症作用を有し，ステロイドを減量できることが報告されている[5]．また，急性非化膿性副鼻腔炎にも有効との報告がある[6]．動物実験では，シネオールについて以下の報告がある．

(1)遅発性鼻副鼻腔炎モデルにおいて粘液産生を低下させる[7]．

(2)マウスの LPS（リポ多糖類）誘発急性肺炎を減弱させる[8]．

(3)NF-κB p65 の核への移行，NF-κB 依存性転写活性を抑制することから，抗炎症作用を持つ可能性がある[9]．

(4) オボアルブミンを投与したモルモットの気道における炎症パラメータを低下させる[10]．

(5) 培養リンパ球，単球における TNF-α や IL-1β などのサイトカイン産生を抑制す

ることから，喘息や副鼻腔炎，COPD（慢性閉塞性肺疾患）の増悪を改善させる可能性がある [11]．

コスチュノリドは，細胞外シグナル調節キナーゼ（ERK）および p38 活性を抑制することで，CD4(+)T 細胞の分化を阻害し，T 細胞が介在する免疫疾患に応用できるかもしれないとの報告がある [12]．また，コスチュノリドは，実験的胸膜炎マウスの炎症反応を抑制する [13]．

●胃障害予防作用●

シネオールは，ラットにおいて，エタノールによる胃障害を予防した．この作用は，抗酸化作用やリポキシゲナーゼ阻害作用によるものと考えられている [14]．

●抗がん作用●

コスチュノリドは，ジヒドロコスチュスラクトンとの併用で 細胞実験で乳がん細胞の細胞周期を停止させ，c-Myc/p53，AKT/14-3-3 シグナル経路でアポトーシスを誘導することから，乳がん治療に応用できる可能性がある [15]．その他，コスチュノリドには，がんに対する多数の報告がある [16]．

スパイスの調理学：食卓を彩る使い方

シチューやカレーなど煮込み料理に使うが，時間がたつと苦みが出てくるので，料理ができあがったら取り出すようにする．魚や肉などの臭みとりにも使う．

●使用上の注意●

多形性紅斑 [17] や接触性皮膚炎 [18] の報告があるので，念のため注意しよう．

（新井 一郎）

薬理作用における文献

1）上海科学技術出版社・小学館 編："中薬大辞典"，第1巻，p.108，小学館 (1985).

2）吉川雅之：化学と生物, **40**, 172 (2002).

3）Leung, A. Y.ら 著, 小林彰夫ら監訳，"天然食品・薬品・香粧品の事典"，朝倉書店 (2009).

4）Li, Y., *et al.* : *Inflammation, **39**,* 1582 (2016).

5）Juergens, U. R., *et al.* : *Respir. Med.* **97**, 250 (2003).

6）Kehrl, W., *et. al.* : *Laryngoscope.,* **114**, 738 (2004).

7）Sudhoff, H., *et al.* : *PLoS One.,* **10**, e0133040 (2015).

8）Zhao, C., *et al.* : *Inflammation,* **37**, 566 (2014).

9）Greiner, J. F., *et al.* : *Biochim. Biophys. Acta.,* **1833**, 2866 (2014).

10）Bastos, V. P., *et al.* : *Basic Clin. Pharmacol. Toxicol.,* **108**, 34-9 (2011).

11）Juergens, U. R., *et al.* : *Pulm. Pharmacol. Ther.,* **17**, 281 (2004).

12）Park, E., *et al.* : *Int. Immunopharmacol.,* **40**, 508 (2016).

13）Butturini, E., *et al.* : *Eur. J Pharmacol.,* **730**, 107 (2014).

14）Santos, F. A., *et al.* : *Dig. Dis. Sci.,* **46**, 331 (2001).

15）Peng, Z., *et al.* : *Sci. Rep.,* **7**, 41254 (2017).

16）Lin, X., *et al.,* : *Int. J. Mol. Sci.,* **16**, 10888 (2015).

17）Uzuncakmak, T. K, *et al.* : *Dermatol. Online J.,* **21** (2015).

18）Brás, S. 1. *et al.* : *Contact Dermatitis.,* **72**, 417 (2015).

アニス

Anise 生薬名：西洋茴香（セイヨウウイキョウ）

果実を乾燥させたアニスホール．

アニスの花．

アニスは，地中海東部沿岸に分布するセリの仲間の一年草．日本では，セリの仲間はミツバなど地上部すべてを利用する場合が多いが，アニスは，種のように見える果実（アニスシード，アニシード）を乾燥させてスパイスとして用いる．

アニスには多くの精油成分が含まれるが，その80～90%は，アネトールという甘い香りの物質で，この風味を生かして，焼き菓子の風味付けに用いるのがスパイスとしての代表的な用い方．アネトールは，フェンネル（茴香）やスターアニス（八角；トウシキミの実）にも含有される．

アニスは，古代のエジプトでミイラを作るときの臭い消しにも用いられており，このことはエジプト最古の医薬書といわれるエーベルス・パピルスにも書かれている．

19世紀のアメリカの南北戦争では，アニス種子が消毒剤として使用されたが，後年この使い方は血液毒性が高いため用いられなくなった．

インドでは，フェンネルと区別しないで食べ物に用いられる．一方パキスタンでは，フェンネルは食用に，アニスは薬用にと，区別して使用される．なお，我が国の漢方薬や中国薬では，フェンネルやスターアニスは使われることがあるが，アニスは使用されない．

アニスは日本の気候でも栽培可能で，家庭菜園でも栽培される．たくさんの白い小花を傘状に咲かせ，サラダにも利用できるので，ベランダなどで栽培してもよい．

科 属 名	セリ科　ミツバグサ属
学　　名	*Pimpinella anisum*
別　　名	西洋ウイキョウ（茴香），アニスシード，アニシード，遏泥子
原 産 地	トルコ，ギリシア，エジプトなどの地中海東部地域
使用部位	果実
形　　状	長さ5mm程度の2つに結合した心皮からなる双懸果

主要成分

精油：**アネトール**，**アニスアルデヒド**，アニスアルコール，アニスケトン，**メチルシャビコール（エストラゴール）**，リモネン

アネトール

アニスアルデヒド

メチルシャビコール
（エストラゴール）

スパイスの健康学

ドイツのコミッション E（ドイツで販売されるハーブの安全性と効能を審査するための科学者，毒物学者，医師，薬剤師からなる委員会）では，気道の炎症と消化不良への使用が承認されている．一般には，健胃，駆風（胃腸にたまったガスの排出），去痰，催乳薬として用いられているが，ヒトにおいては明確なグレードの高いエビデンスはない．薬理作用としては，以下のものが報告されている．

薬理作用

●骨粗しょう症に対する作用●

アニスの水エキスは，エストロゲン受容体調節物質を示し，骨芽性の細胞数を増やした[1]．また，卵巣摘出ラットに，アニスの4%エキスを投与したところ，非投与群よりも有意に骨密度が上昇していた．アルカリフォスファターゼやオステオカルシンなどの骨代謝マーカーも上昇していた[2]．アネトールにもエストロゲン様作用があり[3]，ラットの子宮重量を増大させた[4]．

●乳汁分泌作用●

アネトールはカテコールアミンと構造が類似しており，ドパミン受容体と拮抗し，プロラクチン分泌抑制を解除するため，乳汁分泌を促進する可能性がある[5]．

●抗菌作用●

アネトールには，抗細菌，抗酵母，抗真菌作用がある[6〜9]．

●炎症に対する作用●

アネトールは，気道の炎症を抑制した[10]．また急性炎症に対し，イブプロフェンと併用すると相乗的に作用した[11]．さらに，LPSによる歯周炎モデルラットにおいて，炎症に関係する TNF-α と IL-1 β 産生を抑制した[12]．

● NF-κB ，TNF-αに対する作用●

アネトールは，NF-κB，TNF-α のシグナルやイオンチャネルを調整することで，抗炎症作用，抗がん作用，抗糖尿病作用，免疫調整作用，神経保護作用，抗血栓作用を持つ可能性がある[13]．

●メラトニン形成に対する作用●

アネトールは，Orai 1 チャネル抑制を介して，UV 誘発性メラニン形成を抑制する[14]．

●胃排泄に対する作用●

アネトールは，ラットにおいて，胃排泄の遅延を回復させ，機能性胃障害に有用である[15]．

●肝障害抑制作用●

アネトールは，アセトアミノフェンによる肝障害を予防する[16]．

●神経興奮抑制作用●

アネトールは，ラットの末梢神経の興奮を抑制する[17].

●糖尿病に対する作用●

アネトールはストレプトゾトシン誘発2型糖尿病ラットの，血糖，ヘモグロビンA1cを低下させ，インスリンを増加させた．糖代謝に関与する種々の酵素レベルも正常化させ，膵臓のβ細胞の組織像も改善させた[18].

スパイスの調理学：食卓を彩る使い方

甘い芳香成分があることから，ケーキやビスケットの風味づけに用いる．また，スープやシチュー，パンに入れ，リキュール類の香り付けにも利用される．

●使用上の注意●

倦怠感や腹部膨満感，腹痛など伴うアニスアレルギーが報告されている[19].

また，アネトールによる接触性皮膚炎の報告もある[20].アニスリキュールにより舌の血管性浮腫が起こったとの報告もある[21]ので注意が必要．

(新井 一郎)

薬理作用における文献

1) Kassi, E., *et al.* : *J. Agric. Food Chem.,* **52**, 6956 (2004).

2) Hassan, W. N., *et al.* : *Am J Biomed Sci,* **3**, 49 (2011).

3) Jordan, V. C. : "Estrogen/antiestrogen Action and Breast Cancer Therapy", p.21, Univ. of Wisconsin Press (1986).

4) Tisserand, R. : "Essential Oil Safety: A Guide for Health Care Professionals", p.150, Elsevier Health Sciences (2013).

5) Bone, B., "Principles and Practice of Phytotherapy,Modern Herbal Medicine,2: Principles and Practice of Phytotherapy", p.559, Elsevier Health Sciences (2013).

6) De, M, *et al.* : *Phytother Res.,* **16**, 94 (2002).

7) Kubo, I., *et al.* : *J. Agric. Food Chem.,* **49**, 5750 (2001).

8) Weissinger, W. R., *et al.* : *J. Food Prot.,* **64**, 442–50 (2001).

9) Fujita, K., *et al.* : *Phytother Res.,* **21**, 47 (2007).

10) Kim, S. H., *et al.* : *Planta Med.,* **81(S 01)**, S1 (2016).

11) Wisniewski-Rebecca, E.S. *et al.* : *Chem Biol Interact.,* **5**, 242 (2015).

12) Moradi J., *et al.* : *Iran J Pharm Res.,* **13**, 1319 (2014).

13) Aprotosoaie, A. C., *et al.* : *Adv. Exp. Med. Biol.,* **929**, 247 (2016).

14) Nam, J. H., *et al.* : *J Dermatol. Sci.,* **84**, 305 (2016).

15) Asano, T., *et al.* : *Biochem. Biophys. Res. Commun.,* **472**, 125 (2016).

16) da Rocha, B. A., *et al.* : *Biomed Pharmacother.,* **86**, 213 (2017).

17) da Silva-Alves K.S., *et al.* : *Planta Med.,* **81**, 292 (2015).

18) Sheikh, B. A., *et al.* : *Biochimie.,* **112**, 57 (2015).

19) García-González, J. J., *et al.* : *Ann. Allergy Asthma Immunol.,* **88**, 518 (2002).

20) García-Bravo, B., *et al.* : *Contact Dermatitis,* **37**, 38 (1997).

21) Gázquez García V., *et al.* : *J. Investig. Allergol. Clin. Immunol.,* **17**, 6 (2007).

梅肉

Japanese Apricot　生薬名：烏梅（ウバイ）

梅肉.

梅の花.　　　　　　　　　撮影：水野昌彦

梅の果実.　　　　　　　　撮影：水野昌彦

　梅は，奈良時代に，遣隋使が中国から持ち帰ったといわれている．はじめは薬用として持ち込まれたとのことだが，今では梅は，早春を告げる花として日本人なら誰もが知っているものになった．梅の正式な学名（*Prunus mume*

Siebold et Zucc.）の後半にある"Siebold"がこの学名の命名者（の１人）で，これは，鎖国時代に長崎の出島に商館医として駐在したオランダ人のシーボルトのことである．彼は梅を日本の植物と考えたので，ウメ（*mume*）と命名した．

　果実は，梅酒や梅酢，梅醬やジャムなどにして食されるが，スパイスとしてみた場合は，やはり梅肉（梅干し）ということになるであろう．梅干しを思い浮かべるだけで唾液が出てくる方が多いと思うが，これは一種の条件反射で，過去の梅干しの強烈な酸味の記憶が副交感神経を刺激して唾液の分泌を促すとされている．すなわち，梅干しの酸っぱさは，日本人の記憶に焼き付いているということになる．

　昔は梅干しを，これも日本の代表的なスパイスである赤紫蘇を使って家庭で作るところも多くあったが，最近は，もっぱら食料品店で買うものになった．お中元，お歳暮には，和

科 属 名	バラ科　サクラ属
学　　名	*Prunus mume*
別　　名	風待草，百花魁，好文木，春告草，花の兄
原 産 地	中国
使用部位	果肉
形　　状	2〜3 cm の球形

歌山の南高梅などの大型のブランド梅干しが送られている．梅肉のチューブ入りのものまで販売されている．また，海外旅行用に梅干しを持っていきたい日本人も多いとみえ，空港の出発ロビーには必ず乾燥梅干しが売られている．おにぎりやお茶漬けはもちろん，梅肉は多くの料理に使われ，日本の代表的なスパイスということができるであろう．

なお，梅の未熟果実の燻製を「烏梅(ウバイ)」とよび，止瀉，鎮咳，去痰など作用があるとされおり，薬局で販売される生薬製剤に配合されている場合がある．

主要成分

有機酸：リンゴ酸，**クエン酸**，コハク酸
青酸配糖体：アミグダリン
その他：シトステロール，オレアノール酸，セリルアルコール，ムメフラール

クエン酸

アミグダリン

スパイスの健康学

梅は抗菌活性や消化器系への効果があるとされている．疫学調査では，梅干しを食べる群では，食べない群に比較して，ピロリ菌(*H. pylori*)感染が少なく胃の粘膜炎症になりにくいという報告がある[1]．

薬理作用

●抗菌作用●

烏梅は，グラム陽性菌およびグラム陰性の腸内細菌や各種の真菌などを抑制する[2]．

●抗炎症作用●

モルモットにおいてタンパク質過敏，ヒスタミンショックによる死亡例を，烏梅単品およびその合剤が減少させた[1]．

●血小板凝集抑制作用●

梅の果汁を煮詰めて作る，梅肉エキスに多く含まれるムメフラール（梅自体や梅干には含まれない），およびクエン酸には，血小板凝集抑制作用がある[3]．

●胃運動促進作用●

梅のメタノールエキスは，ムスカリM_3受容体を介して，消化管のペースメーカー細胞の電位を調節することから，胃運動促進剤になる可能性がある（ヒト二重盲検無作為化プラセボ比較試験[4]）．

●骨粗しょう症に対する作用●

梅の実のテルペンやステロール成分は，酒石酸抵抗性酸性ホスファターゼを抑制することで破骨細胞の分化を抑制することから，骨粗しょう症の予防に使える可能性がある[5]．また，前破骨細胞のMC3T3-E1細胞やRAW 264.7細胞を用いた実験によっても，梅の実のエタノールエキス成分は，抗酸化作用，抗骨粗しょう症が報告されている[6]．

●エネルギー代謝に対する作用●

梅エキスは，紫根エキスと併用すると，卵巣摘出ラットにおける視床下部レプチンおよびインスリンシグナリングを増強して

エネルギー代謝を改善させることから，内臓脂肪細胞を予防する可能性がある[7]．

●糖尿病に対する作用●

梅の実のエタノールエキスは，C_2C_{12} 筋管細胞において，PPAR-γ を調節して細胞への糖の取り込みを刺激し，高脂肪食摂餌マウスの耐糖能低下と脂肪蓄積を改善させた[8]．

●便秘に対する作用●

梅は低繊維食により引き起こされたラットの便秘を改善した[9]．

●痛風に対する作用●

梅エキスは，肝臓のキサンチンオキシダーゼを阻害して，肝臓や尿の尿酸値を低下させた[10]．

●免疫に対する作用●

梅の実のメタノールエキスは，*in vivo*（生体内で）で血中の IL-12 p40 濃度を増加させ，脾臓の T 細胞比を増加させた．*in vitro*（試験管内で）でも，末梢性マクロファージの IL-12 p70 産生を増加させ，ナチュラルキラー活性を増加させた[11]．

●疲労に対する作用●

梅エキスは，運動負荷ラットの疲労からの回復を早める[12]．

スパイスの調理学：食卓を彩る使い方

梅干しの使い方は，おにぎり，お茶漬けだけでなく，数限りなくある．自分で工夫すれば，レシピは無限に広がるであろう．

●使用上の注意●

青梅にはアミグダリンやプルナシンなど青酸(シアン化水素)配糖体が含まれている．大量に摂取しないかぎり人体には問題ないとされているが，生食はしないほうが良いであろう．梅干しにより蕁麻疹，呼吸困難などの過敏症も報告されている．梅干しを飲み込んだ結果，イレウスなどを引き起こす報告も多数あるので，注意が必要である[13,14]．

（新井 一郎）

薬理作用における文献

1）Enomoto, S., *et al.* : *Eur. J. Clin. Nutr.,* **64**, 714 (2010).

2）上海科学技術出版社・小学館 編：“中薬大辞典”，第1巻，p.108，小学館 (1985).

3）忠田吉弘ら：ヘモレオロジー研究会誌, **1**, 65 (1998).

4）Lee, SW., *et al.* : *Exp. Ther. Med.,* **13**, 327 (2017).

5）Yan, XT., *et al.* : *Arch. Pharm. Res.,* **38**, 186 (2015).

6）Yan, XT., *et al.* : *Food Chem.,* **156**, 408 (2014).

7）Ko, BS. *et al.* : *Evid. Based Complement. Alternat. Med.,* 750986 (2013).

8）Shin, EJ., *et al.* : *Food Chem.,* **141**, 4115 (2013).

9）Na, JR., *et al.* : *Int. J. Food Sci. Nutr.,* **64**, 333 (2013).

10）Yi, LT., *et al.* : *Pharm. Biol.,* **50**, 1423 (2012).

11）Tsuji, R., *et al.* : *Biosci. Biotechnol. Biochem.,* **75**, 2011 (2011).

12）Kim, S., *et al.* : *J. Med. Food.,* **11**, 460 (2008).

13）北里雄平ら：日本内視鏡外科学会雑誌, **21**, 839 (2016).

14）藤居隆太ら：日本臨床外科学会雑誌, **71 sup.**, 763 (2010).

オレガノ
Oregano

オレガノの葉.

オレガノはシソ科の植物の中では最も香りが強い.
オレガノパウダー(左)とオレガノホール(右).

香辛料として使われるオレガノはシソ科の多年草であり，ヨーロッパの地中海沿岸地方を原産とする．その属名の Origanum はマジョラムを表す古代ギリシャ語であり，ヒポクラテスが用いた．マジョラムは，愛と美の女神であるヴィーナスが慈しみ育てたハーブである．そのため，ローマ人は結婚式に際して，マジョラムを編んで花嫁，花婿の冠とした．「Origanum」は，山(oros)と明るい歓喜(ganos)の合成で，「山の喜び」を意味する．すなわち，この植物が芳香を放ちながら生き生きと生息している様子を表しているという.

　一方，種名の vulgare は，「普通の」という意味であり，Origanum 属の中で最もポピュラーなものであることを示す．オレガノの和名はハナハッカであり，オレガノやハナハッカは，広義には，同属の O. compactum や O. majorana (マジョラムまたはスイートマジョラム)，観賞用の O. rotundifolium, O. pulchellum, そして，種間雑種などOriganum 属全体をさすこともある．オレガノという呼称は，植物そのもののみならず，発する香りを呼称することも多い.

　オレガノは園芸植物としても愛培される．花色は主に桃紫色であるが，ピンク〜白色のものもある．草丈は 30 〜 60 cm，生育に

科 属 名	シソ科　ハナハッカ属
学　　名	***Origanum vulgare***
別　　名	ハナハッカ(花薄荷)，ワイルドマジョラム
原 産 地	ヨーロッパの地中海沿岸地方
使用部位	葉
形　　状	乾燥した葉とその粉末

はやや乾燥気味の気候が適し，水はけの良い石灰岩質の斜面を好む．

オレガノの葉には葉柄があり，長さ，幅ともに 1 ～ 1.5 cm，卵形から卵円形である．葉の収穫は花の咲き始めのころに，基部から枝を切り取って乾燥させる．

主要成分

オシメン，カジネン，カレン，**カルバクロール**など

カルバクロール

スパイスの健康学

オレガノの葉にはほろ苦い清涼感があり，生あるいは乾燥させて香辛料として使用される．オレガノを材料とした茶は消化促進作用があるといわれる．

薬理作用

精油成分を含んでいて，健胃作用がある．オレガノを使った茶は消化促進作用があるとされる．また，解毒作用があるともいわれてきた．

スパイスの調理学：食卓を彩る使い方

オレガノはトマトやチーズと相性が良く，乾燥葉が香辛料として，主にイタリア料理やメキシコ料理などに用いられる．俗にピザスパイスと呼ばれるものはオレガノを主材料とするものが多い．

オレガノはマジョラム（スイートマジョラム）に似たハーブであり，区別のため，オレガノの方をワイルドマジョラムと呼ぶこともある．マジョラムはオレガノより繊細な甘い香りとほろ苦さを有し，野菜，魚，肉料理と広範囲に使用される．オレガノはマジョラムと一緒に使うこともある．

（船山 信次）

● *COLUMN* ●

スパイスアレルギー

普段何気なく口にしている料理や加工食品にもスパイスは多用され，知らず知らずのうちに私たちは数多くの，そして大量のスパイスを取り込んでいます．その結果，ある日突然にアレルギーを発症してしまうことがあります．それが，「スパイスアレルギー」です．もともと花粉症を持っている人は，花粉に近い化学構造のスパイスに反応しやすく，注意が必要です．報告例が多いのは，シラカバ花粉アレルギー患者のケースです．バラ科植物（リンゴやウメ，アーモンドなど）やセリ科の植物（ニンジン，セロリ，パセリなど）はシラカバ花粉と構造が近いため，アレルギー反応が出やすいようです．スパイスにはセリ科植物が多く用いられています．ディル，コリアンダー，クミン，アニスなどのセリ科植物は，特に注意した方が良いでしょう．　　　　（丁 宗鐵）

キャラウェイ
Caraway

キャラウェイホール.
さわやかな香りで，ほのかな甘みとほろ苦さがある．

キャラウェイの花.

キャラウェイはセリ科の二年草であり，2年目に花が咲く．草丈は 30 〜 60 cm 前後になる．香辛料として用いられるのは，種子のように見える果実である．キャラウェイの果実は熟して乾燥すると分離して三日月形となる．

葉は羽状複葉，小葉はさらに多裂して，裂片は糸状になる．その長さは 4 〜 7 mm，暗褐色で白色の線がある．

キャラウェイは小アジア（現在のトルコ）原産であるが，フェニキア人の手によってヨーロッパ中に広められた．現在ではヨーロッパ北部から中部，北米，アジア全域に分布する．また，イギリス，ドイツ，フィンランド，ノルウェー，ロシア，ポーランド，オランダ，カナダなどで大規模栽培されている．

香辛料としては，前述のように，種子のように見える果実が使用される．キャラウェイの名はその古代ラテン名の「carcum」に由来するとも，アラビア人がカラーウィヤーと呼んだことに由来するともいわれる．

その栽培は，種子を春か秋に直まきする．果実の収穫は，果実が黄褐色になるころに房を摘みとるか，株際から切り取り，10日ほどおいて完熟させてから乾燥させる．

科属名	セリ科 ヒメウィキョウ属
学名	*Carum carvi*
別名	ヒメウィキョウ（姫茴香），ペルシャクミン
原産地	小アジア（現在のトルコ）
使用部位	果実
形状	三日月形の乾燥果実

主要成分

カルボン，リモネンなど

カルボン   リモネン

スパイスの健康学

キャラウェイは，筋肉痛の緩和，風邪や気管支炎の改善，過敏性腸症候群の治療に用いられる伝統薬にその精油が加えられ，応用されている．キャラウェイには，抗酸化作用，消化作用，駆風（胃腸にたまったガスの排出），整腸作用のある精油成分が含まれる．

また，キャラウェイには人や物を引き止めたり結びつけたりする力があると信じられ，その種子を入れておいた物は盗難にあうことはなかったといわれる．さらに，恋人をつなぎ止める力があると考えられ，いわゆるほれ薬の効果を高める材料としても使われていた．

薬理作用

健胃作用，駆風作用があり，これは，主成分としてカルボンやリモネンなどを含むためである．

また，筋肉痛の緩和作用，風邪や気管支炎の改善，過敏性腸症候群にもキャラウェイの精油が効果があるとされている．

さらに，キャラウェイの種子には，がんや加齢，感染症などの一因になるとされるフリーラジカルの除去作用も期待されている．

スパイスの調理学：食卓を彩る使い方

キャラウェイは，爽快で甘く刺激のある香りを有し，コショウに似たほろ苦さもあるので，爽やかな風味と食感を演出するためにライ麦パンに用いられる．

キャラウェイの利用の歴史は古く，古代ギリシャの時代から香辛料として使われ，さらに，「農民のスパイス」として広まった．パンのほか，ケーキ，ビスケット，焼きリンゴ，卵料理，チーズ，スープの風味付け，ザワークラウト（キャベツの漬け物），さらに中東ではカレーの香辛料にも使われる．ロシアやドイツでは，リキュールの材料として使われる．

なお，その若葉にはパセリに似た香味があり，スープの具材やサラダ，カボチャ料理など，種々の料理にパセリ同様に使用される．さらに，ニンジンによく似た根は，若いうちに茹でて野菜として利用される．

（船山 信次）

178

クチナシ

Gardeniae Fructus　生薬名：山梔子 (サンシシ)

クチナシの花.

クチナシは日本ではきんとんの色つけに使われてきた.

クチナシは樹高 1 ～ 3 m の常緑の低木であり, 中国, 台湾, 韓国, 日本に自生が見られる. 我が国で野生のクチナシが見られるのは, 静岡県以西の暖地, 四国, 九州から, 台湾や中国の南部である. いわゆる照葉樹林帯を構成する植物の 1 つということができる. 花期は 6 ～ 7 月である. その花弁は開花当初は白色で, 徐々に黄色に変化する. 10 ～ 11 月ごろに赤茶色の果実をつける. 園芸植物としてはガーデニアとして, 自生地のアジアよりも, むしろ欧米で好まれている. 園芸用には八重咲き大輪のハナクチナシという品種がよく栽培されているが, 八重咲きのものには果実は成らな

い. なお, わが国では, 一重咲き小輪のクチナシを庭木として植えられることは少なくなっている. クチナシを植えるとアリが寄り付くといって嫌われることもあるらしい.

その属名の Gardenia は 18 世紀のアメリカの植物学者である A. Garden に因む. また, 種名の jasminoides はその花がジャスミンに似た強い芳香を有することからの命名である. 一方, クチナシという和名は, この果実がいかにも壷のような形をしているのに, 口が塞がっているので「口無し」といわれるようになったという.

ハーブとしての使用部位は果実で, その形状と大きさは長卵形～卵形, 長さ 1 ～ 5 cm, 幅 0.6 ～ 2 cm である. 外面は黄褐色～黄赤色, 縦に 5 ～ 7 本の隆起した翼がある. 果肉は黄赤色～暗赤色で, 長径約 5 mm の黒褐色または黄赤色の扁平な種子が多数存在

科 属 名	アカネ科　クチナシ属
学　　名	*Gardenia jasminoides*
別　　名	サンシシ (山梔子)
原 産 地	中国, 台湾, 韓国, 日本
使用部位	果実
形　　状	長卵形～卵形, 長さ 1 ～ 5 cm, 幅 0.6 ～ 2 cm

する．同属のオオクチナシ(*G. jasminoides f. grandiflora*)は一重咲きの大輪種で，果実も長大であり，長さ 3 ～ 5 cm，幅 1 ～ 2 cmに達する．スイシシ(水山梔子)と称し，薬用とせず，主に食品着色料，染料に用いる．

主要成分

クロシン，クロセチン，ゲニピンなど

クロシン　　　R＝β-D-ゲンチオビオシル
クロセチン　　R＝H

スパイスの健康学

クチナシのアルコールエキスは胆汁分泌を促進する．クチナシは漢方処方の茵陳蒿湯（いんちんこうとう），温清飲（うんせいいん），黄連解毒湯（おうれんげどくとう），加味逍遥散（かみしょうようさん），防風通聖散（ぼうふうつうしょうさん）などに用いられ，黄疸や充血，吐血に応用される．また，打撲，捻挫に外用もされるが，この場合には，粉末にして小麦粉を加え，水でこねて患部におく．また，その粉末を卵白とそば粉で練り合わせ，布にのばして捻挫などの患部の腫れたところに貼付けて用いる方法もある．なお，コクチナシ *G. augusta* の果実もクチナシと同様に使用される．

薬理作用

クチナシの水およびアルコール抽出エキスにはウサギやラットの胆汁分泌を促進する作用や，血圧下降作用，緩下作用も認められている．また，含有成分のクロシンやクロセチンにもウサギの胆汁分泌を増加させる作用があることがわかった．さらに，含有成分のゲニピンにも胆汁分泌促進作用や抗炎症作用，緩下作用，鎮痛作用があると認められている．また，水抽出エキスには，高血圧ラットの血清コレステロールレベルの増加を抑制する活性を有する．

スパイスの調理学：食卓を彩る使い方

その色素が料理に応用される．色素の主成分はクロシンであるが，この色素化合物はアヤメ科のサフラン(*Crocus sativus*)の雌しべにも含まれている．クチナシの色素はサツマイモや，栗，餅，クワイ，和菓子，たくあんなどを黄色に染めるのに用いられている．また，クチナシの新鮮な花弁は煮ると粘りが出て，醤油をかけて食べると美味しい．中国では，乾燥した花を香り漬けに茶に混ぜることがある．

なお，一般にジャスミン茶といわれるものは，モクセイ科のマツリカ(茉莉花，ジャスミン，アラビアジャスミン：*Jaminum sambac*)の花の香りを茶葉に吸着させたもので，もっとも有名な花茶である．普通，緑茶が用いられるが烏龍茶も用いられることがある．なお，ジャスミンとゲルセミウム科のカロライナジャスミンを混同してはいけない．カロライナジャスミンは，香りの良い美しい黄色い花をつけるつる性植物で観賞用に栽培されることがあるが，その葉にはゲルセミンなどのアルカロイドを含み，極めて強い毒性を有する．

（船山 信次）

ゴマ

Sesame　生薬名：胡麻（ゴマ）

ゴマの花　　　　　　　　撮影：山路誠一

　ゴマはゴマ科に属する背丈約1mに達する一年草である．その原産地にはインドやエジプトなどという説もあるが，アフリカのサバンナに約30種の野生種が生育していることから，ゴマの起源はアフリカのサバンナ地帯，スーダン東部であろうという説が有力である．葉は細長く対生，花は白～ピンク色で形はジギタリスに似ている．果実は細長く，莢には熟すと100以上の種子が並んでいる．

　ゴマは人類が用いている一番古い香辛料の一つである．油を採取するために栽培された植物の中でも最古の部類に属し，有史以前から熱帯地方で栽培されていたことがわかっており，ナイル川流域では5000年以上前から栽培された記録がある．我が国でも，縄文時代の遺跡からゴマ種子の出土事例があるという．奈良時代には畑で栽培し，ゴマ油は食用油や燈油(灯油)として使われた．

　英語のSesameは，アラビア語のsessemなどから来たと考えられている．現在，ゴマの主要輸出国はインド，中国，スーダン，エチオピア，メキシコなどである．2010年の最大の生産国はミャンマーであり，生産国の上位3カ国のミャンマー，インド，中国で，世界総生産量の約半分を占める．我が国でのゴマの生産量は使用量の0.1％に過ぎず，そのほとんどは鹿児島県喜界島で生産されている．5～6月に播種し，9月ごろに収穫される．

　ゴマには白ゴマ，黒ゴマ，黄ゴマ(または金ゴマ，茶ゴマ)などがあり，種子の外皮の色によって分類されるが，欧米では白ゴマのみ流通しているという．なお，『アリババと40人の盗賊』に出てくる「開けゴマ！(Open sesame!)」という呪文には成熟したゴマのさやが開くことに基づくという説もある．この言葉には「ぎっしりと詰まった宝物よ，早く出て来て！」といったような願いが込められているのであろうか．

科属名	ゴマ科　ゴマ属
学名	*Sesamum indicum*
別名	セサミ（Sesame）
原産地	アフリカ大陸が有力
使用部位	成熟種子
形状	扁平な卵形．長さ約3mm，厚さ約1mm，外皮は白色，黄色，黒色など．薬用には通常黒ゴマを使用．

主要成分

セサミン，セサモリン

セサミン

スパイスの健康学

ゴマは健康に良い作用があるとして有名である．含まれるセサミンの作用として肝過酸化脂質生成抑制作用，コレステロール吸収抑制による血清コレステロール低下作用などが期待されている．古代バビロンの女性たちは若さと美しさを保つために蜂蜜とゴマをあわせたものを摂取したとされている．現在もゴマは，健康食品として人気がある．

ゴマ油は酸敗しにくく，軟膏基剤としても用いられる．漢方処方では，消風散（しょうふうさん）に使用されるほか，外用薬で，火傷の妙薬である紫雲膏（しうんこう）にも使用される．

ゴマには，子どもを中心にゴマアレルギーがあり，平成25年9月20日消食表第257号通知「アレルギー物質を含む食品に関する表示について」の別添1において，可能な限り表示に努める「特定原材料に準ずるもの」に指定されている．子どもやアレルギー体質の人はその摂取に注意が必要である．

薬理作用

ゴマにはリグナン類のセサミンとセサモリンが含まれており，これらには抗酸化活性がある．セサミンやセサモリンにはコレステロール吸収抑制による血清コレステロール値を下げる働きもあり，高血圧の予防が期待される．また，活性酸素などのフリーラジカルによる肝障害を防ぐ効果も期待される．また，セサミンには肝過酸化脂質生成抑制作用も認められている．

スパイスの調理学：食卓を彩る使い方

現在，我が国はゴマ油を大量に使うため，最大の輸入国となっている．そして，使用されるゴマの99.9%は輸入に頼っているという．ゴマは長い間，パンや菓子，肉や野菜料理，各種のソース，ドレッシング，デザートに使用されてきた．ゴマを使用した料理には，精進料理の胡麻豆腐や，おひたし，味醂干し，胡麻団子，胡麻菓子などがある．

さやの中にある種子を食用とするが，生のままでは種皮が固く香りもよくないので，通常はいったもの（炒りゴマ）を食する．すり鉢ですったものを白和えなどに使う．また，練りゴマとしてゴマを完全に粉砕し，ペースト状にしたものもゴマ餡などとして使われる．なお，外皮を取り除いたゴマの種子は冷蔵庫か冷凍庫で保存したほうがよい．

ゴマ油は，炒りゴマを材料に独特の香りを出した焙煎ゴマ油と，ゴマをいることなしに使いゴマ本来のうまみを出した太白油・白ゴマ油（未焙煎ゴマ油）とに分けられる．未焙煎のゴマ油は調理油・調味料として使われるほか，製菓用油やマッサージオイルとして使用される．

（船山 信次）

サンショウ

Japanese Peper 生薬名：蜀椒（ショクショウ），川椒（センショウ）

サンショウの果実.

サンショウは縄文時代から使われていた古いスパイス.
サンショウパウダー（左）とサンショウホール（右）.

サンショウは身近に普通に見られる木であり，実や若い芽，葉も独特の香気と辛みを持つ．古くから香辛料として使われており，薬用にも使われる．

●名称由来●

zantho（zantho=xantho）は黄色，-xylum は材木の意であり，学名の *Zanthoxylum* はこの属の植物の材が黄色いためである．*piperitum* はコショウの意味で，サンショウが辛いことから付いたものである．サンショウは山椒の音読みである．椒は辛い実のなる植物を指す．和名のハジカミ（椒）はショウガなど，ほかの香辛料の別名でもあり，その区別のため古名では「ふさはじかみ」（房椒），「なるはじかみ」（なりはじかみ，成椒）と呼ばれていた．「ふさ」は房状に実がなるためである．「なる」は実が成ること，「はじ」は実がはじけること，「かみ」はニラ（韮）の古名「かみら」の意で，実がなり，実がはじけて辛いことを示すものと思われる．中国では辛い実を付ける木ということでいずれも名前に椒の字がついている．例えば，唐辛子を中国語で「辣椒」という．山によく生えている椒だから山椒の名が付けられたといわれる．

●香味特徴●

独特の香気と辛みを持つ．特に，実に独特の辛みがあり，かむとピリッと辛くて舌の神経を強く刺激し，灼熱感やシビレを起こす．

●選品●

新しく香気および辛みの強い，果実が大きいものは良品である．

科 属 名	ミカン科　サンショウ属
学　　名	*Zanthoxylum piperitum*
別　　名	和名：ハジカミ（椒），中国名：花椒，英名：Zanthoxylum Fruit（果皮）
原 産 地	食用には日本各地で栽培されるが，生薬は和歌山，奈良，岐阜，長野などから出荷.
使用部位	葉（葉山椒），芽（木の芽），果実，成熟果実の外皮（生薬）
形　　状	落葉性の雌雄異株の低木

主要成分

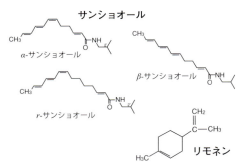

サンショオール

精油：リモネン，シトロネラール(サンショウ特有の香気成分)，β-フェランドレン，ゲラニオール，シトロンロール，dl-リモネンなど．

辛み成分：主な辛み成分は**サンショオール**とサンショアミドなど．

その他：クエルシトリ，アフゼリン，ヘスペリジンなどのフラボノイド配糖体，タンニンなど．

スパイスの健康学

●漢方薬としての応用●

　サンショウの仲間のサンショウ属は熱帯・亜熱帯および温帯地方に広く分布しており，250種あまりが知られている．日本薬局方には，サンショウの成熟果皮で，果皮から分離した種子をできるだけ除いたものを生薬・山椒（サンショウ）として収載されている．漢方医学的には，サンショウは辛・温の性味で，温裏散寒，健胃・整腸，解毒，利尿．駆虫の効能を持つ．胃腸系を温め機能を促進し，消化不良や胸腹痛の冷痛，嘔吐，下利，痢疾に応用されている．痛みを止め，疝痛・歯痛にも使用される．殺虫・駆虫・痒み止めの働きにより腸内寄生虫，婦人陰部の痒み，湿疹・皮膚の痒みなどを主治する．解毒作用があり魚や肉による食中毒に用いられる．また，鎮痛・鎮痙薬，温裏散寒薬とされる大建中湯，当帰湯に配剤される．特に大建中湯は術後の腸閉塞防止をはじめ，便秘や消化器系疾患に広く応用されている．

●民間薬としての応用●

　駆風・整腸薬（腸内ガスの排出を良くする）や芳香性健胃薬（消化促進）とされ，民間薬の苦味チンキ（サンショウ，トウヒ，センブリ）の原料の一つであり，苦味チン

キは消化不良，食欲低下，下痢などに使用される．正月に飲む縁起物の薬用酒のお屠蘇の材料でもある．

薬理作用

●抗菌駆虫作用●

　精油は各種細菌に対して抗菌作用（赤痢菌，黄色ブドウ球菌などのグラム陰性および陽性菌）を示し，水エキスは真菌に対して抗菌作用が知られている．膣トリコモナス原虫に対しても殺虫作用がある．また，精油は回虫・蟯虫に対して駆虫作用（アルコールエキス）が認められている．

●辛み成分による作用●

　辛み成分の α-サンショオールは強い局所麻酔性作用があり，またバニロイド受容体に対するアゴニスト活性を示すことで消化管運動を促進させる．ヒドロキシ-α-サンショオールは K^+ チャネルを阻害することによる消化管運動亢進作用がある．殺虫（アカイエカの幼虫）作用もある．

●消化管に対する作用●

　辛み成分は遠位大腸（S状結腸，直腸）平滑筋を収縮，胃の輪状筋を弛緩させる．空腸に対する自発運動の促進（低濃度）と

抑制作用（高濃度）が認められている．粉末をラットに経口投与すると蛋白分解酵素のパンクレアチン，トリプシン，α-キモトリプシンの各酵素活性を低下させる作用が報告されている．精油は腸血流量を増加する．

●その他の作用●

抗腫瘍作用，免疫活性作用，子宮収縮に対する拮抗作用，心臓や血管運動中枢と呼吸中枢を興奮させる作用（キサントキシン），錐体外路系障害改善作用（サンショトキシン）など，多くの作用が報告されており，血圧にも影響する（上昇後を下降）ようである．また，肝機能障害を防止する作用や，脂肪代謝を促す作用も報告されている．

スパイスの調理学：食卓を彩る使い方

●香辛料としての応用●

春の若葉や若芽（木の芽）は辛みより香りが強いのが特徴である．緑が鮮やかで香りが良いため，和風料理の吸い物，味噌汁，煮物，焼き物など料理の味の調えや彩りとして添えられる．使う直前に手の平に載せ，軽く数度叩いて葉の細胞（油点）を潰すと香りがたち，より一層おいしくなる．特に同じ期間に出荷するタケノコと相性がよく，旬の料理の代表といえる．また，未熟な青い果実は青サンショウとして塩漬けにして蓄え，料理の彩り，佃煮，当座煮，ちりめんサンショウなどに用いられる．サンショウの果皮を入れる七味唐辛子は，日本でなじみの調味料である．熟したサンショウ果皮は料理に加えたり，粉末にして料理に振りかける香味料としても知られており，ウナギの蒲焼きなどの海鮮料理や肉料理の臭み消し材料として用いられる．また，風味づけのために五平餅や山椒餅などのお菓子にも利用される．

●サンショウと相性がいい食材●

黒豆，トウガラシ，柑橘類，ニンニク，ショウガ，ごま油，ゴマ，醬油，スターアニスなど．

●使用上の注意●

妊娠中は注意を要する．乳汁の分泌に影響するため哺乳期の使用は控える．長期間，鮮度を保つためには，密封して冷蔵または冷凍保存すること．特に乾燥粉末の状態だと品質の劣化が激しく，色合いも風味も大幅に損なわれる． **（喩 静・石毛 敦）**

薬理作用における文献

1）難波恒雄 著：“原色和漢薬図鑑（下）”, p.207, 保育社(1984).

2）岡田稔 監修：“新訂 原色牧野和漢薬草大図鑑”, pp.256-257, 北隆館(2002).

3）伊藤美千穂 監修：“生薬単”, pp.258-259, エヌ・ティー・エス(2007).

4）北川勲ほか 共著：“生薬学”, p.313, 廣川書店(2008).

5）南京中医薬大学 編：“中薬大辞典（上）”, p.1469, 上海科学技術出版社(2006).

6）指田豊 著：都薬雑誌, **33(9)**, 40 (2011).

7）山崎勝弘ほか：生薬学雑誌, **37(4)**, 422 (1983).

8）Yong, D. P., *et al.* : *Biol Pharm Bull,* **30(1)**, 205 (2007).

9）Tingting, W., *et al.* : *J Pharmacol Sci,* 251 (2015).

10）Satoh, K., *et al.* : *Jpn J Pharmacol,* **86**, 32 (2001).

11）Kubota, K., *et al.* : *Am J Physiol Gastrointest Live Physiol,* **308**, G579 (2015).

スターアニス

Star Anise　生薬名：大茴香（ダイウイキョウ）

スターアニスの果実.

8つの実を放射状につけている.

　中国南部，台湾，ベトナム北部に分布するシキミ科の常緑小高木．成熟果実を用いる．独特な香味を持ち，香辛料や生薬として使用されており，中国をはじめ3000年以上もアジア料理で使われてきた．

●名称由来●

　属名の *Illicium* はラテン語で「魅惑，引き寄せ，誘惑」を意味する illicio を語源としており，木と果実が魅力的な香りを発することから由来する．実の形は八角形の星形

をしていて，アニスの香りにも似ているところから英語圏ではスターアニスと呼ばれる．"茴香" とは，肉や魚の臭み消し "香を回復する" という意味である．大茴香の香りが小茴香（フェンネル）に似ているが，フェンネルより強いところから，アジアでは大茴香，八角，または八角茴香が名付けられた．大茴香でも小茴香でも，元来は回教徒の多い地域でよく使用された．

●香味特徴●

　強く甘い芳香に辛みと苦味を併せ持つ独特の香味がする．アニスと茴香（フェンネル）の香味によく似ている．噛むと，辛辣で軽いシビレ，爽やかな味が残る．その甘味は生薬の甘草（欧米ではリコリスと呼ぶ）のような味がする．

●選品●

　赤褐色で色調が明るい果実ほど新しく，

科属名	シキミ科　シキミ属
学　名	*Illicium verum*
別　名	和名：トウシキミ，ダイウイキョウ，ハッカク　　中国名：大茴香，八角茴香，八角
原産地	中国の南西部（福建，広東，広西，貴州，雲南，台湾）とベトナム北部
使用部位	果実（種子と莢）
形　状	8つの実が星のように放射状になっている

芳香に富んでいるものが上品．芳香成分は果皮の部分に含まれており，種子には含まれていないので，種子の混入度が低いほど品質が良いとされている．

●類似植物●

セリ科のアニスは，アネトールを含有し甘いリコリスの味がする点はスターアニスと共通だが，植物学上まったく異なるものである．

仏事やお香の材料となる日本に自生するシキミ *Illicium religiosum* の果実（和キシミ）は，スターアニス（トウシキミ）によく似ているが，種子はアニサチン，コアニサチンやシキミニンなどの有毒成分を含み，誤食すると，嘔吐，下痢，呼吸障害，血圧上昇，循環障害，痙攣などの中毒症状を起こす．ひいては昏睡状態で死に至るので，"悪シキミ"とも呼ばれる．区別するために，シキミはジャパニーズ・スターアニス，トウシキミはチャイニーズ・スターアニスと表記される．

単にウイキョウといえば，セリ科の茴香 *Foeniculum vulgare* の果実＝小茴香（フェンネル）のことである．

大茴香（ダイウイキョウ）と名前の似た，セリ科の巨茴香（オオウイキョウ *Ferula communis*）という別の植物もある．

主要成分

果実には精油5〜10%を含む．その主成分は**アネトール**（85%以上），ほかにメチルキャビコール，アニスアルデヒド，リモネン，サフロール，フェランドレン，リナロール，シキミ酸などを含む．

アネトール

スパイスの健康学

●医薬品としての応用●

果実にはアネトールを主成分とする精油を含み，そのほかピネン，リモネン，フェランドレンなどが含まれる．アネトールには芳香があり，健胃，駆風（胃腸にたまったガスの排出）作用が知られており，体を温め，痛みを止めるため，冷えによる嘔吐や腹痛，食欲不振などに用いる．ヨーロッパの民間療法ではリウマチの痛みを和らげるためにティーにして飲むことが勧められている．ほかにも，お産の苦痛を取り除く，性欲を増す，月経痛を和らげるためにも用いられていた．

日本では民間薬として使われていたが，薬局方に収載されてはいない．一方，中国では生薬として長い使用の歴史があり，現在は『中国人民共和国薬典』に収載されている．性味は辛・甘・熱で，散寒理気止痛，芳香性健胃，鎮痛の効能を持ち，消化不良や腹痛・腹部膨満，嘔吐，腰痛，疝痛，歯痛に使われている．本品配合処方は黒錫丹，茴香橘皮酒　茴香散，思仙散などが挙げられる．効用は小茴香と似ているが，大茴香は熱性が強く，温める力が優れる．

近年，成分の一つであるシキミ酸は抗ウイルス作用およびインフルエンザの症状を緩和する作用があるところからインフルエンザ治療薬のタミフルの合成原料の一つとして使用されているのは有名である．

アロマテラピーでは，精油を吸引することで，気管支炎，風邪，インフルエンザなどの症状を緩和するとされている．

●抗菌・抗真菌作用●

スターアニスの抽出成分は抗真菌薬として，特に口，咽喉，腸管，性器に感染するカンジダ・アルビカンス（酵母様真菌）への効果が認められている．

●抗ウイルス作用●　現代医学では，スターアニスには，インフルエンザの治療薬（抗ウイルス剤のタミフル）の主要構成要素・シキミ酸が多く含まれている．

●その他の作用●

精油は健胃作用があり，胃腸蠕動を促進し消化機能を高める．エストロゲン様作用，局所刺激，延髄興奮作用がある．去痰，または呼吸器系を刺激する，口臭を除去する．抗酸化作用もあり，動物実験では，がん腫瘍の発生が低下することも報告されている．

スパイスの調理学：食卓を彩る使い方

●香辛料としての応用●

アジアやインドの料理には，なじみのスパイスである．甘く芳しい香りはアニスとフェンネルによく似ているが，それは主成分のアネトールが共通しているためである．スターアニスにはアネトールが多く含むため，甘い芳香感が最も強く，肉料理や魚介料理の臭み消しに優れている．

中国のミックススパイス五香粉（大茴香，花椒，丁子，シナモン，小茴香）香辛料としても有名であり，レッドクッキングに欠かせない材料である．

本品が使われる有名な料理として，東坡肉のような豚肉の煮込み，北京ダックのような鴨のローストなどが挙げられる．ベトナムの伝統料理のpho（フォー：米粉で作った麺）にもスターアニスは使用されている．

莢をすりつぶして粉にしたり，そのまま「香味」として使ったり，ほかのスパイスと合わせてスープ，スープストックの風味づけにすることもある．

スターアニスはアニスやフェンネルの安価な代用品として利用できるが，若干の苦味と渋みがあるので，使用量はフェンネルやアニス使用時の半分以下にするとよい．

●相性がいいスパイス●

肉桂（シナモン），花椒またはサンショウ，トウガラシ（唐辛子），コリアンダー（胡荽籽），ニンニク，生姜，レモングラス，ライム・橙皮などの柑橘類．

●ほかの使われ方●

市販のウイキョウ油（ほとんど大茴香油），歯磨きなどの賦香料，アネトール原料として利用されている．東南アジアの一部の地域では，スターアニスの放射状に伸びた八つの角が幸運のしるしとされ，悪魔から守ることができるといわれ伝承されている．日本でも，戦国時代の武士は出陣のとき，兜の中にこの香をたきこめたといわ

れ，身体を守ることを期待しての儀式ではなかったかと思われる．

●使用上の注意●

甘い芳香感を生かすように使用するスパイスだが，スターアニス自体を食べても甘くはない．むしろ苦味がある．

（喩　静・石毛　敦）

薬理作用における文献

1）難波恒雄："原色和漢薬図鑑（上）"，p.191，保育社（1984）.
2）岡田稔 監修：新訂　原色牧野和漢薬草大図鑑"，p.74，北隆館（2002）.
3）武政三男："80のスパイス辞典"，p.66，フレグランスジャーナル社（2001）.
4）南京中医薬大学 編："中薬大辞典（上）"，p.35，上海科学技術出版社（2006）.

●COLUMN●

ウナギとサンショウの取り合わせ

ふっくらとしたウナギのかば焼きの美味しさを一層引き立ててくれるのが，薬味の粉サンショウではないでしょうか．中国語では辛さを「麻」と「辣」で表現しますが，「麻」は麻酔の「麻」です．サンショウを食べたときの口の中がしびれるような辛さはまさにその通りです．このサンショウの辛みに，ウナギのかば焼きをさらに美味しくしてくれる理由があるのです．

ウナギのおいしさは脂身の多さが作っているのですが，いくら魚でも脂がたっぷりですから胃もたれしやすいのが難点です．夏場で弱っている胃腸はそれだけでぐったりしてしまうところですが，ここで活躍するのがサンショウの刺激作用です．胃腸の壁を直接刺激して血流を促し，消化機能を高めることで，脂身たっぷり旨みこってりのかば焼きも胃もたれせずに食べることができるのです．

すりおろすほどにメリットが増すワサビ

飛鳥時代から利用されていたといわれるワサビ．寿司や刺身には欠かせない和のスパイスです．魚の生臭みを抑え，腐敗や細菌の増殖を防いでくれる薬味として，刺身や寿司文化とともに庶民にも広まった歴史があります．ワサビのつんとする辛みと特有の香気は，根茎に多く含まれるアリルカラシ油（アリルイソチオシアネート）によるもので，もともと存在しているのですが，すりおろして細胞を破壊することで生成される成分です．しかし揮発性成分のため，すり立て，おろし立てが一番効果を発揮します．アリルカラシ油の強力な抗菌抗ウイルス効果はコロナウイルスやインフルエンザウイルス対策にも有効であることが知られていますが，近年ではがん予防効果にも注目が集まっています．

（丁　宗鐵）

セボリー
Savory

サマーセボリーの花.

豆料理によく使われる.

キダチハッカ属 *Satureja* は芳香性の半常緑性草本で，およそ30種を含むが，代表は一年生のサマーセボリー Summer Savory (*S. hortensis*)と多年生のウィンターセボリー Winter Savory（*S. montana*)である．葉の香味がとても濃厚であり，ハーブや民間薬としてよく利用されている．日本には明治時代初期に持ち込まれたが，現在，日本でハーブとして利用されるのは主に香味が爽やかなサマーセボリーである．

●産地●

南ヨーロッパ，地中海沿岸，北アフリカ原産である．現在の主産地として，サマーセボリーはフランス，スペイン，モロッコで，ウィンターセボリーはオーストラリア，ドイツ，ハンガリー，ユーゴスラビアなどである．

●名称由来●

ハッカ（薄荷）に似た香味と，葉が木立のように繁茂して生える様子から，日本では木立薄荷（キダチハッカ）と名付けられた．強い香りがあるので中国では香薄荷と称する．

属名 *Satureja* はオレガノに似た香りのハーブすべてを指し，催淫作用があるとされる．名前の由来は，ギリシャ神話に出てくる半人半獣の好色な森の神サテュロス（Satyr）が，このハーブの芳香を大変好んでいたためとされている．サマーセボリーの種名 *hortensis* は「庭の」，ウィンターセボリーの *montana* は「山の」という意味である．

●香味特徴●

茎葉にハッカに似た風味でスパイスのよう

科属名	シソ科　キダチハッカ属
学　名	***Satureia hortensis***
別　名	和名：キダチハッカ（木立薄荷），セイボリー　中国名：香薄荷
原産地	南ヨーロッパ，地中海沿岸，北アフリカ
使用部位	葉，若枝，花穂
形　状	葉が木立のように繁茂して生える

なピリッとした刺激性のある味が特徴である．成分のカルバクロールはタイムやオレガノあるいはローズマリーと共通するため，芳香はこれらのハーブとよく似ている．サマーセボリーには，芳香成分のカルバクロールが多いため芳香性が優れ，辛みが柔らかい．後味に若干の樹脂臭と苦さを感じる．これに対して，ウィ

ンターセボリーはカルバクロールの含有率が少ないため，芳香性がやや劣るもののひりひりするような刺激的な辛みを感じる．

●選品●

開花直前に地上部を刈り取った新鮮なものは最も精油の品質が良いとされる．

主要成分

主成分は精油の**カルバクロール** carvacrol（精油全体の 28 〜 65%，芳香の主成分）であり，サマーセボリーのカルバクロールの含有率（精油全体の 30 〜 42%）がウィンターセボリー（精油全体の 30%前後）より高い．ほかには，*p*-チメン，リナロール，チモールからなる約 1.6%の揮発油を含む．

カルバクロール，$C_{10}H_{14}O$

スパイスの健康学

●民間薬としての応用●

古来よりハーブとして料理によく使われるが，民間薬としても利用されていた．去痰，身体を温める作用があるとされ，気管支炎，喘息発作の鎮静，冷え症の治療などに使われる．17 世紀イギリスの薬剤師，ハーブ療法の父と呼ばれるニコラス・カルペパーはセボリーの葉で作ったシロップを咳や痰に効く冬の薬として利用していた．

また，セボリーは目のかすみや耳鳴りに効果があるとされている．

駆風し腸内ガスをおさえ，胃を温める薬効があるともいわれ，消化不良，鼓脹や腹痛を和らげる目的でも使用される．

古くは媚薬，強壮剤の材料として用いられていたこともある．1525 年，ヘンリー王朝に刊行されたイギリス最古の印刷本草書

『Banckes's Herbal（バンクスの本草書）』では，セボリーを催淫薬や胃腸薬として掲載している．

精油は抗菌性が強く，カンジタ症をはじめとする真菌性の感染に用いられる．また，ハチ刺されには，生の葉をこすりつければ，痛みと脹れを和らげることができるとされている．そのほか，痛風やリウマチの治療などにも使用されていたが，現在では医薬品としての使用はほとんどない．

●類似植物●

漢方薬として使用されたハッカ（薄荷）は，シソ科のハッカ *Mentha arvensis* var. *piperascens* またはその種間雑種の地上部あるいは葉．約 1%の精油を含む．その主成分は *l*-メントール（70 〜 90%）である．ほかの精油成分はメントン，*l*-リモネンなどがあ

る．また苦味成分のピペリトンを含む．多くの場合は *l*-メントールの防腐，局所麻痺を利用し，薄荷をハッカ油，ハッカ水などの製造原料とする．

漢方医学では辛涼の性質で，解熱発汗，鎮痛・鎮静薬として，風邪や咳，頭痛，咽痛，不安神経症などに広く応用される．その代表処方は加味逍遥散，清熱如聖散などが挙げられる．漢方薬としての薄荷でも，木立薄荷と名付けるセボリーでも，いずれも名前に"薄荷"が入っているが，漢方薬の薄荷は体を冷やすのに対し，木立薄荷は体を温める．香りが似ているのに働きが異なるわけは，おそらくそれぞれの主成分のメントールとカルバクロールの働きの違いによるものだろう．

薬理作用

●冷え性改善作用●

ウィンターセボリーは体熱産生を亢進させ，冷え症を改善する．増田氏の研究によると，ウィンターセボリーの熱水抽出物は冷え症のヒトの四肢末梢部における体表温度低下を抑制すること，その揮発性画分は鼓膜温および額，首における体表温上昇と四肢末梢部における体表温低下抑制をもたらすことが明らかにされた．その揮発性成分のカルバクロールは体熱産生を亢進する成分の一つと考えられた．

●鎮痛作用●

羅清甜氏の研究によると，主成分のカルバクロールが脊髄膠様質ニューロンの自発性興奮性シナプス伝達やグルタミン酸放出を促進することが示された．

●骨粗しょう症予防作用●

カルバクロールは破骨細胞形成を阻害し，成熟破骨細胞の生存を負に調節することが認められ，骨粗しょう症に予防効果があると推測される（Vishwa Deepak et al. 研究）．また，古くから民間薬としてリウマチに利用されている．

●その他の作用●

カルバクロールは抗酸化作用および抗アポトーシス作用によりラットの急性心筋梗塞モデルに対して保護作用を発揮する．また，血管平滑筋を弛緩させ，動脈硬化形成に関与する誘導型シクロオキシゲナーゼ（COX-2）の発現を抑制することから，生活習慣病への予防効果が期待される．また，気管支を拡張し鎮咳作用を発揮する．民間薬としての利用は，駆風整腸作用，鎮静作用，利尿作用，催淫作用，駆虫作用などが挙げられる．

スパイスの調理学：食卓を彩る使い方

●ハーブとしての応用●

セボリーはハーブティーや豆料理，根茎菜類の風味付けによく使われる．消化しにくい豆料理にセボリーの葉を入れると，香味を増す効果以外に，セボリーの整腸・駆風作用が，ガスの発生を防ぎ，消化不良なども期待される．ドイツでは昔から"豆のハーブ"を意味する Bohnenkraut と呼ばれ，インゲン豆，えんどう豆，レンズ豆などの豆料理には欠かせない調味料とされている．乾燥した葉や生で刻んだ葉をお酢に漬け込んでドレッシングを作り，比較的味が淡いキャベツサラダにかけるとよい．葉をトマトベースのスープやソース，タマネギやジャガ

イモなどの根菜料理に加えるとぐっと風味が増す．また，イタリアピザ，ナッツロースト，パテ，卵料理に入れると一層おいしくなる．プロバンスでは，羊ミルクで作ったチーズに塗って食べる習慣もある．

セボリーはコショウに似た味がするため，プロバンスではウィンターセボリーを，ロバのコショウ donkey pepper を意味する poivre d'âne あるいは pebre d'aï と呼ぶ．東洋からコショウが伝わる前のヨーロッパ，またコショウが貴重品だった時代には，乾燥したセボリー茎葉はコショウの代用品として地中海沿岸地域で肉や魚料理の臭み消しに使われていた．現在でも，油の豊富な魚煮込み料理，豚肉のソーセージや詰め物，ウサギ肉，子羊などのフランス，イタリア，ハンガリー料理に頻繁に使われるハーブである．南フランスで有名なハーブミックス，"エルブ・ド・プロヴァンス"（セボリー，ローズマリー，タイム，オレガノの4種からなる）はその代表である．

●セボリーと相性がいい食材●

豆，キャベツ，チーズ，卵，魚類，ジャガイモ，ウサギ肉，トマトなどの食材や，コショウ，バジル，ローリエ，フェンネル，ニンニク，ラベンダー，ハッカ，ディル，セロリ，ローズマリー，セージ，オレガノ，タイムなどのハーブとスパイス．

●使用上の注意●

精油には通経作用があるため，妊娠中の使用は避けることが望ましい．内服する場合は，発疹を引き起こすことがあり，注意を要する．

（喩　静・石毛　敦）

薬理作用における文献

1）アンドリュー・シェヴァリエ 著，難波恒雄 監訳："世界薬用植物百科事典"，p.265，誠文堂新光社 (2000).
2）マイケル・マクガフィンほか 編著，林真一郎 監訳："メディカルハーブ安全性ハンドブック"，p.155，東京堂出版 (2001).
3）Norman, J. 著，品度股份有限公司 訳："香草與香辛料"，p.104，(台湾) 品度出版 (2005).
4）武政三男："80のスパイス辞典"，p.70，フレグランスジャーナル社 (2001).
5）バーバラ・サンティチ 編，山本紀夫 監訳："世界の食用植物文化図鑑"，p.271，柊風舎 (2012).
6）ジェニー・ハーティング 著，服部由美 訳："ハーブ図鑑"，p228，ガイアブックス (2012).
7）増田秀樹：におい・かおり環境学会誌，**45(2)**, 119 (2014).
8）羅清甜ほか：脊髄機能診断学，**35(1)**, 25 (2015).
9）Deepak,V., et al. : Biol. Pharm. Bull., **39(7)**, 1150 (2016).
10）Kawasuji, T., et al. : J. Pharmacol. Sci., **103 Suppl.I**, 258 (2007).

ディル

Dill　生薬名：慈謀勒（ジボウロク）

ディルシード.

ディルの花.

　ディルは古代から多くの用途で使われており，長い歴史を誇る貴重な植物である。「旧約聖書」には強力な作用を持つ薬草としてのディルの記載があり，「新約聖書」には税金の代用とされるほど珍重されていたと記されている。この植物は古代オリエントをはじめ，ギリシャ，ローマなどの地域で料理や医療に頻用されてきた。ローマ帝国の発展とともにヨーロッパ全域に広まったといわれている。

●名称由来●

　属名 Anethum は，イノンドのギリシャ語古語 anethon に因む。種子にある焼けるような刺激性に原因した aithein（焼ける，火が点る，火が照るなどの意）にまで由来をたどる。graveolens は“強い匂い”の意味である。英名の“dill”は，スカンジナビア語で“和らげる，鎮める，なめらか”を意味する“dilla”に由来する。中国名の蒔蘿は英名の dill の発音を漢字に当てはめたものである。植物の見た目と香りは小茴香（フェンネル）と似るので，区別するため西洋からのディルに洋茴香の名をつけた。

●香味特徴●

　葉，茎，花，種子すべてが芳香を有するが，香味が異なる。葉（ディルウィード）はすっきりとした爽やかな芳香があり，香気の主成分はα- およびβ-フェランドレン，ベンゾ

科 属 名	セリ科　イノンド属
学　名	**Anethum graveolens**
別　名	和名：ディルシード，イノンド，ヒメウイキョウ　中国名：蒔蘿，蒔蘿子（種子），蒔蘿苗（若葉），洋茴香
原 産 地	地中海沿岸，南ヨーロッパ，西南アジア
使用部位	葉（ディルウィード），地上部，果実（ディルシード：種子のように見える果実）
形　状	一年草

フラノイド，リモネン，p-シメンである．種子（ディルシード）の芳香は，ほかの部位と比べ強く，香気の主成分はカルボン，α-およびβ-フェランドレン，リモネンなどである．味はピリピリとした辛みで口の中で長く残る．種子は非常に軽量でフェンネルやスターアニス（大茴香）に似た香りがあるが，やや柑橘系の甘味と苦さも持つ．

葉は，新鮮，柔らかい若葉．ディルの葉は乾燥するとすぐに香りが失われてしまうため，新鮮なうちに使用する必要がある．種子は，顆粒の大きさが均等で，香が強く，味が辛くて甘味があるものが良品である．

主要成分

種子に精油（5%ほど）の**カルボン** carvone（43 ～ 63%）のほか，リモネン，フェランドレン，ジラピオール，ベンカプテン，およびキサントン配糖体のジラノサイドを含む．葉茎にはα-およびβ-フェランドレン，ベンゾフラノイド，リモネン，p-シメンなどの香気成分を含む．

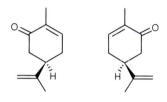

カルボン，$C_{10}H_{14}O$

スパイスの健康学

●民間薬としての応用●

ディルは古代エジプトやローマ時代から薬用として，芳香性健胃・駆風（胃腸にたまったガスの排出）作用を利用して消化を促進し，胃の調子を整えるため消化不良の治療薬として使われていた．カール大帝の晩餐会では濃厚な食事のあとには客にディルが配られていたようである．今でも嘔吐，しゃっくり，小児の食べ過ぎや便秘に用いられている．インド伝統医学では，ディルシードは下痢・赤痢の治療薬として頻用されている．また，紀元前1500年ごろに記された古代エジプトの医療法では，すでにディルが鎮痛薬の材料に挙げられており，腹痛や歯痛を和らげるために服用されていたようである．

一方，古代ギリシャ人はディルの葉や種子に存在する穏やかな鎮静作用を利用して，安眠を得るためディルの葉で目を覆ったり，乾燥した葉や種子を枕にいれたりしていた．また，鎮静安眠のハーブティーとしても利用され，イライラや不安，赤ちゃんの夜泣きにも使われていたようである．

強い香気を持つスパイスは殺菌作用を持つものが多い．スターアニスの香りと似たディルは，スターアニスと同様に，感冒やインフルエンザの治療に効果があるとされる．また，強い香があるため，かんでいると口臭が消え口臭予防にもなり，鎮痛効果もあるため歯痛にも使われる．

古代ローマ人は，ディルを媚薬として使用し，ディルのオイルから強壮剤が作られた．また，授乳中の母親には母乳の出をよくする効果もあるとされ，インドのグジャラート地方では昔から出産直後の母親に与えられる．このような効果から，ディルのホルモン様作用の存在が連想される．

外用薬としては消炎鎮痛，筋肉の張りを和らげ，爪を強くする目的でも使われる．中世のヨーロッパでは，闘いで傷ついた騎士の傷を早く治すために，傷口に焼いたディルシードを貼布したといわれている．現在でもヨーロッパの民間療法として広く使用されている．

また，ヨーロッパでは古来，ディルは幸運をもたらし不思議な魔術的な力があると信じられており，剣闘士は闘いの前にこのハーブを肌に擦り込んだとの記載がある．また，結婚式で花嫁がもつブーケの中に香りが強いディル植物を取り入れ，疫病や悪霊，不幸などから身を守ることを望む．このように，いろいろな行事におけるディルの登場は，ヨーロッパで大昔からの伝統であった．日本でも戦国時代の武士は出陣のとき身体を守るため，兜の中にディルと香りが似た，スターアニス香を焚きこめるという非常に類似した風習がある．ディルの風習が由来であるならば，たいへん不思議なことである．

●漢方薬としての応用●

中国医学では，香が強い植物や樹脂を使って，薫香や内服・外用の薬として応用する歴史が長く，香りに対する関心が高かった．唐王朝時代（618〜907年）は，シルクロードを通じて内陸と東南アジアやアラビア諸国との経済的な交流が盛んになるとともに，中東やヨーロッパで使われていた香辛料がたくさん持ち込まれるようになった．薫香で使う乳香や没薬，安息香，スパイスとして使うディルやコショウ，丁子，スターアニス（大茴香）などが次々と生薬として中国医学で使用され，定着していった．

中国医学では，ディルの葉と種子は，温脾開胃（温めて消化吸収を促進する），散寒止痛，通経，催乳，鎮痙，殺菌解毒などの効能があるとされ，腹部冷痛，脇胸脹満，嘔逆食少，食中毒，寒疝（腸ヘルニア）の治療に用いられている．8世紀の医学者・薬物学者である陳蔵器は，ディルについて「小児の気脹（お腹の張り），霍乱（激しく嘔吐・下痢），嘔逆，腹冷して食物が腹中に落ち着かぬもの，両脇痞満を治す」と述べている．9世紀末，アラビア系の中国人で香薬を商売経営する本草学者の李珣が編纂した「海薬本草」では，ディルの効能に関して消化器系への応用のほか，さらに"筋肉の張りを緩和する．母乳の出を良くする．爪を強くする"ことなどが記されている．宋時代の「太平聖恵方」では，白芥子と一緒に配合し，粉末にし，口中に含み，うがいすることで歯痛を和らげることができると記されている．

ほかには，腰痛や，脚気などの治療にも応用できる．外用薬としては筋肉の張りに湿布として使う．

薬理作用

●抗炎症作用●

ディルの抽出物はマクロファージにおいて iNOS（一酸化窒素合成酵素）の発現と NF-κB 活性の阻害によりリポ多糖類誘導性炎症反応を抑制する．

●抗菌作用●

ディルの水抽出液は，大腸菌，肺炎桿菌，緑膿菌といった病原菌に対して，標準的に使用される抗生物質と同等の抗菌作用を示す．

●血管作用●

精油の主成分のカルボンは大動脈において VDCC（電位依存性カルシウムチャネル）を介したカルシウム流入の遮断により，フェニ

レフリンで誘導した過剰な収縮を弛緩させる．

●その他の作用●

主成分のカルボンには喘息発作の鎮静作用や抗菌活性のあることが知られている．

ディルに含まれるモノテルペンやフラボノイドなどの化合物には，抗酸化作用のほか，病気の予防や健康増進の効果があるとされている．ディルの揮発油（オイゲノールなど）は，膵臓でのインスリン分泌を改善し，血糖値を下げる．

ディルはカルシウムを豊富に含み，閉経に伴う骨量の低下を軽減させる．

民間薬としては，①駆風健胃・消化促進・制吐，②解毒・抗菌・口臭防止，③喘息発作の鎮静，④催乳，⑤鎮痛・鎮静・安眠，などの目的で使用されており，消化器系，免疫系，呼吸器系，内分泌系，中枢系に作用するものと思われる．

スパイスの調理学：食卓を彩る使い方

西洋で，スパイスとしてカレー料理やピクルスに，あるいは薬用として重宝されたと同様に，中国でも，葉茎を料理に使い，あるいは"蒔蘿子"と名付けた種子を温裏散寒・健胃止痛の生薬として薬用に使った事実が中国医薬書に登場している．日本では，江戸時代に伝来してから主に料理に使われたが，薬用として応用された記録は認められない．

●香味料＆食材としての応用●

ディルは，食用ハーブやスパイスの中でも用途が広く，若葉・若茎，ディルウィードとして知られる乾燥葉，ディルシード，のどれもが使われる．細長い葉と茎は香が甘くすがすがしい，スープやソース，サラダ，ピクルス，ヴィネガー（洋風のお酢）やサラダドレッシングの香り付けに刻んで加える．ヨーロッパでは，ディルの葉は"魚のハーブ"と呼ばれ，魚や肉と相性が良いため肉や魚のマリネード料理に用いる．北ヨーロッパで人々に好まれるローストビーフやスモークサーモンはその代表料理である．

ぴりっとしたディルシードは，香り高いスパイスとして世界中で広く使用されている．スカンジナビア半島やドイツ，ポーランド料理の特徴的な味の源となり，ヨーロッパ料理には馴染み深いスパイスである．中東やアジア料理の中，インドのカレーやマサラ香辛料（masalas），ベトナムやラオスの魚カレー，中東のファトーシュ冷菜などにも欠かせない調味料である．ディルシードは葉のようにサラダなどの冷菜の味を引き立てるために使われるが，香りが強すぎるところがあり，煮込み料理がもっともふさわしいと個人的には思っている．

若葉とディルシードをともに加えることも少なくない．スープやシチュー，焼き菓子やパン，肉や魚介のマリネードなどの料理に，両方を一緒に使うと香味が抜群である．

●ディルと相性がいい食材＆スパイス●

ナツメグ，レモン，コリアンダー（中華香菜），ワサビ，ニンニク，フェンネル，ラッキョウ，カラシ，ゼラニウム，ローズマリーなどのスパイスとハーブ．オレンジ・グレープフルーツ・仏手などの柑橘類．ジャガイモ，ニンジン，キュウリ，卵，バジル，セロリ，キャベツ，タマネギ，カボチャなどの野菜．

●使用上の注意●

ディルシードに関するアレルギー（顔面潮紅，口腔内違和感）の報告があり，アレルギー体質のヒトへの使用は注意を要する．

ディルシードは香りと辛みが強いので，使用量には配慮が必要である．辛温性が強い生薬なので，暑がり体質の人への使用は避けることが望ましい．

（喩　静・石毛　敦）

薬理作用における文献

1）難波恒雄：“原色和漢薬図鑑（上）”，p.212，保育社 (1984).
2）アンドリュー・シェヴァリエ 著，難波恒雄 監訳：“世界薬用植物百科事典”，p166，誠文堂新光社 (2000).
3）南京中医薬大学 編：“中薬大辞典（下）”，p.2504，上海科学技術出版社 (2006).
4）武政三男：“80のスパイス辞典”，p.86，フレグランスジャーナル社 (2001).
5）岡田稔 監修：“新訂 原色牧野和漢薬草大図鑑”，p.350，北隆館(2002).
6）Norman, J. 著，品度股份有限公司 訳：“香草與香辛料”，p.64，(台湾）品度出版(2005).
7）杉田浩一 編：“日本食品大事典”，p.202，医歯薬出版 (2013).
8）バーバラ・サンティチ 編，山本紀夫 監訳：“世界の食用植物文化図鑑”，p.253，柊風舎 (2012).
9）大澤彌生：“古代エジプトの秘薬”，p.37，エンタプライズ (2002).
10）Kundu, S., *et al.* : *J. Smooth Muscle Res.* (0916-8737) , **50**, 93 (2014).
11）Kim, Y. J., *et al.* : *Biosci., Biotechnol., Biochem.,* **76(6)**, 1122 (2012) .
12）Arora, D. S., *et al.* : *J. Nat. Med.,* **61(3)**, 313 (2007).
13）安岡竜平ほか：アレルギー，**62(9-10)**, 1323 (2013).

● **COLUMN** ●

セリ科の香辛料は紛らわしい

　生薬の小茴香（フェンネル）は，セリ科 *Foeniculum vulgare* の成熟果実である．精油3～8 %を含み，その主成分はアネトール(50～60 %)，エストラゴールのほか，ディルと共通するリモネン，ピネン，ジペンテンも含む．共通した成分もあるので香りが似ているのみならず，効能も近い．小茴香（フェンネル）は芳香健胃，散寒鎮痛薬として腹痛や寒疝などに使用される．

　ディルを含むセリ科の香辛料は混同や混乱が多い．特に洋茴香と名付けられたディルはフェンネルと間違いやすい．両者ともにセリ科で植物外観はそっくりであり，判断しにくい場合もある．市場で蒔蘿子の名で掲示しているが，実は小茴香が扱われるところが少なくない．生薬としての使用には専門家の鑑別が不可欠である．

　また，インドカレー料理によく用いるインド産のディル(indian dill)は，ディルの種子と比べると，色が浅く，外観は細長い．味はもっと刺激的で辛く，よくキャラウェイの代用品として利用される．その学名は *Anethum graveolens* subsp. *sowa* である．

（喩　静・石毛　敦）

バニラビーンズ

Vanilla Beans

バニラビーンズホール.
加工に大変な手間がかかるため高価.

バニラの果実.

アイスクリームの種類で最も人気がある
ものは，オーソドックスではあるがバニラ

アイスではなかろうか．「バニラ」という
言葉を聞いただけで，柔らかく甘い味や香
りを想像してしまう．漢字や日本語では表
記できないので日本古来のものではない
が，現在では誰でも知っているバニラにつ
いて調べてみた．

　バニラは16世紀までアメリカ大陸特有
のスパイスで，ほかの大陸ではまったく知
られていなかった．現地ではトトナカ族が
バニラを最初に栽培したとされている．神
話によると，モーニングスターと呼ばれる
女神が禁じられている人間と結婚して森に
逃げ込んだが，父親の命令で首をはねられ，
流れた血の跡にバニラのつるが伸びたとさ
れている．

科 属 名	ラン科　バニラ属
学　　名	*Vanilla mexicana* var. *planifolia*
別　　名	
原 産 地	中央アメリカや西インド諸島
使用部位	果実
形　　状	さや状

●由来●

バニラ（*Vanilla*）は"小さな莢（さや）"の意味を持つスペイン語である．アメリカ大陸特有のバニラがなぜスペイン語かといえば，1520年にスペイン軍がメキシコを征服したとき，バニラを含むチョコラート（チョコレートの原形とされる）という飲み物がとてもおいしく，本国に持ち帰ったからだといわれている．

1602年エリザベス女王に仕えていた薬剤師がバニラを香料として使うことを思いつき，その後ヨーロッパから世界に広まった．

学名は，*Vanilla mexicana* var. *planifolia* であり，中央アメリカや西インド諸島原産である．バニラは赤道を挟んだ南北10〜20度の緯度に位置する地域でしか栽培できないとされており，メキシコ，マダガスカル，インドネシア，インド，スリランカなどで栽培される．マダガスカル産はブルボン種と呼ばれる高級品質で，まろやかで甘くクリーミーな香りがある．メキシコ産はニシインドバニラと呼ばれ，色が濃く滑らかでスパイシーである．

●生産●

マダガスカルのバニラ生産量は世界総生産の60%を占め（年間生産量：1100〜1400 t），マダガスカルは世界最大のバニラ輸出国である．マダガスカル産のバニラはバニリン含有率が高く，手作業による受粉を必要とするため，栽培に手間のかかる農作物でありながら収穫率は低く，高価な値で取引されている．

フランスの企業家がバニラ交易を試み，花は咲かせたが蒴果（子房の発達した果実）ができずに挫折した．その後，花粉を運ぶハチの動きを観察し，先を尖らせた竹を使って人工的に受粉させる方法が開発された．現在香料として用いられるバニリンは人工的にも製造されており，木材などの構成成分であるリグニンを発酵させて生成されている．

●性状●

ラン科（Orchidaceae）の常緑つる性・多年生草本植物で，樹木に着生する．房状の花は1日でしぼみ，花には香りがない．花のあとに長さ20〜30 cm，径8〜10 cmの蒴果ができる．この蒴果が豆の莢に似ているためバニラビーンズと呼ばれる．ただしハチドリやオオハリナシバチに受粉してもらわなければ緑色の長い莢に成長しない．果実は長さ20〜30 cm，径8〜10 cmの蒴果が緑色から黄変すると採集する．

●加工●

スパイスとして利用されるバニラビーンズホールを作るには，発酵・乾燥を繰り返す独特の発酵熟成工程であるキュアリング（Curing）が必要である．一般的なキュアリングの方法は果実を完熟前に採集し，黄ばんだ未熟果を熱湯に25秒ほど浸漬する．これを昼間は1〜2時間日向で乾燥させ，夜間は密閉した箱に入れ毛布でくるむ．この作業を2〜3週間繰り返すとゆっくり発酵し，果実はしなやかなチョコレート色になり，果実に含まれているバニリン配糖体が酵素分解されバニリン（vanillin）を生成し，独特の高貴な甘い香りがするようになる．このように，加工するためにたいへんな手間と時間が必要なため，とても高価なスパイスである．

主要成分

　主な成分は，バニリン1～3%（グルコバニリンを加水分解することによって生成する），樹脂6～14%，精油0.5%である．

グルコバニリン　　　　バニリン

スパイスの健康学

　かつては医薬品として，抗酸化作用，抗発がん作用，抗うつ作用，解熱作用，鎮静作用があるとされ，イギリスやドイツ，アメリカなどの薬局方に収載されていた．中米の先住民であるトトナカ人は肺病や梅毒の治療に使っており，メキシコのアステカ文明ではヒステリーやうつ病に使っていたとされる．また民間薬として月経不順や熱病に用いられ，甘い芳香の魅力から催淫薬としても使われていた．

スパイスの調理学：食卓を彩る使い方

●応用●

　バニラの芳香は甘さ感を高め苦味感を弱める効果があるので，チョコレート，アイスクリーム，キャンディ，カスタードなどの甘い料理によく合う．矯味矯臭（味の悪いものや悪臭を矯正する）剤としての利用価値が高く，食用のほか煙草や香水の原料としても使用されている．

　バニラの価値はその甘い風味と香りにあり，バニラビーンズ，バニラパウダーやバニラエッセンスとして販売され，焼き菓子，飲み物，砂糖菓子，アイスクリーム，シロップ，香料やチョコレートの香り付けに用いられる．また医薬品の風味付けや，塗料，消臭剤，洗浄剤の香料など，工業的にも広く用いられる．

●バニラビーンズの使い方　1本丸ごと適当な長さに切って，牛乳かクリームに漬けて香りを移して使う．引き上げて水洗いし，乾燥させれば繰り返し使用できる．

●バニラシュガー　バニラビーンズを砂糖壺に入れて砂糖に香りを移し，十分に芳香を利用することができる．

●バニラエッセンスとバニラオイル　一般市場では，バニラからエキス分を抽出しアルコールに溶かしたバニラエッセンスと，エキス分をアルコールより耐熱性のある溶剤に溶かしたバニラオイルが市販されている．

　これらはバニラビーンズより香味感は劣るが，材料にほんの数滴振り入れるだけで香りがつき，手軽に使えるのが魅力である．

　ただし，バニラエッセンスはケーキなどの加熱料理に用いると熱によってかなり香りが飛んでしまうため，こんなときは過熱をしても香りが安定しているバニラオイルを使用し，バニラエッセンスはアイスクリームやドリンク類に使い分けると良い．

●バニラヌガー　スイートチョコレートの製造に使われ，熟成したバニラの莢を細か

く粉砕して砂糖と混ぜたものである．ヨーロッパではバニラエッセンスやバニラオイルよりも莢そのものを料理に使うのが好まれる傾向にある．

（金　成俊）

薬理作用における文献

1）ナンシー・J・ハジェスキー 著，日本メディカルハーブ協会 監修："ハーブ＆スパイス大事典"，p.230，日経ナショナルジオグラフィック社 (2016).

2）武政三男："80のスパイス辞典"，p.96，フレグランスジャーナル社 (2001).

3）木村孟淳ほか 編集，"新訂生薬学 改訂第7版"，p.165，南江堂 (2012).

4）バーバラ・サンティッチほか 著，山本紀夫 監訳："世界の食用植物文化図鑑"，p.298，柊風舎 (2010).

5）北中進ほか 編："カラーグラフィック薬用植物 第4版"，p.112，廣川書店 (2016).

6）邑田仁ほか 編："APG原色牧野植物図鑑Ⅰ"，p.141，北隆館 (2012).

7）日本新薬株式会社ホームページ：植物の話しあれこれ

8）杉田浩一ほか 編著："日本食品大辞典 第3版"，p.675，医歯薬出版 (2013).

●COLUMN●

ウコン（ターメリック）の黄色色素でがん予防

　カレー特有の色と香りは，ウコン（ターメリック）によるもの．ウコンは漢方薬の原料としても用いられ，抗菌，防腐，健胃，整腸，肝機能の改善や血行促進，代謝促進など多くの効能を持つスパイスです．そして近年では，がん予防にも効果を発揮することがわかってきました．それも，飲んだり食べたりという経口摂取だけでなく，皮膚に塗布すると黄色成分のクルクミンが作用して発がん物質から体を守る解毒酵素を増やし活性化することが証明されているのです．効果は72時間続くということですので，利用しない手はありません．

インドカレーと罌粟（ケシ）の種子

　日本でカレーといえば，小麦粉でとろみを付けたものがほとんどでしょう．ところがインドへ行くと，小麦粉ではなくケシの種子を細かくひいたものが用いられます．小麦粉が入手しづらい地域的なこともあるのでしょうが，腐敗しやすいデンプン質を使わずに，料理のコクと味の奥行きを出すためには不可欠な材料となっています．小さなケシ粒が加わることで，あの個性豊かなスパイスたちがまとまり，調和して風味がストレートに伝わるインドカレーが作り上げられているのです．1粒でも，強烈な風味を放つスパイスを束ねてまとめるのが，小さくて目立たないスパイスというのも興味深いものです．

（丁　宗鐵）

ホースラディッシュ
Horseradish

ホースラディッシュの根.

ホースラディッシュの葉.

　練りワサビを買いにスーパーに行ったら, 練りワサビの隣に「ホースラディッシュ」と書かれたワサビと似たようなものが置かれていた. よく見ると下に小さな字で「西洋ワサビ」と書かれている. ワサビは日本原産なので, 西洋にも日本のワサビと同じような植物があるのだ.

●由来●

　「ホースラディッシュ (horseradish)」は「西洋ワサビ」と訳されているが, 英名をそのまま訳すと馬とハッカダイコンの組合せ(ウマダ

イコン)である. また「horse」には「普通より大きく粗野なもの」といった意味もあり, ハッカダイコンに比べ形が粗野で大きいことによるものと考えられる. 馬が好むからといった意味かと思われるが, 刺激の強い味であるため馬には有毒なので注意する.「西洋ワサビ」以外に, ワサビダイコン, ウマワサビの別名があり, フィンランドや東ヨーロッパ原産であるが, 明治時代にアメリカから日本に持ち込まれた. 主に北海道で野生化したためアイヌワサビ, エゾワサビともいい, 中国語では辣根, 山葵蘿蔔とも呼ばれる.

　またマウンテンラディッシュ, グレートレフォール, レッドコール, バルバフォルテなどの別名もある. フランス名の「レフォール」は古いフランス語のライズ(根)にフォール(強い, 激しい)という形容詞を合わせてできた言葉である.

　ワサビの語源は「ワサ」は早いこと,「ビ」はしびれることを意味し, 辛さが早くしびれることにより名づけられたとの説がある. またワ

科属名	アブラナ科　セイヨウワサビ属
学　名	*Arnoracia rusticana*
別　名	西洋ワサビ, ワサビダイコン, ウマワサビ
原産地	フィンランドや東ヨーロッパ
使用部位	根
形　状	草丈は60〜100 cm. 根がダイコンに似ている

サビダイコンはワサビと同じ辛さがあり，根が大根に似ていることによる．西洋ワサビの学名は，*Arnoracia rusticana*，日本原産のワサビは *Wasabi Japonica* であり，学名からもワサビは日本原産であることがうかがえる(p.223 参照)．ワサビと同じ辛み成分がホースラディッシュにも含まれているため，西洋ワサビといわれている．

ギリシャ神話では薬や食材としての用途として貴重であり，金や銀にも匹敵したとの記載も見られる．またユダヤ人の過ぎ越しの祭り(過越祭)に，苦菜としてホースラディッシュが供され，これは強い刺激の味により，古代ユダヤ人が古代エジプトにおいて奴隷とされたことを忘れないためであるとされる．また13世紀ごろヨーロッパではスパイスよりも医薬品として用いられていたようである．

●生産●

ワサビは日本原産で，江戸時代に静岡などで栽培が始まったとされている．日本ワサビは涼しい清水の流れる場所で育つ宿草根のため成長に何年もかかり，ワサビ田など手間暇がかかるため値段も高い．一方西洋ワサビは畑で栽培でき，成長が早く差し根で簡単に繁殖し，大量生産が可能である．ヨーロッパでは，庭に植えられたホースラディッシュが野生化するほど繁殖力が強い．アメリカ大陸ではヨーロッパからの移民が始まったときに入植者がホースラディッシュを持ち込み，各家庭の庭などで栽培された．

我が国においては明治時代にアメリカから持ち込まれたホースラディッシュの使用量が，戦後家電製品の発展により電気冷蔵庫がどの家庭にも普及したことと大きく関係する．以前は鮮度が保てないため高級食材であった刺身の流通が可能となり，刺身が気軽に国民の食材として食されるようになった．その結果刺身の普及に伴い，刺身には必須のワサビの使用料も増大した．このような食材の変化により日本原産のワサビでは対応しきれなくなり，粉ワサビや練りワサビにホースラディッシュが用いられるようになり，現在は食卓に欠かせないスパイスとして多く消費されるようになった．ホースラディッシュの生産量はアメリカのイリノイ州が世界生産量の 80%を占めている．

●性状●

アブラナ科(Brassicales)の多年草で，高さ60〜100 cm と草丈は高いが，見栄えはあまりぱっとしない．地下に大きな辛みのある根を生育するが伸び過ぎないように注意する．葉は根茎から出る根生葉で，長さ30〜50 cm の長楕円形羽状で切れ込みがある．春の4，5月ごろに十字花で径3〜5 cm の白い花を咲かせる．根は秋に最もよく成長し，香気も強いので10月下旬ごろ収穫する．非常に生命力が強く，収穫の際に掘り残した根からも発芽し，雑草化しやすいため，小さな菜園では，ほかの植物を植える時は根をきっちり取り除く必要がある．

主要成分

アリルイソチオシアネート，フェニールエチルイソチオシアネート，フェニールプロピルイソチオシアネート，ブチルサルファシアネート，シニグリン，ミロシン，チモール，リモネンなどを含む．

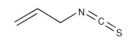

アリルイソチオシアネート, C_4H_5NS

スパイスの健康学

辛み成分はアリルイソチオシアネートが主で，これにフェニールエチルイソチオシアネートが約3分の1の割合で混ざり合って構成されている．すりおろすことによって植物体中の配糖体シニグリンは組織が破壊され加水分解し，辛み成分が生成される．このように，根茎をすりおろすと辛みと芳香が現れるのは，西洋ワサビも日本ワサビも同じだが，日本ワサビのほうが芳香性，辛み性ともに強い．

薬理作用

薬理作用としては，殺菌作用，防腐作用，利尿作用，抗寄生虫作用，抗壊血病作用，食欲増進作用，血圧上昇作用，去痰作用，鎮痛作用，解熱作用，興奮作用，抗神経痛作用などがある．

スパイスの調理学：食卓を彩る使い方

●相性がいいスパイス●

昔はスパイスとしてよりむしろ民間薬として盛んに用いられていたが，現在はすりおろしたホースラディッシュを肉料理や魚料理の付け合わせとすることが多い．ポーランドやイギリスで人気が高く，ローストビーフなどの肉料理や生ガキ，魚料理の付け合わせ，サラダなどに添えられる．

マスタードとホースラディッシュを混ぜ合わせた「チュークスベリーマスタード」は中世からイングランドで親しまれている．酢や生クリームなどを混ぜ合わせた「ホースラディッシュソース」はマヨネーズと混ぜてサンドイッチの肉や，チキン，トマト，タマゴなどのサラダに加えたり，カクテルソースやビネガー，ドレッシングの香味付けにも使用されている．日本では粉ワサビや練りワサビの原料として日本ワサビではなくホースラディッシュが用いられている．

（金　成俊）

薬理作用における文献

1）ナンシー・J・ハジェスキー 著，日本メディカルハーブ協会 監修：“ハーブ＆スパイス大事典”，p.230，日経ナショナルジオグラフィック社 (2016).
2）福屋正修：“ハーブとスパイス”，p.114，八坂書房 (1990).
3）武政三男：“80のスパイス辞典”，p.108, 136，フレグランスジャーナル社 (2001).
4）バーバラ・サンティッチほか 著，山本紀夫 監訳：“世界の食用植物文化図鑑”，p.146, 299，柊風舎 (2010).
5）邑田仁ほか 編：“APG原色牧野植物図鑑Ⅱ”，p.254，北隆館 (2012).
6）ジェニー・ハーディング 著，服部由美 訳：“ハーブ図鑑”，p.50，ガイアブックス (2015).
7）フランソワ・クープラン 著，前田久仁子 訳：“食べる植物栄養学”，p.236，フレグランスジャーナル社 (2014).
8）杉田浩一ほか 編著：“日本食品大辞典第3版”，p.180，医歯薬出版 (2013).

ポピーシード

Poppy Seed 生薬名：罌粟殻（オウゾクコク）

ポピーシード

赤いケシの花（都立薬用植物園）． 撮影：金 成俊

　日本の食卓で最も身近なスパイスである七味唐辛子は，ミックススパイスとして日本固有のスパイスである．東京の方では七色唐辛子とも呼ばれる．中南米原産の唐辛子は，コロンブスがアメリカ大陸発見時にスペインに持ち帰り，スペインから日本にも漢方薬として導入された．七味唐辛子は別名を薬研掘（やげんぼり）ともいわれるが，1625年（寛永2年）唐辛子を食用にできないかと考案したのが「からしや徳右衛門」とされており，両国薬研堀で作製されたことによる．江戸時代に好んで食べられたソバの薬味として広まった．現在では東京浅草寺門前の「やげん堀」，京都清水寺門前「七味家」，長野善光寺門前の「八幡屋磯五郎」が日本三大七味唐辛子とされている．

　前置きが長くなったが，七味唐辛子の原材料名を見てみると，「赤唐辛子，ちんぴ（陳皮），黒ごま，ケシの実，麻の実，山椒，青のり」と記されており，ショウガ，シソ，ナタネなどがブレンドされることもある．青のり以外は漢方薬に用いられるもので，七味唐辛子は漢方薬を参考にして考案されたことがうかがえる．特にケシの成分は，現代医療においても鎮痛薬として欠かせない存在になっている．七味唐辛子を構成している材料の中で，この「ケシの実」について解説する．

●由来●

　ケシを漢字では「芥子」と記載されるが，本来からし（芥子）菜を示す語であり，ケシの種子とからし菜の種子がよく似ていた

科 属 名	ケシ科　ケシ属
学　　名	*Papaver somniferum*
別　　名	
原 産 地	地中海地方または東ヨーロッパ原産といわれている
使用部位	種子
形　　状	

ことから，室町中期に誤用されて定着したとされる．ケシの英語表記 poppy（ポピー）はラテン語でケシを意味する papaver に由来しており，ケシの実は poppy seed（ポピーシード）と呼び食用に用いられる．ケシの学名の *somniferum* は，ラテン語で眠りをもたらすという意味である．

ケシの未熟な蒴果（子房の発達した果実）から得られた乳汁を乾燥させた褐色～暗褐色の粉末がアヘン（阿片）であり，麻薬に指定されている．アヘンから得られるモルヒネはローマ神話の眠りの神ソムヌスの息子モルペウス（夢の神）による．阿片の英名 opium は「ケシの汁」を表すギリシア語からラテン語を経て派生したと考えられている．

ケシの花は第一次世界大戦中フランドルの戦場で咲いていたため，戦争記念日に紙製の赤いポピーを襟につける習慣がある．アヘンが含まれないケシの仲間のヒナゲシ（雛ゲシ）は可愛い姿に基づき，オニゲシ（鬼ゲシ）は花の形が大きくことによる．ヒナゲシには虞美人草との別名があり，夏目漱石の小説の題名にもなっている．ケシの中国名は罌粟（おうぞく）と呼ばれ，蒴果の外殻の罌粟殻（おうぞくこく）は漢方薬として用いられる．

ケシの蒴果（都立薬用植物園）．　撮影：金　成俊

●生産●

アヘンは有史以前から使われていたとされ，紀元前 3400 年ごろにはメソポタミアでアヘンを目的に栽培され，古代エジプトでも薬用として用いられていた．イギリスは植民地であったインドで大々的な栽培を行い，中国に多く輸出し莫大な利益をあげていた．

ケシはヨーロッパ南東部　地中海沿岸原産で，イラン，インド，オランダ，ロシア，ポーランド，ルーマニア．アルゼンチン，トルコなどで広く栽培されている．現在国際条約下ではインド，中国，日本，北朝鮮の 4 カ国が輸出可能な国に限定されており，輸出が継続されているのはインドのみである．一方国際条約を無視して，住民が手っ取り早く現金収入を得るために栽培するケースが多く，黄金の三角地帯（ゴールデントライアングル）と呼ばれるミャンマー，タイ，ラオスの国境地帯が有名であった．現在の不法ケシ栽培国はアフガニスタンで，2005 年で全世界生産量の 80％ を占めていた．現在では薬用にされるアヘン剤はタスマニア，トルコ，インドなどで生産されている．

日本では桃山時代から江戸時代にかけて中国から渡来し，当初青森で栽培されたため，アヘンは隠語で津軽とも呼ばれた．現在はアヘン法で栽培が禁止されており，栽培には厚生大臣の許可が必要である．東京では都立薬用植物園で侵入できないように周囲にフェンスが張り巡らされた状態で研究栽培されており，5 月の見学会開催時には職員の誘導によりフェンス内に立ち入ることができ，ケシを間近で観察できる．

●性状●

ケシ科（Papaveraceae）の 1 年草で，高

さ 1.5 m ほどに達し，葉は互生，長さ 9 ～ 20 cm，茎は太く直立する．花は春の 5 月ごろに白から紅紫色の大きな花が頂生する．花弁が落ちて 10 日くらいすると蒴果が膨大し，未熟期に傷をつけると乳液が流出し，これを集めて乾燥したものがアヘンであり，極めて苦い．蒴果には多数の種子が内蔵されており，熟すと天頂に穴が開き，径 0.5 mm に満たない小さな種子が飛び出す．よく乾燥すると数百個の種子が取れるが，ケシの種子は非常に小さく，3,300 粒で 1 g にしかならない．非常に小さいものを「ケシ粒のような」と呼ばれる語源でもある．種子の色は品種により，白から黒までさまざまである．

主要成分

アヘンのアルカロイド（約 20 ％）中には，**モルヒネ，コデイン，パパベリン，ノスカピン**などが含まれている．

ケシの実には脂肪油（リノール酸，オレイン酸，ステアリン酸，パルミチン酸，リノレイン酸，イソリノレイン酸），レシチンなどが含まれる．

	R
モルヒネ	H
コデイン	CH_3

ノスカピン　　　パパベリン

スパイスの健康学

モルヒネは強い鎮痛作用，コデインは鎮咳作用，パパベリンは平滑筋弛緩作用，ノスカピンは鎮咳作用があり，アヘン末は激しい下痢症状の改善および術後の腸管蠕動運動の抑制，激しい疼痛時における鎮痛，鎮静，鎮痙，激しい咳嗽発作などにおける鎮咳などの目的で用いられ，現代医療において重要な医薬品である．

1804 年ドイツの薬学者がアヘンからモルヒネを分離抽出した．植物からアルカロイドが分離されたのは歴史上初めてのことであった．

スパイスの調理学：食卓を彩る使い方

ポピーには観賞用として栽培される変種も多いが，スパイスとして用いる品種はアヘンを取るのと同じオピウムポピーである．スパイスとして用いる完熟した種子（ポピーシード）には麻薬成分のアルカロイドやモルヒネは含まれない．日本ではこの種のポピーの栽培は麻薬法により制限されている．

スパイスとして用いるのはオピアムポピーという品種で，その中にいくつかの変種がある．スパイスに用いるタイプは大きく 2 つに分けられる．種子が白色系のインド産や中国産のホワイトポピー（白ケシ）と，種子が青灰色で粒子がわずかに小さく，ヨーロッパやロシアで盛んに栽培されるブラックポ

ピー（黒ケシ）である．品質はオランダ産のものが最上とされる．

ポピーシードには揮発性の精油がほとんど含まれていないため芳香性は乏しく，わずかにナッツ臭がする程度で無臭に近い．しかし，煎ったり焼くなど加熱調理するとアーモンド様のナッツ臭が強くなり，独特のロースト臭も加味され香ばしくなる．150℃くらいの温度で加熱すると最もよく香りが引き出されるので，バターやほかの油脂類と一緒に加熱すると良い．圧搾して得られる乾性の脂肪油は45～60％とかなり多い．

香ばしさと歯ごたえが楽しめることから，ポピーシードの色や球形の形状を装飾として料理や菓子類の仕上げに使用することが多い．日本でもよくアンパンの上や和菓子の「松風」に用いられるが，ドイツでも塩味のパンやロールパン，クッキーなどの焼き菓子の上に振りかけて焼きあげたりする．

サラダや麺類，あんかけなどにも合うが，その場合はポピーシードを一度煎ってから加えるとナッツ様の香ばしい風味がより高まる．肉やすり身の団子の上にまぶしたり，揚げ物の衣として使用すると見た目も良い．

またシードを粉砕したものをハチミツや砂糖と混ぜてケーキやペーストリーに加えたり，インドではポピーシードのペーストをカレーに加える．これは風味を添えるためと，口当たりを良くし，肉汁を濃くするためである．このほか日本のミックススパイスである七味唐辛子にはポピーシードが重要な構成原料として用いられており，フランスではポピーシードを加熱せず圧縮してとった食用油がオリベット（Olivette）という名で市販されている．

（金　成俊）

薬理作用における文献

1）ナンシー・J・ハジェスキー 著，日本メディカルハーブ協会 監修：“ハーブ＆スパイス大事典”，p.230，日経ナショナルジオグラフィック社 (2016).

2）武政三男：“80のスパイス辞典”，p.111，フレグランスジャーナル社 (2001).

3）田中平三ほか 監訳：“ナチュラルメディシン・データベース”，p.828，日本健康食品・サプリメント情報センター (2015).

4）バーバラ・サンティッチほか 著，山本紀夫 監訳，“世界の食用植物文化図鑑”，p.290，柊風舎 (2010).

5）原島広至：“生薬単”，p.182，エス・ティー・エス (2007).

6）北中進ほか 編：“カラーグラフィック薬用植物　第4版”，p.22，廣川書店 (2016).

7）邑田仁ほか 編：“APG原色牧野植物図鑑Ⅰ”，p.377，北隆館 (2012).

マジョラム

Marjoram

マジョラムの葉.

イタリア料理でよく使われる.

料理でよく用いられるマジョラムはアジアではなじみが薄いが，古代エジプトや古代ギリシアでは当時から用いられた薬草やハーブであり，欧米ではスパイスとして欠かせない植物でもある．日本料理に使われることは少ないが，西洋料理には頻繁に登場するマジョラムについて解説する．

●由来●

古代エジプトでは，王や高貴な人々の身体をミイラにして保管する場合に，マジョラムはクミンやアニスとともに用いられていたとされている．地中海沿岸で最も古くから使用されていたスパイスの一つで，「結婚の至福」を表すハーブでもあり，このように幸福のシンボルとしてヨーロッパの人々から親しまれている薬草でもある．

その理由として，マジョラムは古代ギリシアでは愛と美の女神ヴィーナスによって作られた薬草とされているからである．人生の最も重要な儀式である結婚式において，人々はマジョラムのリースや花環で新郎新婦の身を飾り，2人の永久の幸せを願った．また愛する人の死後の幸福を願って，埋葬の後の墓にマジョラムを植える習慣もあり，マジョラムが生えると死者は永遠の幸せに包まれていると信じられていた．

シェークスピアの喜劇では，マジョラムは賢明で善良な女の象徴とされており，1600年代のイギリスの薬物書には，マジ

科属名	シソ科　ハナハッカ属
学　名	*Origanum majorana*
別　名	和名：マヨナラ　中国名：花薄荷（ハナハッカ）
原産地	地中海やアフリカ
使用部位	葉と茎
形　状	一年草

ョラムがアヘンなどの解毒剤として記されている．マジョラムの学名は，*Origanum majorana* であり，Origanum は「山の喜び」を表すギリシャ語，和名はマヨナラ，中国名は花薄荷（ハナハッカ）と呼ばれている．

●生産●

原産地は地中海やアフリカで，現在では世界各地の庭で栽培され，野生化している場合も多い．マジョラムには多くの栽培種があり，代表的なものはスイート・マジョラム，ポット・マジョラム，ワイルド・マジョラムであるが，一般にマジョラムとい

えばスイート・マジョラムを指し，ワイルド・マジョラムはオレガノの別名である．主な生産地はフランス，ギリシャ，メキシコ，ドイツ，ハンガリー，スペイン，ポルトガル，チリ，北アメリカなどである．

●性状●

シソ科（Lamiaceae）の多年草で，綿毛に覆われた茎は基部からよく分岐して直生であり，高さ 30 ～ 50 cm，びっしりとついた小さな緑色の葉は対生になっている．結び目（ノット）の形をしたつぼみを経て小さな白花が咲く．寒さに弱いので冬は室内で栽培する．

主要成分

成分としてはカンフル，ボルネオール，**α-テルピネン**，テルピネオール，シネオール，メチルシャビコール，カルバクロール，リナオール，苦味成分，カロチン，タンニン，ビタミンC，揮発性油分などを含む．

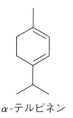

α-テルピネン

スパイスの健康学

精油は開花中の生の草，または乾燥した草を水蒸気蒸留して得られたもので，精油含量は部位によっても異なるが，1.5％前後である．精油の主成分は*α*-テルピネンが約40％を占めており，産地や品質によってかなり異なる．

薬理作用としては，殺菌作用，消化促進作用，強壮作用，駆風作用，血圧降下作用，鎮痛作用，鎮痙作用，消毒作用，鎮咳作用，去痰作用，鎮静作用，通経作用，利尿作用，

口腔清涼作用，口臭防止作用などがあり，眼の炎症や花粉症の治療，頭痛や胃弱にも応用される．

ハーブバスに使用すれば神経痛や筋肉痛にも効果があり，神経をリラックスさせる働きがある．古代より興奮剤，駆風剤としても用いられ，喘息，咳，リウマチ，歯痛，毒グモによる咬傷の治療薬として使用されており，フランスの民間薬として気管支炎，風邪，喘息，口内炎などにも利用される．

スパイスの調理学：食卓を彩る使い方

マジョラムにはマツと柑橘が混ざったような甘味のある香りがかすかにあり，近縁種の

オレガノと似ているが，オレガノのほうが香りは強く，マジョラムの香りはオレガノより

もマイルドで，その分マジョラムは香りが繊細で多少のほろ苦さもある．またタイムと共通芳香成分を多く含み，タイムよりも香りに強い甘さが感じられる．生の状態と乾燥した状態では香味の強さや質は異なり，乾燥したほうが香味は強い．何れにしてもマジョラムは地中海料理には欠かせない食材である．

生あるいは乾燥させた粉末をトマト料理，豆料理，ラムやマトンなどの肉料理，チーズ料理，スープ，ソース，サラダのドレッシングなどに用いる．カリフラワー，ホウレンソウ，エンドウ，トマトなどの野菜の味を引き立て，タイム，パセリなど，ほかのハーブとの相性も良い．

東洋ではあまり使用しないが，ヨーロッパの各国の料理には比較的多く用いられ，ミートソースや豆類の煮込み料理などイタリア料理には香り付けとして広く使われている．生の葉はそのまま薬味やサラダ料理の付け合わせとして使い，みじん切りにしてレモンの搾り汁と一緒にドレッシングに加えてもよい．

矯臭効果があり，ラムやマトン，レバーなど臭みの強い肉とよく調和する．乾燥したパウダー状のものを下ごしらえで使用すると効果が高い．ただし香りが繊細なため調理中に特有の芳香が失われやすいので，スープやシチューなど香り付けの目的で使用する場合は仕上げ段階で使用するようにし，長時間加熱する料理には少し多めにマジョラムを加えるなどの工夫が必要である．

マジョラムには多くのシソ科スパイス同様に矯臭作用があるため，セージやタイムなどと一緒にウスターソースやトマトケチャップなどに主要構成成分として用いられることが多い．特に鶏肉や七面鳥，ソーセージなどの加工食品分野では，粉末やときにはホールが使われたりする．缶詰やビネガーなどの加工品にも加えられる．

水蒸気蒸留によって得られた精油も加工食品分野に使われているが，食品の香料以外にせっけんなどの化粧品香料としても広く用いられる．また香水やコロン水にスパイシーノートとして，ほんのわずかな薬品臭を与える効果がある．日本の香り袋に匹敵するポプリーの成分として用いられることも多い．

（金　成俊）

薬理作用における文献

1）ナンシー・J・ハジェスキー 著，日本メディカルハーブ協会 監修：“ハーブ＆スパイス大事典”，p.230，日経ナショナルジオグラフィック社 (2016).
2）福屋正修：“ハーブとスパイス”，p.118，八坂書房(1990).
3）武政三男：“80のスパイス辞典”，p.114，フレグランスジャーナル社 (2001).
4）ジェニー・ハーディング 著,服部由美 訳:“ハーブ図鑑”，p.184,ガイアブックス (2015).
5）田中平三ほか 監訳:“ナチュラルメディシン・データベース”，p.828,日本健康食品・サプリメント情報センター (2015).

レモングラス

Lemongrass 生薬名：香茅（コウボウ）

栽培されているレモングラス.

レモングラスは茎の根元の部分が丸くふくらんでいるのが特徴.

レモンと同じ香りがする.

レモングラスには，西インドレモングラス *Cymbopogon citratus* と東インドレモングラス *Cymbopogon flexuosus* という2つの種類があるが，通常のレモングラスは，西インドレモングラスを指す.

●名称由来●

レモンと同じ香の成分（シトラール）を含有し，レモンのような香気を持つため，レモングラスと名付けられた. 強い香を放ちカヤ（茅）属であるので中国では香茅や香草とも呼ばれる.

●香味特徴●

名前のとおりレモンのような甘い芳香がして，新鮮なものはいくぶんお茶のような爽やかな香気を帯びるのが特徴である. 葉には酸味がある.

●選品●

茎部の下に隆起した球根部からやや白色

科 属 名	イネ科 オガルカヤ属
学 名	*Cymbopogon citratus*（西インドレモングラス），*Cymbopogon flexuosus*（東インドレモングラス）
別 名	和名：レモンガヤ，ハクレンボク，中国名：香茅，西印度檸檬草，香草，茅香
原 産 地	マレーシア，インド南部とスリランカ
使用部位	茎部の下に隆起した球根部からやや白色緑部分の茎部まで. 葉と茎を一緒に使用するところもある.
形 状	イネ科の多年草

緑部分の茎部までの部分は柔らかく主に料理に使う．緑色の部分（葉）は硬いためハーブティーとして使用する．いずれも香味の強いものが良品とされる．

主要成分

アルデヒド類の**シトラール** citral（精油の60〜70％を占める）およびシトロネラールを主とする揮発油を含有する．ほかにはファルネソール，ゲラニオール，ネロール，リモネン，ミルセン，カンフェン，ジペンテンなどを含む．葉酸をはじめ，ビタミン B_1，B_6，パントテン酸などのビタミン B 群が豊富である．カ

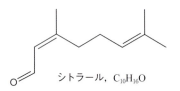

シトラール，$C_{10}H_{16}O$

リウム，亜鉛，カルシウム，鉄，マンガン，銅，マグネシウムも多く含まれる．

スパイスの健康学

●薬用としての応用●

レモングラスは民間薬として，世界各地で最も頻用されるハーブの一つである．心身の疲れや消化不良などに対して，新鮮な若葉や乾したレモングラスを煮詰めて，ハーブティーとして服用する．やや酸っぱくて香がいい，飲みやすいのが特徴で，特に乳幼児に適している．また，虫に刺されたり，皮膚の痒みに即効性があるので家庭常備薬として活用されている．インドやタイなどの熱帯・亜熱帯の国では，庭や田んぼによく植えられ，いつも新鮮なものをとれるよう栽培されている．

レモングラスは生薬としてインドで数千年の使用実績がある．インドの伝統医学であるアーユルヴェーダでは，レモングラスが解熱・消炎と鎮静効果を持つため，マラリアや発熱性疾患，伝染病の治療に用いられてきた．また，催乳作用もあるとされ，授乳中の母親に飲ませる．

カリブ海沿岸地方では，レモングラスは解熱剤のハーブとされ，痛みや関節炎の治療に湿布または希釈した精油を外用する．

中国の雲南，四川，広東などの亜熱帯地域では，レモングラスを長く民間薬として使用しており，明時代（14〜17 世紀）に初めて本草の専門書『本草綱目』（1596 年）に登場した．甘・辛・温の性質で祛風止痒（トラブルになる原因を取りつつ痒みを止める），通絡（気血の流れを良くする），温中散寒（寒を散らし胃腸を温める），散瘀止痛（血の流れを良くし痛みを止める），利尿などの効を持ち，風邪による頭痛・身痛，関節炎，腹部の冷え痛み・下痢，小児の瘡疱，打撲・外傷の疼痛，産後水腫などの治療に用いてきた．一般的に全草 3〜6 g を煎じ，または酒に浸して服用する．タムシや水虫の感染による皮膚の痒みに対して，煎じ液で患部を洗浄し，粉末を塗布して外用する．多くのハーブやスパイスは，レモングラスのように先に民間薬として利用されるが，そのうちに伝統医学に定着し生薬として正式に使用し続けられる．

アロマテラピーでは，安価で爽やかな香気

を備えるレモングラスの精油は，マッサージやアロマバス，吸入などで，ストレス，精神神経症，冷え症，筋肉痛，むくみ，皮膚真菌症などの改善に利用される．消臭作用もあるため，体臭が気になる人にはぴったりである．

●その他の応用●

葉茎またはその精油は天然香料として香水や入浴剤，石鹸，清潔用品に入れられ，トリートメント，スキンケア，体臭除去などに人気がある．

レモングラスの香りは虫が嫌う匂いなので，洋服タンスや米保存場所に葉茎を入れておくと虫がつかないといわれる．レモングラスいりの虫除けスプレーやクリームもたくさん市販されている．芳香消臭剤として，油煙や生臭い，装飾材料の匂いを消去する．湿気が多い浴室のかび予防にも利用される．

民間では，レモングラス精油は巣箱から飛び去ったミツバチを連れ戻すためにも使われる．

薬理作用

●抗菌作用●

現代の研究では，レモングラスには強い抗菌作用があり，グラム陽性菌とグラム陰性菌，真菌に対し殺菌作用が確認されている．

●認知症への作用●

塩田らの報告では，ヒューマンライフケアの施設で，認知症（25名，要介護者）の患者にレモングラス（低温真空抽出法で抽出）の匂いを16週間嗅いでもらうことにより，近赤外線にて評価した前頭葉の血流増加を認め，中核症状を含めて認知症の諸症状を緩和し，中等度の認知症の患者で治療効果が観察された．山崎らの報告でもレモングラスの芳香浴で類似の研究結果が出ている．レモングラス精油のアロマセラピーは早期認知

症のケアや治療に効果があると考えられる．

●心身の疲労やストレスへの作用●

北川はレモングラス精油の心身に与える影響および疲労やストレス軽減効果について検討を行った．レモングラス精油では，被験者（成人学生15名）の心電図で評価した副交感神経系活動を亢進することが示された．気分プロフィール検査（POMS）と視覚的アナログ尺度（VAS）で評価した心理反応では，安静状態となり，緊張〜不安が低下し，快適度とリラックス度が増加した．レモングラス精油の芳香療法は，心身の疲労やストレスを軽減することが示唆された．

●鎮静作用●

主成分のシトラールおよびシトロネラールには顕著な鎮静作用を有するとされている．若年女性を対象に検討した結果では，レモングラスが活力・元気さの得点を減少させることなく，不安，不快，怒り，うつなどを鎮静化する傾向を示した．

●生活習慣病予防への作用●

レモングラスの抗炎症作用や生活習慣病予防への応用も期待されている．プロスタグランジン産生の律速酵素であるCOX-2は，非ステロイド性抗炎症薬の標的として知られるが，発がんや生活習慣病にも関与している．レモングラス精油が生活習慣病予防の標的とされるPPAR α およびγのデュアルアゴニスト活性を持ち，PPAR γに依存したCOX-2発現抑制効果を持つことが見いだされている．主成分のシトラールおよびシトロネラールは強い一重項酸素活性を消去するため，レモングラスの抗酸化活性が期待される．

●鎮痛効果●

主成分のシトラールはTRPAI活性化を介

しラット脊髄膠様質ニューロンのグルタミン酸作動性の自発性興奮性シナプス伝達を促進し，鎮痛効果をもたらす．

●民間薬としての効果●

民間薬として，殺菌・殺虫（寄生虫，ダニ，シラミなど），解熱消炎，鎮静・抗うつまたは神経興奮，駆風・消化促進，鎮痛消瘀，催乳，矯臭などの目的で使用され，感染性疾患や呼吸器系疾患，消化器系，精神神経系，打撲などに用いられている．また，虫よけ作用にも優れている．

スパイスの調理学：食卓を彩る使い方

元来，レモングラスは高温多湿な熱帯や亜熱帯で生息したポピュラーなハーブであるが，日本への伝来は大正時代であった．そのすっきりとした香気が気持ちをリフレッシュさせ，数千年前から人々に好まれ，ハーブティーや食材のほか，薬として利用されてきた．現在は，世界中に広まり，人工風味料，香水，芳香消臭剤，虫よけ剤，清潔用品などに幅広く使われており，脚光を浴びている．

●調味料としての応用●

レモングラスにはレモンと同じシトラールという香り成分を含み，レモンのような爽やかな香りを有するのでシーフードとの相性がいい．タイやベトナムをはじめとした東南アジア料理，特にスープや，カレー，肉・魚介類料理の風味付けには欠かすことのできない主要な調味料である．タイの代表的な料理，トムヤムと呼ばれる肉・魚介料理には必ずレモングラスを加える．"トム"は煮る，"ヤム"は混ぜるの意であり，レモングラスと唐辛子などいろんなハーブや調味料を加え，辛みと酸味をそろえた，うまみを生み出したスープをベースにし，エビ（トムヤムクン）や鶏肉（トムヤムガイ），魚肉（トムヤムプラー），イカ（トムヤムプラームック）を煮詰めるトムヤム料理は肉・魚介のうまみとハーブの香味を楽しめる独特の味となり，一度食べたら後引く美味しさを秘めている．レモングラスはタイ料理とインド料理が広まったおかげで，欧米でもこの20年以上の間に人気が出てきて，オランダなどの魚介料理にも用いるようになってきた．

マレーシアやシンガポールでは，多民族で多国の文化や風習を受けている．その特徴は食事にも反映しており，有名な郷土料理であるニョニャ（nyonya）はその代表としてよく知られている．中華料理の食材を用いるが，レモングラスやココナッツミルクと一緒に，さらにウコン，唐辛子，サンバルなどの多種のスパイスをブレンドしたニョニャは，中華料理と東南アジアスパイスの出会いの知恵と見なされている．スリランカでも，ココナツミルクとレモングラスを一緒に料理に使う風習がある．

レモングラスは肉類・魚貝類料理のみならず，多肉多汁で若い根茎部の白い部分はネギのように斜めに切り刻んだりして，麺類や米，多くの野菜料理の風味づけや飾りに使用する．タイの酸辣ジャム，ベトナムのサラダや春巻きなどが代表的な料理である．

料理には主に柔らかい根茎部の白い部分をうすくスライスして使用する一方，緑色の葉の部分は同程度の香りを持つが，固くて食べることはできないため，つぶしたり，細

かく刻んだりして料理に加え，盛り付けの前に取り出す．新鮮な若葉をお湯にいれ，さらにハチミツを加えると，爽やかな香気とリフレッシュ効果は炎熱の夏に好評なブレンドハーブティーとなり，ホットでもアイスでも楽しめる．

レモングラスは成長が早く，安価で大量に収穫できる．精油の含有量も多いため，近年，レモングラスから抽出したシトラールはレモンの代わりに人工風味料，お菓子や飲み物の香料として食品製造業界で頻用されている．

●レモングラスと相性がいい食材＆スパイス●

バジル，トウガラシ，シナモン（肉桂），クローブ（丁子），ニンニク，コリアンダー（中華香菜），ココナッツミルク，アシの根，ショウガ，ウコンなどのスパイスとハーブ．

●使用上の注意●

通経作用，子宮収縮作用があるため，妊娠中は注意が必要である．主成分は揮発油なので，長く煎じしてはならない．多すぎると苦味が出るので料理に使うのは少量に控える．干したものは，有効成分を保持するため，できるだけ遮光で密封容器に保存する．

（喩　静）

薬理作用における文献

1）岡田稔 監修：“新訂原色牧野和漢薬草大図鑑”，p.588，北隆館 (2002).
2）武政三男：“80のスパイス辞典”，p.133，フレグランスジャーナル社 (2001).
3）南京中医薬大学 編：“中薬大辞典（下）”，p.2343，上海科学技術出版社 (2006).
4）杉田浩一 編：“日本食品大事典”，p.204，医歯薬出版 (2013).
5）和田文緒：“アロマテラピーの教科書”，p.153，新星出版社 (2011).
6）ジェニー・ハーディング 著，服部由美 訳：“ハーブ図鑑”，p.93，ガイアブックス (2015).
7）塩田清二：日本アロマセラピー学会誌，**14(2)**, 62, (2015).
8）塩田清二ほか：日本早期認知症学会誌，**7(2)**, 134 (2014).
9）山崎美香ほか：日本アロマセラピー学会誌，**15(2)**, 92 (2016).
10）北川かほる：日本医学看護学教育学会誌，**24(2)**, 1 (2015).
11）勝川路子ほか：ビタミン，**84(4)**, 179 (2010).
12）平田幸一ほか：臨床脳波，**44(2)**, 86 (2002).
13）朱 蘭ほか：日生誌，**78(2)**, (Pt 2), 34 (2016).
14）熊本栄一ほか：*Pain Res.,* **31**, 83 (2016).

● *COLUMN* ●

レモングラスの類似植物

レモングラスが属するオガルカヤ属には，50 以上の植物種がある．レモングラス以外の香料用の種としては *Cymbopogon martini* や，シトロネラ油が得られるジャワシトロネラソウ *Cymbopogon winterianus jowitt* などがある．また，コウスイガヤ *Cymbopogon nardus* は虫除け効果に優れているといわれている．

（喩　静）

レモンバーム

Lemon Balm

レモンバーム

　レモンバームはもともと地中海沿岸に分布し、2000年以上も前から養蜂植物として栽培されていた。繁殖力が非常に強く、夏の終わりに、小さな白い花もしくは黄色い花をつける。目立たないが蜜を持つその花は、咲く時期になるとたくさんのハチが寄ってくる。古代ギリシャでは蜜源植物として大切にされていた。甘くて爽やかなレモンのような香気があり、料理の香り付けのみならず、薬用にも重宝されてきた。

●名称由来●

　レモンバームは英語 lemon balm の読み方からの外来語で、葉にレモンのような香りがするところから名が付けられた。バーム（balm）はラテン語で"芳香な樹液"を意味する balsamun の短縮形であり、"芳香、香油"を意味する。属名の「Melissa」は、ギリシャ語でミツバチを意味する。その爽やかな甘い香りでミツバチを引きつけることが、メリッサ、檸檬香蜂草または香蜂草の名前の由来となっている。またメリッサの名前は、ギリシャ神話で「養蜂家の娘メリッサが蜂蜜を与えて創世神話に登場する全宇宙を支配する天空神ゼウスを育てた」という伝説に由来している。

●香味特徴●

　新鮮な葉をこすると爽やかなレモンに似た香がして、フレッシュで鼻口がすっきりする。また、蜂蜜のようなすっきりした甘味がする。

●選品●

　初夏の前、精油の濃度が最も高くなる開花の直前に摘み取ったものが品質が良い。葉はいったん乾燥してしまうと、香りが落ちてしまうため、できるだけ新鮮な葉を摘み取る。

主要成分

精油2％以下：**シトラール** citral, リナロール linalyl, シトロネラール citronellal, など。ほかには、フラボノイド、トリテルペン、ポリフェノール、タンニン、ロズマリン酸などを含む。

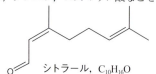

シトラール，$C_{10}H_{16}O$

科 属 名	シソ科　コウスイハッカ属
学　　名	*Melissa officinalis*
別　　名	和名：セイヨウヤマハッカ，コウスイハッカ，メリッサ，メリッサソウ　　中国名：蜜蜂花，檸檬香蜂草，香蜂草
原 産 地	地中海地方（南ヨーロッパ，西アジア，北アフリカなど）
使用部位	新鮮全草（葉，茎）または乾燥した葉
形　　状	多年草

スパイスの健康学

●薬用の歴史●

時代とともにレモンバームの薬用効果が次々と認められている．1世紀後半，薬草学と薬理学の父といわれるギリシャの医者ディオスコリデス（Dioscoridis）は，『ギリシャ本草』にレモンバームが外傷の治療やサソリや毒グモの解毒剤として有効だと記している．ヨーロッパ古代の医者は，レモンバームに「学者のハーブ」「頭の統領者」などの美称をつけ，頭をすっきりさせ，理解力，記憶力を高め，精神を高揚させる働きがあると伝えている．ヨーロッパでは今なお試験勉強中の学生に飲ませる習慣があるそうだ．9世紀には，ゲルマン文化の融合に努力したフランク王国の国王カール1世は古典ローマやギリシャ古典学芸を存続しようとする活動の一環として，ギリシャ医学も尊重していた．彼はレモンバームの不眠，頭痛の改善効果に感銘し修道院の薬草園で栽培するようと命じた．10〜11世紀のアラビアの医者は，レモンバームの解熱，鎮静，消化促進，等々の薬用作用に注目して慢性気管支炎や発熱，頭痛，消化不良に使用していた．17世紀以来，レモンバームがさらに愛されるようになり，そのシロップを家庭常備薬として女性の生理痛や緊張不安，腹痛，疝痛に，その煎じ液を発汗解熱剤として風邪・インフルエンザ症状の緩和に広く利用していた．

現在，レモンバーム精油を用いたアロマテラピー療法では，その優れた鎮静作用とリラックス作用を利用し，現代人のストレス対策，パニック障害やうつ病の改善，子どもの注意欠陥多動性障害（ADHD），夜泣きなどの補助治療に用いられている．

レモンバームは蜜源植物として蜂に好まれる一方，古くから強力な抗菌ハーブとされ，特に口唇ヘルペスの治療に役立つと認めている．また，レモンバームは同じシソ科のセージとともに若返り，長寿のハーブとして名高い．歴史上でフランスのカルメル修道会では，特別な芳香水"カルメル水"にレモンバームを主成分とし，今日なお生産されている．近年の研究では，レモンバームは認知症の精神症状の改善や放射線の防御にも効果が期待できることが明らかになっている．

●その他の応用●

入浴剤としての使用もあり，肌をなめらかにする効果があるとされている．また，レモンバームをつぶして巣箱に塗りつけることで，巣箱から飛び去ったミツバチを呼び戻すことができ，新らしい蜂も寄ってくるようである．

薬理作用

●鎮静作用●

レモンバームには精油のシトラールとシトロネラールを含む．民間では，うつや精神不安，不眠などの精神神経症に長く使用されてきた．それらの効果はおそらくレモンバーム精油成分のシトラールとシトロネラールの鎮静作用に関わると考えられている（レモングラスの薬能と薬理作用を参照）．

●アルツハイマー病への作用●

軽度〜中度のアルツハイマー患者（65〜80歳）42名を対象としたプラセボ対照二重盲検比較試験がある．レモンバーム抽出物を4カ月間摂取したところ，軽度から中等度のアルツハイマー病患者での興奮が改善された．

●抗アレルギー作用●

レモンバームには抗アレルギー作用が報告されている．花粉症8名を対象とした研究では，レモンバームエキス配合プロポリスを経口摂取することにより，被験者の鼻や目の花粉症の症状を軽減させ，その作用機序としてビアルロニダーゼ活性阻害作用が関わることが認められている．

●抗ウイルス・抗菌作用●

含有ポリフェノールなどの成分には抗ウイルス・抗菌作用があるとされ，皮膚や呼吸器系の疾患の治療に用いられている．特に口唇ヘルペスの原因である単純ヘルペスウイルスに対する抗ウイルス作用に優れている．レモンバーム抽出1％入りのリップクリームを塗布したところ，口唇ヘルペスの平均治療期間が短縮した．類似した追証報告もあり，レモンバームエキス剤が，口唇ヘルペスの感染部位の拡大予防，治癒率，非再発期間および安全性の観点において，高成績を収めた．また，含有タンニンに起因する消炎および収斂作用も確認されている．

●抗菌作用●

咽頭上気道微生物に対した抗菌試験では，レモンバーム精油成分のゲラニルアセテート，メチルアセテートとa-テルピニルアセテートは有効な抗菌作用を示し，風邪予防に役立つと考えられた．

●抗放射線作用●

レモンバームが放射線によるダメージを軽減することが実証されている．放射線科で働く低放射線を浴びたタッフ55名を対象に酸化ストレスとDNA損傷状況を検討した．レモンバーム浸出液（1日当たり1.5 g /100 mL，30日間）を飲用することで，試験前に比べて血中カタラーゼ，スーパーオキシドジスムターゼ（SOD）酵素，グルタチオンペルオキシダーゼの活性が顕著に改善し，血中のDNA損傷が抑えられ，過酸化脂質レベルが低下することが認められた．

●脂質代謝などへの作用●

高脂肪食事に誘導した非アルコール脂肪肝マウスにおいて，レモンバームエキスは脂質代謝，肝臓の炎症と繊維化，過酸化に対する有益な効果を示した．

●抗老化作用●

健康成人を対象とした抗老化試験では，レモンバーム水抽出物は血管ステフェニス（stiffness）を改善し，皮膚弾力を顕著に向上することから，抗老化作用が認められた．

●民間薬としての作用●

民間では，発汗・解熱，駆風・健胃，通経，精神の高揚，元気づけ，記憶力の強化，鎮痛・抗痙攣，虫よけなどの目的で使用されてきた歴史が長く，風邪や消化不良，生理痛，頭痛などによく用いられている．

●類似植物●

漢方生薬の中で，同じくシソ科に属し，レモンバームの効能に似るシソ（紫蘇，または蘇葉）とハッカ（薄荷）がある．ともに発汗や，消化促進，鎮静の効能を持ち，カゼと胃腸障害，精神不安の軽減に使用している．

東南アジアなどの温帯地域ではベトナムバーム Vietnamese balm も生育している．その香りはレモンバームと似ているが，種と属は全く異なる．東南アジアのベトナムやタイ料理，または民間薬によく使われる．

スパイスの調理学：食卓を彩る使い方

●料理での応用●

　成長が盛んなころに葉を摘み取り，あるいは乾燥させたものが料理の香り付けとして肉・魚介類の詰め物に用いられるが，野菜スープやだし，ジャム，サラダ，クッキー，あるいはレモンバームのお酢など広く使用されている．レモンバームの香りは揮発しやすいため，料理の直前に新鮮なものをつぶしたり，刻んだりと工夫することで，よりおいしくいただける．

　昔からハーブティーとしても広く飲用されるが，夏の飲み物に入れたり，冷凍フルーツなどに混ぜたりすることもできる．さっぱりとしたレモンの香気があるが，酸味はなく，むしろすっきりした甘味がある．現在の市場ではレモンバームのコーディアル（ハーブやスパイスを素材にしたノンアルコールドリンク）の商品もたびたび目にする．

　東洋では漢方薬をお酒に入れて薬酒を作るが，欧米では，果実，果皮，ハーブ，花などの特種の風味を利用してリキュール酒を作る習慣がある．レモンバームはその優れた抗菌作用と香味が特徴でリキュール酒の作製に最も良く加えられる一品である．

●相性がいい食材とハーブ●

　レモンバームはレモンのような香りがするが，酸味はなく，甘くてさまざまなハーブや果物，野菜と調和できる．ディル，ウイキョウ，ショウガ，ミント系などのハーブ．リンゴ，もも，アンズ，イチジク，いちご，仏手柑，メロンなどの果物．セロリ，パセリ，トマト，キュウリ，にんじん，きのこ，チーズ，卵，魚，紅茶などと相性がよく一緒に用いられる．

●使用上の注意●

　通経作用があるため，妊娠中は注意が必要である．甲状腺製剤の効果に影響を与えるとされ，甲状腺製剤を服用中に同時に使用することは避けたほうがよい． **（喩　静）**

薬理作用における文献

1）アンドリュー・シェヴァリエ 著，難波恒雄 監訳："世界薬用植物百科事典", p.111, 誠文堂新光社 (2000).

2）レベッカ・ジョンソンほか 著，関利枝子ほか 訳："メディカルハーブ事典", p.35, 日経ナショナルジオグラフィック社 (2014).

3）フォルカー・フィンテルマンほか 著，三浦於菟ほか 監修："フィトセラピー　植物療法事典", p.35, 251, 269, 323, 331, ガイアブックス (2012).

4）Jill Norman 著，品度股份有限公司 訳："香草與香辛料", p52,（台湾）品度出版 (2005).

5）喬夏著："100種薬草療癒全書", p234, 帕斯頓數位多媒体出版 (2016).

6）八並一寿ほか：日本未病システム学会雑誌，**9(2)**, 297 (2003).

7）Akhondzadeh, S., *et al.* : *J Neurol Neurosurg Psychiatry,* **74(7)**, 863 (2003).

8）工藤千秋：日本早期認知症学会誌，**8(2)**, 214 (2015).

9）May, G., *et al.* : *Arzneimittel forschung,* **38**, 1 (1978).

10）Vogt, H-J., *et al.* : *Allgemeinarzt,* **13**, 832 (1991).

11）田中康雄ほか：日本食品化学学会誌，**9(2)**, 67, (2002).

12）Zeraatpishe, A., *et al.* : *Toxicol Ind Health,* **27(3)**, 205 (2011).

13）Koytchev, R., *et al.* : *Phytomedicine,* **6(4)**, 225 (1999).

14）Kim, J., *et al.* : *Int J Mol Sci.,* **18(4)**, E846 (2017).

15）Yui, S., *et al.* : *J Nutr Sci Vitaminol,* **63(1)**, 59 (2017).

中国のサンショウ：花椒

<ruby>花椒<rt>ホアジャオ</rt></ruby>

たくさんの赤橙色の実が成った姿が，花が咲いたように見えるため「花椒」という名が付いた．四川省が産地であるため，川椒，蜀椒とも呼ばれる．中国では，食用と薬用の両方に広く使用されている．『中国人民共和国薬典』では，生薬として使われるのは，同属別種のカショウ（花椒）*Zhanthoxyli. bungeanum*（和名はカホクザンショウ）の成熟果皮であり，日本のサンショウ（山椒）に似た仲間ではあるが，原植物が異なる．

中国の花椒の果皮は薬用にも用いられる．中国最古の本草書である「神農本草経」に"蜀椒"の名で登場する薬として2000年以上の応用歴史があり，現在は『中華人民共和国薬典』に収載されている．花椒は日

花椒パウダー（左）と花椒ホール（右）．

本のサンショウとかなり似通った成分組成があり，薬理作用も近似し，温裏散寒，健胃，鎮痛，駆虫作用があるとされているが，花椒の果皮の油室が日本の山椒に比べて大きいため，香りと辛みが強く，胃腸や身体を温める作用，殺虫作用も強力である．また，肺に働き，発汗を促進する．花椒を使う代表処方は，大建中湯，烏梅丸，椒梅湯などが挙げられる．

花椒は日本のサンショウと同様に料理に辛みと香りを付ける香辛料として古来から盛んに使われてきた．特に四川料理で唐辛子と合わせて多用され，四川料理の特徴といわれる辛くて舌のしびれるような独特の風味が得られる．マーボー豆腐はその代表料理の一つである．このような風味は，湿気が多く，水毒（水分代謝が悪い）をもたらしやすい四川気候に対抗するためのものともいえる．強い辛みを有するトウガラシと山椒は発汗剤と芳香健胃剤としての働きもある．また，花椒は中華料理のポピュラーな調味料である"五香粉"（花椒，丁香，八角茴香，肉桂，小茴香）の材料として肉料理や海鮮料理に広く使用されている．炒めた塩と花椒の粉末を混ぜたものを"花椒塩"と呼び，揚げ物につけて食べる．

強力な辛みと香味を有する山椒，花椒はいずれも，薬膳料理を含む食事の重要なスパイスでありながら，漢方薬でも，身体を強力に温める"温薬"としての薬効を発揮する．まさに医と食は切っても切れない関係にあり，医食同源といわれるゆえんである．

中国・漢の時代には，皇后の部屋を「椒房」といい，室壁に花椒の実や粉を塗りこみ，その芳香を楽しむ習慣があった．さらに，花椒は実をたくさんつけることから，子孫繁栄を願っての意味もあったようである．一方，中国医学では，花椒に生殖能力を司る「腎」を温める効能があり，その体を温める力は冷えから女性を守り，妊娠につなげることができるのではないかと考えられている．また花椒は，防虫作用があり，その意から壁に塗り込むようになったのではないかとも考えられる．

日本薬局方にはサンショウの種子は収載されていないが，花椒の種子を"椒目"と称し，中国薬典に収載され，利尿薬として浮腫に使われている．

（喩　静・石毛　敦）

ワサビ
Japanese Horseradish

ワサビ

ワサビ（栽培風景）

　ほとんどのワサビは日本原産であり，各地の山間地で栽培されているが，野生のワサビが自生している所もある．代表的な品種として，真妻(まづま)，だるま，みどり，島根3号などである．真妻は和歌山県日高郡真妻村(現在の印南町)の原産で，辛みが強く，「現存する最高品質」と評されている．近年，カルファルニアやニュージーランドなどでも栽培されている．

●名称由来●

　学名のうち属名の *Wasabia* は，ワサビの日本語発音が，そのまま生かされている．種小名 *japonica* は，Japonicus = 日本の，という意味で，日本原産から学名となっている．ワサビという名称について，一説にはワサビの"ワサ"は古語の"走る"という意味で，鼻につんと走る辛さを表現したもの．"ビ"は"ひびく"の意から由来したといわれている．もう一説には"悪障痛（わるさわりひびく）"や"悪舌響き（わるしたひびき）"の略で，いずれも強い辛みを示すためである．近縁の植物と西洋ワサビとを区別するため，ワサビを本ワサビと呼ぶことがある．"山葵"ともいわれている．山葵と称される理由は，葉の形が葵に似ており，水のきれいな山間の湿地に群生することが由来とされている．

●香味特徴●

　全草に特有の香気と辛みを持ち，特に根茎をすりおろし，ワサビの組織が破壊されると峻烈な辛みと香気を生み出し，鼻にツンとくる独特の強い刺激臭が現れる．

●選品●

　全体の太さが均一で重みがあるもの．

科属名	アブラナ科　ワサビ属
学　名	*Wasabia japonica*
別　　名	和名：本わさび，沢わさび，さんき（山葵），さんきこん（山葵根）　　中国名：山愈菜，山葵根，日本辣根
原産地	日本
使用部位	根茎，若葉，葉柄
形　状	湿生の多年生植物

223

主要成分

辛み成分である**シニグリン**，**アリルイソチオシアネート**，*sec-*ブチルイソチオシアネートのほか，一般成分として，ビタミンCとビタミンB_2が豊富であり，ほかにはカリウム，カルシウム，マグネシウムタンパク質，糖分，食物繊維などを含む．

シニグリン，$C_{10}H_{16}KNO_9S_2$

アリルイソチオシアネート，C_4H_5NS

スパイスの健康学

日本では，ワサビは古くから薬草として利用されていた．食欲増進のほかに，ワサビを抗菌・解毒・収斂・鎮痛薬として食欲低下，扁桃腺炎，リウマチや神経痛の治療に用いてきた．また，エチレンガスの発生を抑制する作用があり，植物の老化予防に利用する．食品・野菜の鮮度保持剤や，冷蔵庫などで使用する抗菌・消臭剤，弁当用の防腐剤や米の防虫剤などの用途にも，日常的にたくさん用いられている．

ワサビの独特の辛み成分は，芥子菜など，アブラナ科の植物が多く含む，からし油配糖体(グルコシノレート)の一種のシニグリンであるが，根茎そのままでは辛みが出てこない．辛みを生じるのは，すりおろされる過程で酸素に触れるためである．すなわち，細胞にある加水分解酵素であるミロシナーゼと反応し，強い辛みと刺激性のあるアリルイソチオシアネート(6-メチルイソヘキシルイソチオシアネート，7-メチチオヘプチルイソチオシアネート，8-メチチオオクチルイソチオシアネートなど)を生じるためである．

薬理作用

ワサビの抗菌・防腐作用や食欲増進効果については，古くから知られている．近年，ワサビの新たな薬理作用が次々と報告されている．

●抗菌作用●

大腸菌や黄色ブドウ球菌，腸炎ビブリオ菌，ウェルシュ菌など，食中毒の原因となる細菌に対して強い抗菌作用が認められている．その抗菌作用は，活性成分の数種のイソチオシアネート(isothiocyanate：ITC)類の関与が指摘されている．その中で最も含有量が多いのは，アリルイソチオシアネート(allylisothiocyanate：AITC)である．最近ITC類が，口腔内微生物であり虫歯原因菌として知られるミュータンス菌やソブリヌス菌などに対して抗菌作用を示し，虫歯予防に有効であることが示唆され注目されている．さらに，ITC類はメチシリン耐性黄色ブドウ球菌に対して抗菌作用を示し，従来の抗菌薬との相乗効果が確認されている．

●抗インフルエンザウイルス作用●

ワサビの各部位(葉，茎，根，根茎)の抽出物の抗インフルエンザウイルス活性は，MDCK(Madin-Darby canine kidney)細胞系を用いて検討した．その結果は，インフルエンザウイルスの増殖を各部位(葉，茎，根，根茎)の熱水抽出物およびエタノール抽出物がインフルエンザウイルスA型(AH1N1型)，その亜型(AH3N2型)およびB型などの赤血球

凝集素（HA）抗原型に関係なく抑制されることがわかった．その増殖抑制率は98％以上で，ワサビの熱水抽出物よりもエタノール抽出物に，特に10％よりも70％エタノール抽出物に強い増殖抑制が見られた．さらに各部位の70％エタノール抽出物に対する感染抑制効果を検討したところ，葉に強い効果が見られた．このことから，夏の葉の70％エタノール抽出物には強い抗インフルエンザウイルス活性があることがわかった．またいずれの抽出物も辛み成分が少ないことから，抗インフルエンザウイルス活性は辛み成分以外であることが考えられた．今後はワサビの辛み成分だけでなく多くの成分の検討が必要である．

●下部消化管への作用●

ワサビは胃アルカリ分泌，胃粘膜血流，下部消化管の蠕動を増進させる作用がある．トウガラシと同じくワサビの辛み成分のアリルイソチオシアネート（AITC）は，感覚神経に発現するTRPV 1（Transient receptor potential vanilloid 1）の作動薬である．雄性SD系ラットにおけるワサビの胃重炭酸イオン分泌および胃粘膜血流に及ぼす影響を検討した結果では，ワサビ（$10 \sim 100$ mg / kg）はTRPA1アゴニストであるAITC（$10 \sim 100$ mg / kg）と同様に，胃アルカリ分泌および胃粘膜血流を用量依存的に増大させることが判明した．この反応は，低温感受性チャネルTRPA 1（Transient receptor potential ankyrin 1）が関与していると推測されている．また，ほかの報告では，AITCは雄マウスの摘出下部消化管神経系を刺激して平滑筋を収縮させ結腸収縮を引き起こす．この結腸収縮作用はTRPA 1チャネル遮断薬の投与により抑制されたことから，TRPA 1チャネルの関与が推察された．

●抗がん作用●

硫黄化合物であるイソチオシアネートを含有するアブラナ科植物の高頻度摂取と発がんの低リスクとの相関を示唆する疫学研究データが近年数多く報告されている．ワサビに含まれるアリルイソチオシアネート，パパイヤ果実に含まれるベンジルイソチオシアネート，キャベツやクレソンに含まれるフェネチルイソチオシアネートなどがよく知られている．特に報告例の多い症例対象研究は，肺がん，乳がん，大腸がんのほか，甲状腺，膀胱，前立腺や膵臓のがん罹患患者におけるアブラナ科野菜摂取頻度が対照と比較して有意に少ないことを示しており，イソチオシアネートの持つ，潜在的ながん予防作用が期待されている．ところが，信頼性のより高いコホート研究およびメタ解析報告では，症例対照研究結果とは一致せず，肺がんにのみ有効性が示唆され，その他の部位のがんに関しては有効性は認められなかった．今後はさらなる研究が待たれる．

●解毒作用●

アリルイソチオシアネートは，主に6-メチルスルフィニルヘキシルイソチオシアネート（6-MSITC）である．6-MSITCはラット肝細胞における解毒酵素の発現を誘導させた．また，ワサビは腸管上皮細胞の細胞分化の制御機構を調整することにより，ヒト腸管の解毒酵素の発現調整に関与している可能性が示唆されている．おそらくワサビの食中毒予防作用の一機序であろう．

●その他の作用●

ほかには，抗寄生虫，血圧上昇，利尿，興奮，抗壊血病，抗酸化，抗肥満，唾液・膵液分泌促進などの作用があるとされる．

ミックススパイス

Mix Spice

イタリアンハーブミックス

イタリアンハーブミックスは，イタリア料理に多用される乾燥ハーブを混合したものを指します．その構成や割合は一定ではありませんが，バジル・タイム・オレガノ・パセリ(イタリアンパセリであることが多い)を合わせたものが多く，ほかにマジョラムなども含まれていることがあります．

全体にトマトやチーズと相性が良いのが特徴です．ピザやパスタなどトマトやチーズを使う料理の仕上げに振りかけて味や香りを引き立たせるのが主な使用法となります．サラダやドレッシングなどにも使われ，ほど良い香りを与えます．

肉や魚介類の煮込みやスープ，ソテー，ロースト料理にも使用でき，味や香りを引き立てます．しかし，ハーブそのものの香りが比較的穏やかなため，その場合は肉や魚介の臭み消しを目的とするよりも，塩と合わせ，ハーブソルトとして味付けに用い

たり，いかにもイタリア風な香りの演出(これはオレガノとバジルの組み合わせがその特徴付けに中心的な力を発揮します)を目的として用いたりするのが適しています．

エルブ・ド・プロバンス

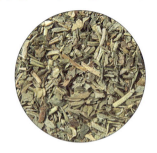

エルブ・ド・プロバンスとはフランス語で「プロバンスのハーブ」の意味です．つまりプロバンス地方でよく採れて料理に使われ，そのためプロバンス料理に特徴的な味のもととなったハーブを乾燥させてバランスよく混合したものをエルブ・ド・プロバンスと呼んでいるのです．

その構成や内容は作り手によってまちまちですが，タイム，セージ，ローズマリーを中心にバジルやフェンネルやローリエ(ローレルとも．月桂樹の葉)，あるいはラベンダーの花なども加えられることがあります．

ハーブそのものの香りが強く，動物性の生臭さを消すのに適しているため，魚や肉をローストしたりソテーしたりする際の臭

み消しや香り付け，あるいは煮込み料理の風味付けなどに使用されます．

　調理に際しては，下ごしらえの際にあらかじめ材料と合わせておいたり調理の最中に加えられたり，あるいは調理油と合わせてあらかじめ油に香りを移したり，調理油を加熱する際に加えて香りを立たせたりと調理の過程で加熱される使用法が主で，仕上げに加えるなどの形で使用されることはめったにありません．

ガラムマサラ

　ガラムマサラとは主に南インド料理で用いられる「乾燥させたさまざまな香辛料を混ぜ合わせ粉末状にしたもの」を指します．その内容は各家庭によって異なるともいわれるほど多様ですが，ほぼ必ず入っているのはシナモン，クローブで，ほかにナツメグあるいはメース，クミン，ブラックペッパー，カルダモン，ローリエなどが配合されます．辛くする場合はチリペッパーを加えます．

　ガラムマサラは本来辛くする必要はないものなのです．「ガラム」は「暑い／熱い」，「マサラ」は「混ぜ合わせたもの」の意ですが，これは材料となる香辛料を乾燥させる（ガラムマサラを生んだインドの伝統医学であるアーユルヴェーダの考えでは火と風の

エネルギーを与える意味があります），あるいは作成する際に香りを強く立てる目的でホール（原型）の状態で炒ってから粉にする場合もあることを意味するとされています．

　ガラムマサラは肉，魚，野菜，あるいは米や麺などさまざまな材料，さまざまな調理法において，臭みを消し，あるいは味や香りを加えるために使用されます．

カレーパウダー

　カレー料理を作る際に用いられる粉末スパイスのミックスで，ターメリック（ウコン）やカイエンペッパー（唐辛子）などをベースに数種類から時には数十種類にのぼる原料を混合して作られます．インドの香辛料の代表のように思われていますが，イギリスのインド統治時代に，イギリスの食品会社がインドふうの料理を作るために，辛口のガラムマサラの状態にあらかじめ混合したスパイスを売り出したのがカレーパウダーの始まりです．

　色付けはターメリック，パプリカなど，辛みはカイエンペッパー，コショウ，ジンジャーなど，その他の特徴的な風味づけにはクミン，クローブ，コリアンダー，カルダモン，シナモン，ナツメグ，オールスパイス，フェンネル，キャラウェイなど，多種多様な香辛料が使用されます．これらの香辛料を乾燥・

焙煎・粉砕したうえで混合し，熟成させることによって味を馴染ませて作られます．

　食材に塗布したり混合したりすることで料理にカレー独特の色と風味を与え，さまざまな料理に使用されています．なお，日本風のカレーは小麦粉を炒めたものにこのカレーパウダーを練り合わせてルウとし，出汁やブイヨンでのばしたもので具材を煮込むことで独特のとろみと味を出したものです．

五香粉(ウーシャンフェン)

　中国の代表的なミックススパイスです．八角(スターアニス)，丁子(クローブ)，山椒または花椒，肉桂(シナモン)，茴香(フェンネル)，陳皮(ウンシュウミカンの皮)などのうちから「5種類を混ぜたもの」とされますが，「"五"とは，数が多い，複雑の意であり，6種類以上を混合していてもよい」とする説もあります．

　日本で流通しているものは5種類のスパイスを混合したものが主流ですが，中国・台湾などでは6種類以上を混合したものもあります．いずれも精油成分の多いスパイスを使用することが特徴で，山椒(花椒)の清涼感のある辛みや八角の特徴的な香りにより，中華料理の独特の味付けの重要な役割を担っています．肉・魚介類と相性が良く，揚げもの，煮物，炒め物など，さまざまな食材・さまざまな調理法において下ごしらえや調理中に幅広く使用できますが，仕上げに加えてそのまま供するなどの使い方はほとんど行われません．

七味唐辛子

　ひいた唐辛子を主原料とし，ほかに6種類の粉末や粒状の素材を加えることで辛さを抑え，独特の風味付けをした日本独自の辛味調味料です．唐辛子以外の6種の材料やその配合量は生産者によって異なり，場合によっては全体の配合材料の種類が7種を超えることも，あるいは7種に満たないこともあります．また，販売形態によってはさまざまな材料をあらかじめ用意しておき，客の好みに合わせてその場で配合することもあります．

　唐辛子以外の材料としては，芥子(ケシの実)，麻の実，海苔，陳皮，紫蘇，生姜，胡麻，菜種，山椒などが挙げられます．芥子や麻の実については犯罪に転用されることを防ぐため，加熱による発芽防止処理が行われたものが使用されます．

　主に仕上げや食卓での調味に用いられることが多く，うどんやそばなどの麺類，焼き鳥などの焼き物，あるいは鍋物などの薬味として頻用されます．また，多様な材料を使用し

ていることで辛さだけではない複雑な味わいを持つことから，煎餅などに塗り付け七味唐辛子味とするなどの使用法もあります．

ブーケガルニ

フランスやイギリスなどを中心としたヨーロッパで，肉の臭みを消し料理に深い風味を与えることを目的として，材料を煮込む際に加えられる「生のハーブ複数種類を束にしたもの」をブーケガルニと呼びます．ブーケは「花束」，ガルニは「添え物」の意で，主役となる料理を引き立てるハーブの束を指すのですが，束にしたハーブが1種類のみの場合は「ブーケ・サンプル（単一の束の意）」と称します．

内容としてはタイム，ローレル，パセリをベースとして，ほかにセロリ，ローズマリー，タラゴン，オレガノ，バジルなど，さまざまなハーブが用いられます．これらのハーブの組み合わせは国や料理によってさまざまに変化するため，ブーケガルニとは特定のハーブの組み合わせではなく「煮込み料理に風味を与えるために煮込む際に加えられ，料理を供する際には取り除かれる複数種のハーブの束」と解釈すべきものです．

なお，最近では生ハーブの束ではなく，ブーケガルニに用いられるハーブを乾燥・

粉砕して混合した簡易な製品も流通しています．こちらも生ハーブの束と同様に用いられますが，粉砕されているため，盛り付けの際に取り除かれることはありません．

フレンチハーブミックス

フランス料理に多用されるタイム，スイートバジル，タラゴン，オレガノ，パセリなどを乾燥，混合して製品化したミックスハーブです．バジルやオレガノはイタリアンハーブミックスと共通ですが，イタリアンパセリでなくパセリを使用し，タラゴンを加えることで，いかにもフランスの風味を演出しています．

オムレツなどの卵料理に調理中に加えたり，あるいはサラダやドレッシングを作る際に風味付けに加えたりするなど，調理中にも仕上げとしても幅広く用いることができます．同じフランス系のミックスハーブであるエルブ・ド・プロバンスとの違いは，ミックスハーブそのものの香りが軽いため，肉や魚介料理に使用する際は臭み取りなどではなく，仕上げの風味付けとして用いるのにより適することです．

もみじおろし

大根に穴をあけ，そこに赤唐辛子を詰め込んですりおろすと，鮮やかな赤色に染ま

り，大根の清涼感を伴う辛みと唐辛子の辛みの合わさった大根おろしができます．これがもみじおろしで，鮮やかな赤色を紅葉に見立てた名称です．ほかに唐辛子をすりおろして塩漬けにしたものと大根おろしを混ぜても作れます．

独特のさわやかな辛みを生かすことと食卓を鮮やかな赤色で彩ることを目的に，鍋物，豆腐，刺身などの生もの，あるいは天ぷらなど揚げものの薬味として用いられます．最近はチューブ入りの製品としても販売されています．

なお，大根と人参を合わせておろしたものも「もみじおろし」と呼ばれることがありますが，これは大根おろし以上の辛さはなく，辛いものが苦手な人などのために，本来のもみじおろしの代わりに彩りのみを目的として供されるものです．

柚子胡椒

柚子胡椒は，刻んだ唐辛子を薄く剥いだ柚子の皮および食塩と併せて磨り潰し，柚子の果汁を加え，熟成させて作る，ややねっとりとした調味料です．唐辛子の辛さと柚子皮による柑橘系独特のさわやかさが同時に感じられるのが特徴で，主に日本の九州で一般的な調味料・薬味としてさまざまな料理に広く用いられています．

ここでいう「胡椒」は唐辛子の古名で，いわゆる白コショウ，黒コショウなどとは関係ありません．緑色と朱色の2種類があり，青唐辛子と青柚子を併せたものが緑色，赤唐辛子と黄柚子を併せたものは朱色になります．味の系統は大きくは異なりませんが，緑色のものは香りが，朱色のものは辛みが強いとされます．

本来の地元である九州地方では鍋物や刺身，焼き鳥，豆腐，味噌汁などの薬味として用いられていましたが，他地域に知られることで，より多様な形で使用されるようになりました．例えば肉や魚介を焼いたり燻製にしたりする際の風味付け，調理前の食材への塗布・混合，パスタソースやサラダドレッシングの風味付けなどが新しい使用法として挙げられます．

辣油

「辣」とは中国語で熱を伴う辛さのことを指し，塩ではなく唐辛子などの香辛料に由来する辛さがこれに当たります．

辣油はもともと中国の四川地方で作られ，麻婆豆腐や担々麺などの辛み付けや料理の薬味として使用されていた調味油で，胡麻油などの植物油に唐辛子を中心とした香辛料・香味野菜で味・香りを付けたものを指します．

油に刻んだ葱・にんにく・山椒・生姜・数種類の唐辛子を加えて加熱し，味と香りを油に移して作ります．中国ではこの時に使用した香味野菜や香辛料を油に入れたまま食材として供する食べ方が一般的ですが，日本では油のみを商品として流通させ，調味油として餃子や麺類など中華料理の食卓での調味に用いるのが主流でした．

近年になってからは，加える唐辛子を少なくすることで辛さを抑え，その代り香味野菜などの固形成分を増やして「食べる」ことができる商品が人気を博するようになり，日本の辣油の特徴の一つとなっています．

（糸数 七重）

232

付　録

スパイス生薬小辞典

掲載生薬一覧

索　引

スパイス生薬小辞典

ア

●アサの実
別名：おのみ，ヘンプシード，麻子仁（マシニン）
学名：*cannabis fructus*
原産地：中央アジア　一年草
使用する部位：種子(果実)は食用や生薬として用いるほか，種子からとれる油は食用または燃料用にも使用される.
特徴：近年注目のオメガ3オメガ6由来の必須脂肪酸を豊富に含み，独特の香ばしい風味が食欲を刺激する.
成分：リノール酸・α-リノレン酸など各種脂肪酸をバランスよく含むほか，銅，鉄，マグネシウム，亜鉛などのミネラルを含有.
効能：緩下作用を狙って漢方薬に配合される.
調理：七味唐辛子の原料や，麻の実味噌として食用される.

●アシタバ
別名：明日葉，八丈草，明日穂(あしたぼ)
学名：*Angelica keisei*
原産地：日本　多年草
使用する部位：葉と茎を食用にする.
特徴：独特のほろ苦さが料理のアクセントとなる，ミネラル・ビタミン豊富な緑黄色野菜.
成分：抗菌作用がある有機化合物のキサントアンゲロールやクマリン類を含有.
効能：利尿効果があるカリウムを多く含み，高血圧予防になる.
調理：天ぷら，おひたし，バター炒めなどで食べるほか，粉末状やペースト状のものを麺やパン，ケーキに使ったり，ジュースなどで飲用する.

●アナトー
別名：アチョーテ，紅の木(ベニノキ)，紅木(コウボク)
学名：*Bixa orellana*
原産地：熱帯アメリカ・西インド諸島　常緑低木
使用する部位：葉，種子，茎
特徴：種子と種皮にカロテノイド色素ビクシン，ノルビキシンを含み，天然着色料として食品や化粧品に広く使用される.
成分：アミノ酸，ビタミンB2・C，ナイアシン，カルシウム，鉄，リン，βカロテン
効能：茎葉にタンニンを含み，下痢止めや胃腸病に用いられる. 虫除けや日焼け止めとしても活用される.
調理：種子で香り付けしたオイルがバターやチーズの着色料として利用されるほか，高価なサフランの代用品として香辛料・着色料に使われる. アステカ人は着色目的でチョコレート飲料にアナトーを加えていたとされる. すり潰した種子のほのかな香りも風味付けに一役買っている.

●アマチャヅル
別名：七葉胆(しちようたん)
学名：*Gynostemma pentaphyllum*
原産地：アジア・インド　多年性植物
使用する部位：茎，葉　茎葉を乾燥させたものを薬用や食用に利用する.
特徴：薬用朝鮮人参と同様の有効成分サポニンが70種類以上含まれる. サポニン(ダイオール系)は神経の興奮やストレスを鎮める効果がある.
成分：サポニンのジンセノサイド
効能：中国では，消炎解毒や止咳去痰の作用がある薬草として用いられていた. 関節リウマチ，低血圧，動脈硬化，肝

臓障害の予防効果もあるとされる.

調理：乾燥した茎葉5gに約1Lの水を入れ，番茶のように煮出す．乾燥茎葉は「アマチャヅル茶」として販売されている.

●アルニカ

別名：ウサギギク，キングルマ.
学名：*Arnica montana*
原産地：ヨーロッパ　多年草
使用する部位：花，根
特徴：古くから打撲や捻挫，外傷などに対して，ジェルあるいは外用チンキ剤，軟膏，クリームといった形式で用いられてきた．静脈炎，関節炎，リウマチ，虫刺されといったケースでの炎症においても利用されるが，含有される成分に有毒性が認められているため，通常，内服や開いた傷口に直接使われることはない.
成分：ヘレナリンやアルニフォリンなどのセスキテルペンラクトン類（皮膚アレルギー発症に作用），チモールなどの精油成分，ケンフェロールやルテオリンといったフラボノイド類，またクマリン類.
効能：創傷治癒，抗菌，鎮痛，消炎作用など．一般には，リウマチや関節炎，口腔粘膜炎症，打撲，捻挫といった症状の改善に有効と考えられている．伝統医学では花を狭心症の治療に用いる.
調理：打ち身，捻挫，腫れなどの治療目的で，軟膏，ジェル，およびクリームに配合され外用薬として使われる．成分のフラボノイドやアルニキンに苦みがあるため，経口摂取には向かない.

●アルファルファ

別名：ムラサキウマゴヤシ，ルーサン（グラス），エルバメディカ，バッファローグラス，チリアンクローバー
学名：*Medicago sativa*
原産地：中央アジア　多年草
使用する部位：全草
特徴：主に飼料用の作物として用いる．痩せた牧草地を肥沃に改良する作物として利用される.
成分：葉にビタミンB群全般，ビタミンA，C，D，E，K，ミネラル，鉄，ナイアシン，ビオチン，葉酸，カルシウム，マグネシウム，リン，カリウムを豊富に含む．クロロフィルとβ-カロテンも含有し，ほかの葉物野菜よりタンパク質，アミノ酸が豊富.
効能：俗に，「食欲を増進する」「利尿作用がある」「強壮作用がある」と言われているが，ヒトでの有効性については，加熱処理したアルファルファ種子の高リポタンパク血症（高脂血症）患者に対するコレステロール値低下作用について予備的報告がある．通常の食品に含まれている量を経口摂取することは安全性が示唆されているが，多量摂取は巨脾症（脾腫）を伴う可逆的汎血球減少症のおそれがある．また，全身性エリテマトーデス（SLE）患者，そのほかリウマチなど自己免疫疾患患者は使用禁忌．アルファルファはエストロゲン作用を持つ可能性があるため，妊娠中・授乳中に多量摂取することの危険性が示唆される.
調理：スプラウト（もやし）はそのままサラダやサンドイッチで生食される．辛味のある葉はサラダやスープ，蒸し焼き，煮込み料理に使われる.

●アロエベラ

別名：蘆薈（ロカイ），ロエ
学名：*Aloe vera, Aloe barbadensis*
原産地：アフリカ，マダガスカル，ヨルダン
使用する部位：葉，葉肉，種子　多肉植物
特徴：葉の内側にゼラチン状の粘液を蓄え，このジェルに必須アミノ酸が含まれている.
成分：アントラキノン配糖体，有機酸，

タンニン，グルコマンナン，多糖類，
酵素，アミノ酸，サポニン，ミネラル，
アロエクチンB
効能：ジェルに消炎鎮静効果，保湿効果，
ケガの治癒効果があるとされるが，科
学的には解明されていない．多量のア
ロインを含まないアロエベラジュース
は消化薬として用いられ，消化性潰瘍・
胃炎の治癒効果や免疫増強効果が期待
される．
調理：硬い外皮を除いても苦みが強いた
め，ほかの食品や果汁と混ぜて使った
り，カレーの材料として使われる．

●アンジェリカ

別名：ガーデンアンジェリカ，ワイルド
セロリ，ノルウェーアンジェリカ，セ
イヨウトウキ
学名：*Angelica archangelica*
原産地：アルプス，ピレネー，シベリア
二年草
使用する部位：根，茎，種子
特徴：緑色の大きな葉と初夏に咲く花が
甘い香りを漂わせる．
成分：根部分にビタミンB群，マグネ
シウム，鉄，カリウムが豊富に含まれ，
肉食文化圏においては消化促進剤とし
て用いられてきた．そのほか，肝臓で
ビタミンAを生成するカロテン，鎮
静作用のある吉草酸，免疫系の鍵を握
る植物性ステロイドが含まれる．消化
を促進するペクチンや酵素，銅化合物
なども含まれる．
効能：根の精油成分フェランドレン，ア
ンゲリシンは鎮静，鎮痙の作用がある
とされ，不眠症やヒステリーの治療に
用いられた．果実の精油成分はフェラ
ンドレン，インペラトリンで，根とと
もに薬酒にされる．
調理：爽やかな香りを持つハーブのため，
料理や飲料の風味付け，香りづけに使
われる．根は砂糖漬けにしたり，また
は乾燥させて食用とする．

●アンズ

別名：アプリコット，カラモモ（唐桃）．
学名：*Prunus armeniaca*
原産地：ヒマラヤ西部〜フェルガナ盆地
使用する部位：果肉，種子
特徴：本種またはその他近縁植物の種子
のことを，生薬キョウニン（杏仁）とい
い，鎮咳，去痰，嘔吐誘発に用いるほ
か，麻黄湯，麻杏甘石湯，杏蘇散など
の漢方処方に用いられる．
成分：種子は青酸配糖体や脂肪油，ステ
ロイドなどを含んでおり，咳止めや，
風邪の予防の生薬（日本薬局方に収録）
として用いられているほか，杏仁豆腐
（今では「あんにん」と読まれることが
多くなった）の独特の味を出すために
使用される．未成熟な種子や果実には，
青酸配糖体の一種アミグダリンが含ま
れる．
効能：杏仁（種子）：ホルモン様作用，鎮
咳作用，消化管運動促進作用，解熱作
用，抗変異原活性作用
調理：生食のほか，ジャム，シロップ漬け，
干し杏，ワイン，アンズ飴などに使われ
る．杏仁（種子）粉は主に菓子に加工さ
れる．代表的なものは杏仁豆腐，アマ
レットなど．

イ

●イチョウ

別名：銀杏，公孫樹，鴨脚樹
学名：*Ginkgo biloba*
原産地：中国
使用する部位：葉，種子
特徴：巨木に成長する裸子植物の一つ．
実が結実するためには雄株の花粉によ
る受粉が必要である．種子（銀杏）が成
熟すると肉質化した外皮が異臭を放つ．
異臭の主成分は酪酸とヘプタン酸．
成分：抗酸化フラボノイドとテルペノイ
ドを含む．種子のギンナンにはギンコ
ール酸などを含み，湿疹やかぶれなど

の皮膚炎の原因となる．また生葉の摂取も控えたほうがよい．

効能：抗炎症，抗真菌，抗菌作用から，関節炎，水疱，しもやけ，皮膚の炎症，糖尿病，消化不良，下痢，浮腫，頭痛，肝臓疾患，疥癬，敗血症，目の病気の治療，外傷の処置に利用される．血管拡張作用からアルツハイマー病や記憶障害，耳鳴り，めまいの治療への期待が高まっている．

調理：種子：ギンナンは炒った実を殻から取り出して食べたり，茶碗蒸しなどの料理に用いる．

●イブニングプリムローズ

別名：雌待宵草（メマツヨイグサ），アレチマツヨイグサ，フィーバープラント，サンカップ，オザークサンドロップ

学名：*Oenothera biennis*

原産地：北アメリカ　二年草

使用する部位：葉，根，種子　種子から抽出したオイルは月見草オイルと呼ばれる．

特徴：あらゆる地域で生育する代表的な野の花．アメリカ先住民たちは，食用植物やメディカルハーブとして大いに利用していた．

成分：ビタミンE，リノール酸，γ-リノレン酸をはじめとする各種脂肪酸，アミノ酸．

効能：種子には脂肪酸GLA（γ-リノレン酸）を高濃度に含有し，保湿作用，抗アレルギー作用，皮膚修復作用のほか，女性ホルモンのバランスをとるとされ，老化による症状・疾患への効果も注目されている．

調理：アメリカ先住民は若い葉をサラダにし，根は茹でて食べたとされる．オイルは酸化しやすく，独特の甘い香りが素材の風味を消してしまい，食用にはあまり向かない．

ウ

●ウメ

別名：好文木（こうぶんぼく）・木の花（このはな）・花の兄　春告草（はるつげぐさ）・匂草（においぐさ）　香散見草（かざみぐさ）・風待草（かぜまちぐさ）香栄草（こうばえぐさ）・初名草（はつなぐさ）

学名：*Prunus mume*

原産地：中国

使用する部位：果実

特徴：花も美しく実も食用にできるということで江戸時代から品種改良が盛んに行われ，現在では300種以上の「花梅（観賞目的の梅）」や「実梅（食・薬用目的の梅）」がある．

成分：各種有機酸（クエン酸，リンゴ酸，コハク酸，酒石酸など）が豊富．ほかに，ビタミンA，B群，C，E，カリウム，カルシウム，マグネシウム，リン，鉄など．

効能：疲労回復（クエン酸，リンゴ酸），カルシウム吸収促進，食欲増進，血流改善，抗菌・抗アレルギー

調理：熟した実を塩漬けにした梅干しや果汁を煮詰めて作った梅肉エキス，青梅で作る梅酒，梅シロップ，梅ジュースなど，梅の殺菌防腐効果を利用した加工品は保存にも向く．

エ

●エキナセア

別名：パープル・コーンフラワー，ムラサキバレンギク

学名：*Echinacea purpurea, E. angustifolia, E. pallida*

原産地：北アメリカ　多年草

使用する部位：花，種子，葉，茎，根

特徴：アメリカ先住民は，虫刺されからけが，感染症の治療・予防にエキナセアの花や葉，根を広く用いてきた．

成分：多糖類(アラビノガラクタンやフコガラクトキシログルカン，エキナシンなど)，糖タンパク質，脂肪酸(パルミチン酸，リノール酸など)，ポリフェノール類(エキナコシド，チコリ酸，フラボノイド)，ベタインチコリ酸，精油(フムレン，カリオフィレン)など．

効能：アラビノガラクタンには，整腸や保湿などの作用があり，免疫力を向上させたり，便通を良くする効果もあります．エキナセアが含むチコリ酸(chicoric acid)は，肝機能を促進する作用，解毒作用，健胃作用があるといわれているが，HIVを抑制する作用があるともいわれている．抗腫瘍・抗インフルエンザウイルス効果や，アンチエイジングにも効果があると期待されている．

調理：葉(生・ドライ)をハーブティーとして利用する．キク科なので，キクアレルギーを持つ人には禁忌．

●エゴマ

別名：ジュウネン，ジュウ，ジュウネ，アブラ，アブラツブ，ツブアブラ，アブラギ，アブラエ，イ，イゴマ，イクサ，エグサ，エコ，エゴ，シロジソ(白蘇)，オオエノミ

学名：*Perilla frutescens* var. *frutescens*
原産地：東南アジア　一年草
使用する部位：葉，種子
特徴：シソ科で青紫蘇とは同種であるが，葉に特有の香り成分「ペリケラトン」を含む．
成分：α-リノレン酸，ポリフェノール(ロズマリン酸)
効能：コレステロールの減少，アレルギーを抑制する効果，精神を安定させる働きや痴呆症の防止，高血圧・糖尿病・がんなどの予防効果
調理：朝鮮・韓国料理では好んで使われ，焼いた肉やほかの食品を葉で巻いて食べる．また酸っぱい醤油漬けにした葉もポピュラー．種子は炒ってすり潰し，エゴマ味噌として食べるほか，種子から搾ったエゴマ油は脂肪の蓄積を抑えるα-リノレン酸を豊富に含むことから，注目されている．

●エシャロット

別名：胡葱(フーツォン)，紅蔥頭(アンチャンタウ)，乾蔥(コンチョン)，ホム
学名：*Allium oschaninii*
原産地：中央アジア・中東　多年草
使用する部位：球根(鱗茎)
特徴：日本でよく知られているエシャロットは生食用に栽培されたラッキョウで，本物は「ベルギー・エシャロット」として店頭に並んでいる．小ぶりのタマネギくらいの大きさで分球しているのが特徴．臭いも穏やかな香味野菜．
成分：硫化アリル，ビタミンB1，B2，C，E，ナイアシン，パントテン酸，葉酸，カルシウム，リン，マグネシウム，カリウム
効能：疲労回復，代謝促進，皮膚修復，貧血予防，抗酸化，抗老化，利尿作用，高血圧予防
調理：生のまま薄くスライスするだけでも美味しく食べられるが，焼くと成分に含まれる多糖類「フルクタン」の効果で，甘味が強くなる．臭いのもとであるアリシンは，細胞が破壊され酵素が分解されることで作り出されるため，細かく切るほど臭いが強くなる．

●エルダーフラワー

別名：セイヨウニワトコ，パイプツリー
学名：*Sambucus nigra*
原産地：ヨーロッパ，多年草
使用する部位：花，果実
特徴：ヨーロッパや北米では数千年前からメディカルハーブとして使われてきた歴史がある．未熟な果実や種子は毒性を持つ．

成分：ビタミン A，B 群，C，カルシウ
　　　ム，リン，フラボノイド，トリテルペ
　　　ン，タンニン，ペクチン

効能：利尿作用，発汗作用 鼻水・鼻詰
　　　まりの緩和，抗炎症・抗ウイルス

調理：実(エルダーベリー)はゼリーやジ
　　　ャム，シロップ，タルトに広く利用さ
　　　れる．熟した実はオーク樽で熟成さ
　　　れ，エルダーベリー・ワインが作られ
　　　る．マスカットのような香りを持つ花
　　　は，ハーブティーに用いられる．

オ

●オニオン

別名：タマネギ

学名：*Allium cepa*

原産地：中央アジア

使用する部位：葉，鱗茎

特徴：紀元前の時代から食用・薬用・染
　　　料に幅広く使われてきた野菜の一つ．
　　　独特の臭いである硫化アリルも，うま
　　　みと美味しさ，栄養面で優れた特質を
　　　持つ．

成分：糖類，食物繊維，カリウム，亜鉛，
　　　カルシウム，マグネシウム，リン，マ
　　　ンガン，ビタミン B 群，C，葉酸，硫
　　　化アリル

効能：コレステロールの代謝を促進し，
　　　血栓をできにくくする．高血圧・糖尿
　　　病・動脈硬化・脳血栓・脳梗塞などの
　　　予防，疲労回復，殺菌効果

調理：生食でサラダにするほか，炒め物，
　　　煮物，揚げ物など幅広い料理に活用で
　　　きる．肉類の臭み抜きや下味としても
　　　利用できる．

●オリーブ

別名：橄欖(かんらん)

学名：*Olea europaea*

原産地：地中海地方　常緑樹

使用する部位：果実，種子，葉

特徴：新約聖書で「生命の樹」と呼ばれ，
紀元前 3000 年頃から栽培が始まっ
たとされる．

成分：果実にはビタミン A,E，オレイン
　　　酸，リノール酸など．葉には鉄やカル
　　　シウム，ビタミン E のほか，ポリフ
　　　ェノール類のオレウロペイン，ヒドロ
　　　キシチロシル，エレノル酸が含まれる．

効能：苦み成分のオレウロペインには降
　　　圧効果がある．オリーブオイルのオレ
　　　イン酸には悪玉(LDL)コレステロー
　　　ルを減らし，善玉(HDL)コレステロ
　　　ールを増加させる効果があるとされる．

調理：熟成した実を搾油したオリーブオ
　　　イルは酸化しにくい油として，そのま
　　　まで，あるいは調理に使用する．塩漬
　　　けにした実はピクルスとして料理のア
　　　クセントに．乾燥させた葉はもみつぶ
　　　して煮出しオリーブティーとして飲用
　　　する．

カ

●カカオ

別名：

学名：*Theobroma cacao*

原産地：中央～南アメリカの熱帯地帯
　　　常緑樹

使用する部位：種子

特徴：「神様の食べ物」という意味を持つ．
　　　木の実の中に 20 ～ 40 粒ほど詰まっ
　　　ている種子が，いわゆるカカオ豆である．

成分：食物繊維，カルシウム，鉄，亜鉛，
　　　カカオポリフェノール，テオブロミン，
　　　カフェイン

効能：疲労回復，リラックス，便秘解消，
　　　血行促進，動脈硬化予防

調理：カカオ豆をすり潰した「カカオマ
　　　ス」を搾油したものが「カカオバター」．
　　　残ったものはココアとしてそのまま飲
　　　用や食用に使う．「カカオマス」に「カ
　　　カオバター」や糖分，乳を加え成形す
　　　るとチョコレートとなる．

●カフィアライム
別名：コブミカン，プルット，スワンギ，マクルー
学名：*Citrus hystrix*
原産地：東南アジア　常緑樹
使用する部位：葉，果皮，果汁，果実
特徴：爽やかさの中にスパイシーな強みも含む，山椒に似た香り．タイ料理には欠かせないスパイスの一つ．
成分：カロテン，カルシウム，ビタミンC
効能：解毒，整腸，鎮痛，呼吸器疾患の改善，虫除け，血行促進，リラックス
調理：（生・乾燥）葉はホールのままトムヤムクンなどの煮込み料理に使い，スライスしたものは料理のトッピングやソース・ドレッシングに添えたり，魚肉の練り物に加えたりする．果皮をすりおろしたものは，タイカレーの独特な風味付けに利用される．

●カボス
別名：香倍酢，臭橙，カボユズ
学名：*Citrus sphaerocarpa*
原産地：日本　常緑樹
使用する部位：果皮，果汁
特徴：ユズの近縁種．スダチなどと同様の酢ミカンの一つで大分県の特産果実．爽やかな香りの主成分はリモネンである．
成分：クエン酸，ビタミンC，葉酸，ポリフェノールなど．果皮に含まれるスダチチンという成分は脂質代謝を改善する効果が確認されている．
効能：疲労回復，風邪予防，リラックス，脂質代謝の改善．
調理：果汁は薬味として刺身や焼き魚に添えたり，鍋料理，酢の物，サラダ，味噌汁などに幅広く利用される．魚の変色や臭みを抑えるためにも使われ，果皮や果肉を用いた調味料，清涼飲料水，氷菓，和洋菓子などの加工品が販売されている．

●カモミール
別名：カモマイル，カミツレ
学名：*Matricaria recutita*
原産地：ヨーロッパ，エジプト　一年草
使用する部位：頭花部（キク科アレルギーを持つ人には禁忌）
特徴：ジャーマン・カモミールとも呼ばれ，春先にリンゴのような甘い香りの直径3cmほどの白い花を咲かせる．
成分：花の精油成分にアズレン，ビサボロール，カマズレン，フラボノイド，クマリンなどを含む．
効能：鎮静・抗菌・抗炎症作用．安眠・リラックス作用
調理：乾燥した花をカモミールティーとして飲用．多量摂取で嘔吐の危険性が示唆されている．

●ガランガル
別名：カー，ガロンガ，ラオ，ランクアス，ジャン，タイショウガ（ショウガ科の4つの種の総称：ナンキョウ，リョウキョウ，バンウコン，オオバンガジュツ）．漢方薬：南姜・リョウキョウ
学名：*Alpinia officinarum*
原産地：熱帯アジア
使用する部位：根茎
特徴：東南アジアの辛くてスパイシーな料理に用いられる，ショウガに似た植物の地下茎．
成分：香気成分として1,8-シネオール，チャビコールアセテート，リナロールなどや酢酸が抽出される．
効能：含有成分のジアリルヘプタノイドにがん予防効果があるという研究成果も出ている．
調理：固いので食用にはできないが，魚や肉の臭み消しや風味付けに，スライスやパウダーにしたものを用いる．

●カンゾウ
別名：リコリス，リコライス
学名：*Glycyrrhiza glabra*

原産地：ヨーロッパ南部〜中央アジア

使用する部位：根　多年草

特徴：根の甘味成分は，ショ糖の150倍の甘さがあり，日本では醤油やタバコの甘味料として使用されている．

成分：グリチルリチン，ブドウ糖，ショ糖，フラボノイド，アミノ酸，β-カロテン，ビタミンC．カルシウム，鉄，マグネシウム，マンガン，セレン，リン，カリウム，ケイ素，亜鉛など．

効能：鎮静・鎮痙作用，鎮咳作用，抗消化性潰瘍作用，利胆作用，解毒作用，副腎皮質ホルモン様作用，抗炎症作用，抗アレルギー作用

調理：よく洗った根を口腔清涼剤としてそのまま噛む．あるいは料理の香辛料に添えたり，ハーブティーとして飲まれたりしている．中東では煎じて飲料にした「マイスス」が人気．

キ

●キク

別名：菊花

学名：*Chrysanthemum × morifolium*

原産地：中国

使用する部位：頭花

特徴：菊茶や菊花酒，あるいは漢方の生薬としても使われる“おめでたい”行事には欠かせない花．

成分：フラボノイド，セスキテルペン，β-カロテン，ビタミンC，ナイアシン，葉酸，菊花中の有効成分「テトラクマロイルスペルミン」が細胞中の生体内解毒物質の一つであるグルタチオン量を増やし，解毒作用を高めるとされる．

効能：解毒作用，解熱・鎮痛作用，消炎作用，中枢抑制作用，好中球貪食亢進作用，毛細血管抵抗性増強作用

調理：小さい頭花を乾燥したものが流通している．そのまま酒杯に浮かべたり，煎じて茶として飲用するほか，料理の香り付けと彩りに加えたりする．

●キャッツクロー

別名：釣藤鈎

学名：*Uncaria tomentosa*

原産地：南米熱帯雨林地帯

使用する部位：根，樹皮

特徴：アマゾンの先住民族が伝承薬として使用してきた薬草．

成分：アルカロイド，トリペルテン，カテキン，プロアントシアニジン

効能：抗酸化作用，抗菌・抗炎症作用，細胞増殖抑制作用，抗腫瘍作用，関節痛改善効果

調理：葉を煎じお茶として飲用する．根や樹皮から抽出したエキスを配合したサプリメントも市販されている．

●キャットニップ

別名：イヌハッカ，キャット・ミント

学名：*Nepeta cataria*

原産地：ヨーロッパ，南西アジア　多年草

使用する部位：葉

特徴：猫が好む香り成分を含む．生命力繁殖力の旺盛なハーブ．殺虫・防虫効果があり，ゴキブリやネズミの忌避剤としても利用される．

成分：カルバクロール，ネペタラクトン，タンニン，ビタミンC，E

効能：解熱作用，鎮痛作用，発汗作用，鎮痙作用，抗菌・抗ウイルス作用（カルバクロール），殺菌作用（ネペトール），抗不安作用（ゲラニオール）

調理：新芽はそのままサラダに入れたり，スープやハーブティー，肉料理の香り付けに用いられる．

●キャロブ

別名：イナゴマメ，聖ヨハネのパン

学名：*Ceratonia siliqua*

原産地：地中海沿岸，北アフリカ，中東　常緑樹

使用する部位：葉，樹皮，鞘，果肉，種

特徴：甘味のある豆はチョコレート代わ

りに使われる．種子の大きさや重さは
ほぼ均一だったため，宝石の重さや純
度を示す「カラット」の語源となった．

成分：タンパク質，ビタミンA，E，B群，
カルシウム，鉄分，食物繊維，ピニト
ール

効能：葉と樹皮に含まれるタンニンには
抗アレルギー作用,鎮痛・抗菌,抗酸化・
抗ウイルス・防腐作用がある．カルシ
ウムはココアの3倍を含有し，水溶
性食物繊維であるペクチンも多く含む．

調理：乾燥させた果肉部分をパウダー状
にしたものは，ココアやコーヒーの代
用品として用いたり，菓子・清涼飲料・
リキュールの材料となる．種子から作
った「キャロブガム」は製菓用の安定剤，
乳化剤，増粘剤として使われる．

●ギョウジャニンニク

別名：行者にんにく，キトビロ，ヤマビ
ル，ヤマニンニク，アイヌネギ

学名：*Allium victorialis*

原産地：日本～ヨーロッパ　多年草

使用する部位：葉，茎

特徴：ニンニクよりもアリシンを多く含
み，独特の臭気と強い殺菌抗菌効果を
持つ．イヌサフランやスズランなどの
毒草と間違えやすいので注意が必要．

成分：アリシン，スコルジニン，β-カ
ロテン，ビタミンK

効能：疲労回復，滋養強壮，新陳代謝促
進作用，血行促進作用，血栓・がんの
予防，殺菌作用，抗菌作用，血圧安定
作用

調理：生のままおひたしにしたり，刻ん
で餃子の具や和え物に，醤油漬けにし
て保存食として用いる．アイヌの人々
は，乾燥保存したものを汁物の具や水
で戻し調理して食す．

●キンカン

別名：金橘(キンキツ)，姫橘，カムクヮト

学名：*Fortunella*

原産地：中国長江中流域　常緑樹

使用する部位：果皮・果実

特徴：漢方の生薬「キンキツ」として，古
くから咳やのどの痛みに処方されてき
た．

成分：ビタミンC，E，ヘスペリジン(ビ
タミンP)，食物繊維，β-クリプトキ
サンチン，クエン酸

効能：血流改善作用，抗酸化・抗老化作
用，疲労回復，感染症の予防・改善，
血管強化作用

調理：生食できるが，果皮がついたまま
甘露煮や砂糖漬け，蜂蜜漬けにしたり，
乾燥させてドライフルーツとして利用
する．

ク

●グァバ

別名：蕃石榴(バンジロウ)，蕃石榴(バ
ンザクロ)，バンシルー，バンチキロー，
バンチュル，芭楽(バラー)

学名：*Psidium guajava*

原産地：熱帯アメリカ

使用する部位：果実，葉

特徴：世界中に160種以上の品種があ
るとされ，形や大きさ，果肉の色もさ
まざま．

成分：ビタミンA(β-カロテン)，ビタ
ミンB群(ビタミンB1，ビタミンB2，
ビタミンB6，葉酸，ナイアシン，パ
ントテン酸)，ビタミンC，ビタミン
E，カリウム，カルシウム，マグネシ
ウム，リン，鉄，亜鉛，食物繊維，タ
ンニン，ケルセチン

効能：風邪予防，美肌効果，がん予防，
貧血予防，高血圧予防，動脈硬化予防，
脳梗塞予防，心筋梗塞予防，抗アレル
ギー作用，整腸・健胃作用

調理：熟した果実をそのまま生食したり，
裏ごしした果肉をゼリーやジュース，
シャーベット，ジャムなどに加工する．
乾燥した葉は煎じて飲用する．

●クコ

別名：ウルフベリー，ゴジベリー

学名：*Lycium chinense*

原産地：東アジア　落葉樹

使用する部位：果実，根皮，若葉

特徴：果実，根皮，葉はそれぞれ「枸杞子（くこし）」「地骨皮（じこっぴ）」「枸杞葉（くこよう）」という生薬．

成分：カロテノイド，ベタイン

効能：抗炎症・解熱作用，脂質代謝改善作用，血圧降下作用

調理：果実は生食またはドライフルーツで利用される．酒に漬け込んでクコ酒にするほか，薬膳粥の具や中華料理の材料として用いるのが一般的．若葉を食用にすることもあるが，葉はお茶として利用する．

●クチナシ

別名：山梔子（サンシシ），ガーデニア

学名：*Gardenia jasminoides*

原産地：東アジア　常緑樹

使用する部位：果実

特徴：黄赤色の果実は，古来より着色料や染料に使われてきた．栗飯やきんとん，たくあんの黄色はクチナシの色素成分クロチン（クロセチン）によるもの．

成分：アポカロテノイド（クロシン，クロセチン），イリドイド（ゲニピン，ゲニポシド）

効能：解熱鎮静，血圧下降，緩下，抗炎症，胃液分泌抑制，鎮痛，動脈硬化予防，胆汁分泌促進

調理：初夏に濃厚な甘い香りを漂わせる白い花は，紅茶に浮かべて香りを移したり，茹でてサラダや酢の物で食べる．

●クラリセージ

別名：オニサルビア

学名：*Salvia sclarea*

原産地：ヨーロッパ～中央アジア　2年草

使用する部位：葉，花

特徴：中世ヨーロッパでは，種子成分の粘液を目薬のように使い異物を取り除くなど，さまざまな疾患治療にメディカルハーブとして用いられていた．

成分：スクラレオール，酢酸リナリル，リナロール，サルピオール，シネロール

効能：抗菌・抗炎症作用，女性ホルモン様作用，発汗抑制作用

調理：若葉は生食でき，サラダに加えたりパスタなどのトッピングに使う．乾燥させた花・葉はハーブティーとして飲用する．

●グレインズ・オブ・パラダイス

別名：メレグエッパ，メレゲッタペッパー，ギニアグレインズ，ギニアショウガ

学名：*Aframomum melegueta*

原産地：熱帯アフリカ　多年草

使用する部位：果実（種子）

特徴：ショウガ科の植物アフラモムム・メレグエタの種子を乾燥させた香辛料．

成分：パラドール，オイゲノール

効能：利尿作用，緩下作用，抗炎症作用，免疫賦活作用

調理：ワイン，ビール，ウイスキー，リキュールなどのアルコール飲料，ビネガーの香り付けに利用される．スパイスとしては，中東のカレー料理やモロッコのラスエルハヌート，パエリアやカスレに用いられる．

●クレソン

別名：オランダガラシ，ミズガラシ，ウォータークレス

学名：*Nasturtium officinale*

原産地：ヨーロッパ　多年草

使用する部位：葉，茎

特徴：ワサビなどと同じシニグリンを持ち，ピリッと爽やかな辛味のあるアブラナ科ハーブ．

成分：シニグリン，β-カロテン，ビタミンB類，C，E，K，カリウム，鉄，カルシウム，マグネシウム，リン，亜

鉛，モリブデン，食物繊維，ポリフェノール

効能：消化促進作用，抗酸化作用，殺菌・抗菌作用，むくみ予防，疲労回復，免疫力向上，口臭予防

調理：生食，炒め物やスープ・鍋物の具材に用いる.

ケ

●ケシの実

別名：ポピーシード

学名：*Papaver somniferum*

原産地：中東地域　一年草

使用する部位：果実（種子）

特徴：茎の先端部に咲いた花が枯れ数日経つと，カップの形をした果実が実り，この中に径 0.5mm に満たない微細な種子が詰まっている．なお，未熟果から滲出した白い液体がモルヒネを含むアヘンである.

成分：n-6系多価不飽和脂肪酸（オレイン酸，リノール酸），ビタミンA，B類，E，モリブデン，カルシウム，マグネシウム，リン，鉄，亜鉛，銅，マンガン

効能：疲労回復，免疫力強化，骨や歯の健康維持，骨粗しょう症予防

調理：乾燥させた種子は粒状のまま，あるいはペースト状にして菓子や料理に利用される.

●ケッパー

別名：ケイパー，フリンダース・ローズ，トゲフウチョウボク，セイヨウフウチョウボク

学名：*Capparis spinosa*

原産地：地中海沿岸地方，半蔓性

使用する部位：花のつぼみ，実

特徴：夏の夕方に「風蝶木（ふうちょうぼく）」の名のとおり，風にたゆたう蝶のごとく白く大きな花を咲かせて翌朝にはしおれてしまう.

成分：カプリン酸（香味成分）

効能：解熱解毒作用，健胃作用，抗リウマチ作用

調理：つぼみも実も，酢漬け（ピクルス）や塩漬けにしてスモークサーモンなどの料理に添えられる．刻んだものをバターと合わせたものは，モンペリエ・バターと呼ばれる.

コ

●コウライニンジン

別名：朝鮮人参，オタネニンジン，ジンセン

学名：*Panax ginseng, P. quinquefolius*

原産地：東アジア　多年草

使用する部位：根

特徴：成長が遅く，発芽し収穫するまでは 4 ～ 6 年かかる.

成分：サポニン（ジンセノイド），アルカロイド，食物繊維，ビタミン，マグネシウム，カリウム

効能：血行促進，疲労回復，免疫強化，抗菌・抗炎症・抗腫瘍作用，血圧降下，呼吸促進，血糖降下，赤血球数増加，消化管運動亢進，副腎皮質機能強化，抗ストレス

調理：根を乾燥させ煎じた人参茶（インサムチャ）は韓国で愛飲されている．参鶏湯（サムゲタン）などの韓国料理の材料や天ぷらの具材とすることもある.

●ゴールデンシール

別名：キンポウゲ

学名：*Hydrastis canadensis*

原産地：北米

使用する部位：地下茎，根

特徴：アメリカ先住民たちがメディカルハーブとして用いてきた植物で，現在は過剰伐採により絶滅危惧種になっている.

成分：アルカロイド（ヒドラスチン，ベルベリン），カルシウム，鉄，マンガン，ビタミン A，C，E

効能：消化強壮作用，免疫増強作用，殺菌・抗菌・抗炎症作用，抗痙攣作用，鎮静作用，免疫機能向上作用，血管収縮作用，血圧上昇作用

調理：根を乾燥させたものを煎じて飲用するなど，薬用としての使われ方が一般的．

●ゴマ

別名：セサミ，黒胡麻，白胡麻
学名：*Sesamum indicum*
原産地：インド〜中国，東南アジア　一年草
使用する部位：種子
特徴：有史以前から栽培され，数千年に渡り食用・薬用で利用されてきた香味料の一つ．
成分：食物繊維（セサミン，セサモリン），銅，マンガン，カルシウム，マグネシウム，鉄，セレン，リン，亜鉛，ビタミンA，B類，E，ナイアシン，葉酸，脂質（オレイン酸，リノール酸）
効能：抗酸化作用，脂質代謝改善作用，コレステロール抑制作用，貧血・骨粗しょう症予防改善作用
調理：莢から取り出した種子を洗って乾燥させた洗いゴマを炒って，薬味や料理の材料，ソース，ドレッシングなどに利用する．ビネグレットソースやフムス，ハルヴァのタヒニペーストなど．

●ゴミシ

別名：チョウセンゴミシ，五味子
学名：*Schisandra chinensis*
原産地：日本（本州北部〜北海道，中国，朝鮮半島）
使用する部位：果実
特徴：字のごとく，「酸・苦・甘・辛・鹹」の五味を備えるツル植物の果実．
成分：精油，有機酸，リグナン（シザンドリン，デオキシシザンドリン，ゴミシン），ビタミンC，E
効能：鎮静・鎮痙・鎮咳・鎮痛作用，抗菌・抗アレルギー作用，抗酸化作用，抗胃潰瘍作用，肝障害改善作用，滋養強壮，強精作用

調理：熟した果実を乾燥させたものは生薬として小青竜湯，清肺湯，人参栄養湯などに処方されるほか，煎じて五味子茶で飲用される．また，グラニュー糖とホワイトリカーで漬け込んだ五味子酒は，疲労回復目的でも用いられる．

●コンフリー

別名：ヒレハリソウ，サラセンズ・ルート
学名：*Symphytum officinale*
原産地：ヨーロッパ・西アジア（コーカサス地方）多年草
使用する部位：根，葉
特徴：「骨接ぎ」を意味する属名「Symphytum」を持ち，古くから打ち身や骨折に用いられてきた．
成分：ビタミンA，B群，C，E，カルシウム，リン，カリウム，クロム，コバルト，銅，マグネシウム，鉄，マンガン，アルカロイド（コソリジン，シンフィトシノグロシン），タンニン
効能：貧血改善，強壮，抗炎症，下痢止め，鎮痛作用
調理：日本でも若い葉を天ぷら，おひたし，炒め物などで食したり，生葉あるいは乾燥させた葉をハーブティーで飲用するなど広く利用されてきたが，根に多く含まれるピロリジジンアルカロイド（PA）の長期間過剰摂食で肝障害などを引き起こすことが問題となり，内服については議論がある．

サ

●サトウキビ

別名：甘蔗（かんしゃ，かんしょ）おうぎ，うぎ，ウージ
学名：*Saccharum officinarum*
原産地：ニューギニア島と近隣島嶼　多年生

使用する部位：茎

特徴：竹のように木化する茎の内部は，糖分たっぷりの樹液を蓄えた髄となっている．

成分：ショ糖，カリウム，ミネラル，ビタミンB群，鉄分，カルシウム

効能：消臭効果，生育促進，感染症予防治療効果，抗ストレス，肝障害抑制，抗酸化，抗胃潰瘍

調理：茎の外皮をむいて樹液を搾汁，またはそのまま噛んで甘い汁を飲用したり煮詰めて黒砂糖にする．ベトナムでは髄部分にエビなどの練り物をつけて揚げたり焼いたりする料理がある．中国でも髄部分を細切りにして魚介類と煮る四川料理がある．

●サボリー

別名：セボリー，サイボリー

学名：*Satureja hortensis*

原産地：地中海沿岸地域　一年草／サマーサボリー，多年草／ウィンターサボリー

使用する部位：葉

特徴：夏に咲くシソ科一年草の「サマーセイボリー（キダチハッカ）」と多年草の「ウィンターセイボリー」がある．

成分：ビタミンA，B群，C，カルシウム，鉄分，マグネシウム，マンガン，β-カロテン

効能：殺菌・抗炎症作用，抗酸化，消化促進，免疫力改善，鎮痛作用

調理：イタリア料理やブルガリア料理に多く使われる．特にウィンターサボリーはエルブ・ド・プロバンスに欠かせないハーブ．

シ

●塩

学名：*Sodium chloride*

特徴：生物にとっては生命維持のために必須なものでありながら，過剰摂取は病気の遠因となる．料理の味を決め，素材を引き立てるシーズニングは，商品の防腐加工や工業製品の製造過程，水質調整，農業生産でも重要な役目を担う．

成分：塩化ナトリウム，カルシウム，カリウム，マグネシウム

●シソ

別名：大葉（青紫蘇），青芽・紫芽（芽紫蘇），扱穂（こきほ／紫蘇の実）

学名：*Perilla frutescens* var. *crispa*

原産地：ヒマラヤ，ビルマ，中国　一年草

使用する部位：葉，芽，花穂，実，種子

特徴：品種が多く，ペリルアルデヒド由来の特有な香りと清涼感のある辛味を持つ．

成分：α-リノレン酸（種子から搾取したシソ油に含有），β-カロテン，ビタミンB群，カルシウム，食物繊維，カリウム，ロズマリン酸（葉に含有），ルテオリン（葉と実に含有）

効能：抗菌・抗アレルギー作用，抗炎症作用，抗酸化作用，防腐・細菌増殖抑制効果，血行促進，食欲増進，貧血の改善

調理：青紫蘇の葉は刺身のつまや天ぷら，和え物などに．赤紫蘇は煮出してジュースにするほか，梅干しや漬物などの色付けに用いる．シソの実は塩や醤油漬け，佃煮にする．

●ジャスミン

別名：オオバナソケイ，ソケイ

学名：*Jasminum* spp.

原産地：アジア～アフリカの熱帯・亜熱帯地方

使用する部位：花，葉，根

特徴：強い芳香を放つ花から抽出される香気成分ジャスモン酸メチルは，香水やアロマオイルに使用される．

成分：ジャスモン酸メチル（花）

効能：リラックス作用，抑うつ作用，筋

弛緩作用，殺菌・抗ウイルス作用，収れん作用

調理：乾燥させた花をジャスミンティーにする．デザートやドリンクに添えて香りを移す．

●ジュニパー

別名：セイヨウネズ
学名：*Juniperus communis*
原産地：ヨーロッパ　常緑樹
使用する部位：果実，葉，木部
特徴：漿果である「ジュニパーベリー」は，ジンの香り・風味づけに使われる．
成分：ピネン，ミルセン，カジネン，ビタミンC，銅，クロム，カルシウム，鉄，リモネン，リン，マグネシウム，カリウム
効能：抗菌・収れん・抗痙攣作用，利尿作用，健胃作用，感染症予防作用，リラックス作用
調理：クセのある鹿肉や野鳥肉料理の臭み消しや調味ハーブとして使われる．ザワークラウト，野菜のパテ，詰め物料理にコクを出し，肉類の脂っぽさを和らげる．

●シュンギク

別名：菊菜，新菊，
学名：*Glebionis coronaria*
原産地：トルコ，ギリシャ
使用する部位：葉，茎
特徴：11月～3月に旬を迎え，鍋物の具材や天ぷら，サラダなどに利用されるなじみ深い野菜だが，食用にされるのは東アジア圏のみ．
成分：ビタミンA，B群，C，D，E，K，カルシウム，鉄，マグネシウム，リン，カリウム，亜鉛
効能：整腸・食欲増進作用，貧血の予防，骨粗鬆症予防，自律神経の調整，血栓予防，抗菌・抗ウイルス作用，粘膜保護作用
調理：サラダやおひたし，和え物，炒め物，鍋料理，天ぷらで．オイルを加えてミキサーなどを使いペースト状にすれば，パスタソースやディップにも．

ス

●スイートウッドラフ

別名：ウッドラフ　クルマバソウ
学名：*Galium odoratum*
原産地：ヨーロッパ～東アジア～北アフリカ　多年草
使用する部位：花，葉，根茎
特徴：古くから民間療法で多用されてきた「森の母の草」．甘い芳香を放つ葉と花は，乾燥するほど強く香り，虫を遠ざけ気分を晴れやかにする．
成分：クマリン，タンニン，クエン酸
効能：鎮静作用，頭痛緩和作用，殺虫・虫除け効果，利尿・強壮作用，止血作用
調理：花はそのままサラダやトッピングに利用できる．葉や枝はアルコールなど飲み物の香り付けに使われる．

スダチ

別名：酢橘（すたちばな）
学名：*Citrus sudachi*
原産地：日本／徳島県　常緑樹
使用する部位：果汁，果皮
特徴：徳島県特産の香酸柑橘類．カボス（香母酢）より小ぶりで，未熟果の薄い果皮から爽快な香りを放つ．
成分：クエン酸，カルシウム，カロテン，ビタミンA，C，リモネン，スダチチン，デメトキシスダチチン，ネオエリオシトリン，エリオシトリン，ナリルチン
効能：カルシウムの吸収促進作用，利尿作用，疲労回復，リラックス効果，鎮静作用，血糖値改善効果
調理：果汁を焼き魚や刺身，そうめん，焼きシイタケ，豆腐にかけて薬味とする．果皮はすりおろし，または薄くスライスして料理に添える．

●ステビア

別名：アマハステビア，スイートリーフ，カーヘーエー

学名：*Stevia rebaudiana*

原産地：南アフリカ　多年草

使用する部位：葉，茎

特徴：天然の甘味成分（ステビオシド，レバウディオサイドA）などのテルペノイド配糖体を含み，抽出成分は砂糖代替品として利用されている．

成分：ビタミンA，C，ルチン，食物繊維，カルシウム，リン，ナトリウム，マグネシウム，亜鉛，ポリフェノール類

効能：血糖値調整作用，抗アレルギー作用，抗菌・抗炎症作用，殺菌作用，鎮咳作用など

調理：葉をハーブティーに利用することもあるが，多くは抽出した甘味成分を調理に使用する．

●スパイクナード

別名：ナルド，ナルデ，ムスクルート

学名：*Nardostachys jatamansi*

原産地：ネパール，インド，中国　多年草

使用する部位：根茎

特徴：古代ギリシャ医学やアーユルヴェーダにも取り入れられていたアロマティックハーブの一つ．

成分：酢酸ボルニル，吉草酸テルピネル，吉草酸イソボルニル，ボルネオール，パチュリアルコール，オイゲノール，ピネンなど．

効能：鎮痙作用，強壮作用，食化促進・利尿作用，駆風作用，去痰作用，粘膜保護作用

調理：香油としての利用が多く，料理にはごく少量を香り付けに使う．「イボクラス」や「スティンゴ」という飲み物の香り付けや醸造に使用される．

●スマック

別名：シチリアウルシ，エルム・リーブド・スマック，タナーズ・スマック

学名：*Rhus-coriaria*

原産地：中近東

使用する部位：果実，種子

特徴：まろやかな酸味で中東料理の味を引き立てるスパイス．

成分：ビタミンC，タンパク質，食物繊維，カリウム，カルシウム，マグネシウム，リン

効能：整腸作用，抗菌・抗酸化作用，利尿作用，抗炎症作用

調理：豆の煮込みや鶏肉料理の風味付けに乾燥した果実をホールまたは粉末状で加えて風味をつける．チーズやヨーグルト，サラダのドレッシングにも合う．

セ

●セロリ（シード）

別名：オランダミツバ，清正人参，セルリー，塘嵩

学名：*Apium graveolens*

原産地：ヨーロッパ，中近東

使用する部位：葉，茎，根，種子

特徴：食用とされる葉や茎と同様に，強い香りを持つ種子もまた疾患の予防や治療に用いられている．

成分：ビタミンK，葉酸，ビタミンC，カリウム，ルテオリン，クマリン

効能：鎮痛消炎作用，抗菌・抗リウマチ・殺菌作用，降圧作用，抗酸化作用，抗がん作用

調理：葉や茎は生食もできるが，匂いが苦手な人は炒め物やピクルスにすると食べやすくなる．セロリシードは肉や魚の下味として擦り込むと，ピリッとした辛味がプラスできる．

●セントジョーンズワート

別名：（セイヨウ）オトギリソウ

学名：*Hypericum perforatum*

原産地：ヨーロッパ　多年草

使用する部位：花，葉，茎

特徴：メディカルハーブとしての長い歴

史を持つ反面，毒草としてリストに記載する国も多い.

成分：フラボノイド類（ルチン，ヒペロシド，イソケルセチン，ケルシトリン，ケルセチンなど），フェノール類（クロロゲン酸など），ナフトジアントロン類（ヒペリシン，プソイドヒペリシンなど），フロログルシノール類（ヒペルホリンなど），セスキテルペン

効能：抗うつ作用，抗炎症・抗ウイルス作用，消化促進，止血作用

調理：満開時に採取した花・葉・茎を乾燥させ，ハーブティーにする．アルコールに葉と花部を3〜4週間漬けこんだオトギリソウチンキをそのまま，あるいは湯で薄めて飲用する.

ソ

●ソレル
別名：スイバ，ギシギシ，スカンポ，スカンボ
学名：*Rumex acetosa, R. scutatus*
原産地：ヨーロッパ　多年草
使用する部位：葉，茎
特徴：酸い葉（すいば）の名のとおり，茎と葉に独特の酸味がある.
成分：ビタミンA，C，葉酸，カリウム，マグネシウム，鉄，カルシウム，フラボノイド，アントシアニン，シュウ酸，ケルセチンガラクトシド，ルチン
効能：抗炎症作用
調理：新芽は春の山菜料理に使われる．葉野菜としてサラダにしたり，肉料理の付け合わせに用いる.

タ

●ダイコン
別名：スズシロ，ラディッシュ
学名：*Raphanus sativus* var. *longipinnatus*
原産地：地中海地方，中東　越年草
使用する部位：根，葉，種子
特徴：根は淡色野菜，葉は緑黄色野菜となり，世界各国で多くの品種が栽培されている.
成分：ビタミンC，鉄，リン，カルシウム，ジアスターゼ，アリルイソチオシアネート　葉部分／β-カロテン，ビタミンE，カリウム，カルシウム
効能：食化促進作用，抗菌作用，抗がん作用
調理：根はサラダや刺身のつま，すりおろして薬味として用いるほか，煮物や炒め物，天ぷらなどの加熱調理，あるいは漬物，乾物にして保存食とされる．葉は炒め物や炊き込みご飯に，種子を発芽させたカイワレ大根は生食または加熱して食用にする.

●タマリンド
別名：チョウセンモダマ
学名：*Tamarindus indica*
原産地：アフリカ熱帯地域　常緑高木
使用する部位：果実
特徴：葉は赤，黄色の染料に用いられ，木幹部は家具材に使用されるマメ科の大木．鞘の内側にあり種子を包む粘質の果肉はスパイスとして利用され，花の甘い香りは香水にも使われる.
成分：食物繊維，鉄，マグネシウム，カリウム，リン，酒石酸，クエン酸，ビタミンA，B$_1$，C
効能：整腸作用，疲労回復，緩下作用
調理：ペースト状にした果肉はチャツネ，酸辣湯，カレーなど幅広いエスニック料理やウスターソースの辛味付け，メキシコ料理やジャム，ジュースに使われる.

●タラノキ
別名：ウドモドキ，オニダラ，タロウウド，たらの芽，タランボ
学名：*Aralia elata*
原産地：日本〜朝鮮半島　落葉低木
使用する部位：新芽，樹皮，根皮

特徴：春の山菜と親しまれている「タラの芽」同様，樹皮にも特有の香気があり，樹皮・根皮は漢方の生薬としても利用される．

成分：サポニン，ポリフェノール，食物繊維

効能：健胃整腸作用，インスリン様作用，ムクミの予防，胃腸病や神経痛の改善効果

調理：タラの芽（新芽）は天ぷらや和え物，おひたし，炒め物などに用いられる．

●タンジー

別名：ビターボタン，マグワート，ヨモギギク，ゴールデンボタンズ

学名：*Tanacetum vulgare*

原産地：ヨーロッパ，多年草

使用する部位：茎，葉，花

特徴：古くからメディカルハーブとして利用されてきたが，人体に有毒なツジョンを含むことから，極微量の摂取および使用に注意する．

成分：タナセチン1，2，配糖体

効能：寄生虫駆除，健胃作用，殺菌防虫防腐作用

調理：花のエキスはアルコールの風味付けに使われる．花で作るハーブティーは，寄生虫の駆除や胃腸障害の緩和のために飲まれる．

●ダンディライオン

別名：セイヨウタンポポ，蒲公英，フヂナ，タナ，ツツミグサ

学名：*Taraxacum officinale*

原産地：ヨーロッパ　多年草

使用する部位：葉，根

特徴：鮮やかな黄色の花を咲かせる日本でもおなじみの植物．栄養豊富な葉は，ほのかな苦みを持つ食用ハーブでもある．

成分：ビタミンB群，カルシウム，カリウム，食物繊維，ビタミンA，精油（ツジョン70％以下），苦味配糖体，セスキテルペンラクトン，テルペノイド（ピレスリン），タンニン，樹脂，ビタミンC，クエン酸，シュウ酸

効能：肝機能強化，利尿作用，便秘解消，消化促進作用，抗菌・抗炎症作用，防虫効果

調理：葉はサラダ，根は炒ってコーヒーの代用品として飲用．花はワインの風味付けに利用される．

チ

●チャ

別名：チャノキ（茶樹），チャーイ

学名：*Camellia sinensis*

原産地：中国　常緑樹

使用する部位：葉

特徴：煎茶，紅茶，ウーロン茶などのさまざまな種類の茶の原料はこの樹の葉である．それぞれ不発酵から弱発酵，完全発酵まで，発酵のさせ方で味や香りが変化し，さらに花で香り付けした花茶と呼ばれるものもある．

成分：カフェイン，タンニン，ビタミンC，テアニン

効能：神経興奮作用，強心利尿作用，気管支拡張作用，抗菌・抗酸化作用，コレステロール抑制作用

調理：喫茶で飲用される以外にも，肉類のマリネやデザートの風味付け，そばやうどんに練り込むなど，さまざまな加工で食用される．

●チンピ

別名：

学名：*Citrus unshiu*

原産地：日本

使用する部位：

特徴：ウンシュウミカンまたはマンダリンオレンジの成熟した果皮．七味唐辛子の材料の一つ．

成分：ヘスペリジン，ルチン，リモネン，リナロール，テルピネオール

効能：血圧降下作用，健胃作用，鎮吐鎮

咳作用，疼痛緩和

調理：粉末をほかのスパイスと合わせて使う．七味唐辛子や五香粉など，日本や中国の代表的な混合香辛料に用いられる．

テ

●（クレタン）ディタニー

別名：ディタニー・オブ・クリート，ホップマジョラム，ハナハッカ，花オレガノ

学名：*Origanum dictamnus*

原産地：ギリシャ・クレタ島　多年草

使用する部位：花

特徴：日本ではハナハッカと呼ばれるように，初夏〜夏にハッカ香の花を咲かせる．

成分：チモール，カルバクロール，フェランドレン

効能：ストレス除去・リラックス効果，殺菌作用の他，筋肉痛，リウマチ，頭痛，月経痛，湿疹・にきびなど皮膚疾患を緩和

調理：薬品や化粧品，香水などの香料やアルコールの風味付けに用いられ，基本的には観賞用のハーブ．

●ディル（シード）

別名：イノンド，シュビット

学名：*Anethum graveolens*

原産地：インド〜アフリカ東北部　一年草

使用する部位：葉，種子

特徴：葉も種子（ディルシード）も，北欧〜ロシア・中央アジア料理でポピュラーに用いられるキッチンハーブ．

成分：ビタミン A, B_1, B_2, B_3, B_5, B_6, 葉酸，C, またカルシウム，鉄分，マグネシウム，マンガン，ポタシウム，リン，亜鉛，オイゲノール，ケルセチン．

効能：殺菌・抗炎症作用，免疫力改善，消化促進作用，食欲増進作用，高血圧

予防

調理：ボルシチやサーモンなどの魚料理の風味付けのほか，刻んでディップソースに加えたり，スープなどの仕上げに添える．

ト

●トウモロコシ

別名：南蛮毛，メイズ

学名：*Zea mays*

原産地：中南米　一年草

使用する部位：穎果（穂部分），雄蕊（ひげ部分）

特徴：穎果（えいか）は食用のほか，家畜の飼料としても大量に消費されている．デンプンはコーンスターチに加工され，また発酵により糖やエタノールへ転化して工業用原料に用いられる．

成分：ビタミン B 群，カリウム，食物繊維，アスパラギン酸，グルタミン酸，アラニン

効能：疲労回復・免疫機能向上作用，抗酸化作用，血圧上昇抑制作用

調理：穎果は加熱してそのまま，あるいは調理して利用する．爆裂種で作るポップコーンや，フリントコーン（硬粒種）を材料に作るトルティーヤなど，品種の特性を生かした調理法やメニューがある．ひげは乾燥させて煮出したものを「ひげ茶」として飲用する．

ナ

●ナスタチウム

別名：ノウゼンハレン，キンレンカ，オランダガラシ

学名：*Tropaeolum majus*

原産地：南米熱帯地域　一年草

使用する部位：花，若葉，種子

特徴：赤〜オレンジ色の鮮やかな花を咲かせ，多量に含まれるリン酸化合物の影響で，暑い夏の夜には雄しべと雌し

べから火花が見える現象も起きる.

成分：鉄，硫黄，ビタミンC，ベンジルイソチオシアネート，グルコトロペオリン

効能：利尿・消炎作用，食欲増進作用

調理：花蕾はケーキやサラダに加えて生食される．辛味のある若葉はクレソンの代用となり，種子はピクルスや香辛料に利用される.

●ナノハナ

別名：アブラナ，菜種，赤種

学名：*Brassica rapa*
　　　　　var. *nippooleifera*

原産地：西アジア～ヨーロッパ　二年草

使用する部位：花，葉，茎，種子

特徴：古事記に吉備の菘菜（あおな），万葉集では佐野の茎立（くくたち）として登場する.

成分：β-カロテン，ビタミンC，葉酸，ビオチン，カリウム，カルシウム，鉄分，食物繊維，アリルイソチオシアネート，グルコシノレート

効能：抗酸化作用，貧血予防改善，免疫機能向上，疲労回復，解毒作用，抗がん作用

調理：水溶性ビタミンの流失を防ぐため，さっと茹でるか電子レンジで加熱して調理するとよい．種子からは菜種油が取れる.

ネ

●ネギ

別名：ひともじぐさ，ウェルシュオニオン

学名：*Allium fistulosum*

原産地：中央アジア　多年草

使用する部位：葉，鱗茎，花

特徴：古くから民間療法や伝統医学で薬効のある植物と認識され用いられてきた.

成分：ビタミンC，β-カロテン，カル

シウム，アリシン，ネギオール，食物繊維

効能：免疫機能向上，抗酸化作用，疲労回復，抗菌・抗ウイルス作用，血栓予防，抗がん作用

調理：血流を改善し代謝を高めて脂肪燃焼を促す効果のある「フルタン」は，ネギを焼くことでアップし，ビタミンやアリシンの損失を防ぐには生のまま刻んで薬味にする．反対に大きく切ったネギにはうま味が残るので，鍋物には大きいまま使う.

●ネトル

別名：イラクサ，コモンネトル，スティンギングネトル

学名：*Urtica dioica*

原産地：ヨーロッパ　多年草

使用する部位：成熟した種子，葉

特徴：茎や葉の表面にある棘毛が皮膚に触れると，刺激性の化学物質が体内に注入され激しい痛みと痒みをもたらす.

成分：β-カロテン，ビタミンB，C，マグネシウム，カルシウム，カリウム，ケルセチン

効能：抗炎症作用，抗アレルギー作用，血行促進，収れん，利尿作用，便通改善

調理：温めたネトルスープがネパールやロシア，北欧地方ではよく食べられている．そのほか，煮込み，パスタ，卵料理にも使われる．ネトルのハーブティーは，デトックスや美容効果があるとして人気.

ハ

●ハーツイーズ

別名：ビオラ，三色スミレ，ワイルドパンジー，スイートバイオレット，ジョニー・ジャンプ・アップ

学名：*Viora tricolor*

原産地：ヨーロッパ，多年草

使用する部位：葉，花

特徴：すみれ色，白，黄色の2〜3色が組み合わされた可憐な花を咲かせ，古代ギリシャ時代から生活に取り入れられてきたメディカルハーブ．

成分：トリテルペン系サポニン，サリチル酸，タンニン，シクロチド

効能：利尿作用，抗菌・抗ウイルス作用，鎮咳作用，抗炎症作用，鎮痛作用，抗がん作用

調理：紫色の花びらを煮出し砂糖を加えたものは，デザートソースに用いられる．花は生食でき，サラダやデザートに彩りを添え香りの良いハーブティーとなる．

●バードック

別名：セイヨウゴボウ，パルダーヌ

学名：*Arctium lappa, A. minus,*
A. tomentosum

原産地：アメリカ・ヨーロッパ　二年草

使用する部位：根，葉，成熟した種子

特徴：体内から老廃物を排出させ，低下した臓器器官の働きを高めることから「トニックハーブ」とも呼ばれる．

成分：ビタミンA，B群，リン，カルシウム，マグネシウム，カリウム，イヌリン，フラボノイド，クロロゲン酸，アルカロイド，リグナン

効能：利尿作用，抗菌・抗炎症作用，鎮痛・解熱作用，免疫機能向上，抗がん作用

調理：根は加熱して煮物，炒め物，天ぷらなどにする．アメリカ先住民は，メイプルシロップで茹でキャンディとする．乾燥葉をゴボウ茶として飲用するほか，種子は漢方の生薬「牛蒡子（ゴボウシ）」として漢方薬に配合される．

●ハイビスカス

別名：ローゼル，ローゼリ草，レモネードブッシュ，ジャマイカソレル，マレイン，ビナグレイラ，カビトゥトゥ，ビニュエラ，ブッソウゲ

学名：*Hibiscus sabdariffa*

原産地：エジプト　一年生または多年生の亜灌木

使用する部位：花，萼，苞

特徴：世界各地で200種以上が自生・栽培されているが，食用とされるのはローゼル種．

成分：ビタミンB_1，C，鉄，クエン酸，リンゴ酸，カリウム

効能：緩下作用，疲労回復，利尿作用，消化促進作用，抗酸化作用

調理：花と萼（がく）から抽出したエキスを使い，シロップやソース，ジャム，ジュース，アルコール飲料などが各地域で楽しまれている．種子からは植物油が取れる．

●ハス

別名：ロータス，水芙蓉（すいふよう），不語仙（ふごせん），池見草（いけみぐさ），蓮葉（葉部），蓮子（種子部），蓮根（地下茎）

学名：*Nelumbo nucifera*

原産地：インド　多年生水生植物

使用する部位：地下茎，葉，種子，芽，花，茎

特徴：地下茎のレンコンは食卓にも並ぶ野菜としてなじみ深いが，実（種子）のほうが食用・薬用の歴史が長い．

成分：実（種子）／ビタミンB_1，カルシウム，カリウム，食物繊維，フラボノイド類

効能：疲労回復，利尿作用，高血圧・むくみの予防改善，緩下作用

調理：蓮の実は生食が可能．胚芽部分に苦みがあるので取り除いて用いる．甘納豆や汁粉に用いたり，乾燥した実を茹でて煮物や炊き込みご飯にする．胚芽や花は蓮茶や茶外茶で飲用する．

●パチュリ

別名：パチョリ，藿香（かっこう）

学名：*Pogostemon cablin*

原産地：インド，東南アジア　多年生低木

使用する部位：花，葉，茎

特徴：ミントや樹脂香のする複雑な香りはアロマテラピーや香水に幅広く用いられている．

成分：精油成分（パチュロール，ノルパチュレノール）

効能：抗菌作用，鎮静作用，利尿作用，抗炎症作用，免疫賦活・代謝促進作用，収れん作用

調理：強い香りと苦みが料理に不向きで，主には葉から抽出した精油が芳香療法に使われる．

●パッションフラワー

別名：トケイソウ，ワイルドアプリコット，メイポップ

学名：*Passiflora incarnata*

原産地：中央・南アメリカ，多年草

使用する部位：葉，蔓，花，果実（クダモノトケイソウの実）

特徴：アメリカ先住民族が天然の鎮静剤として用いてきたメディカルハーブ．食用目的で栽培される種（例えばクダモノトケイソウ）など500種以上が存在する．

成分：アルカロイド，フラボノイド，グルコシド，ステロールなど

効能：鎮静・鎮痛．鎮痙．催眠作用，

調理：乾燥させた花・葉・蔓部をハーブティーやチンキ剤に用いるほか，果肉はジャムやゼリー，ジュース，ソースの原料とされる．

●ハトムギ

別名：薏苡仁（ヨクイニン）

学名：*Coix lacryma-jobi* var. *ma-yuen*

原産地：中国南部～インドネシア　一年草

使用する部位：種皮を除いた種子

特徴：栄養豊富な穀物で，必須アミノ酸を含む総アミノ酸量は白米の2倍以上，葉酸は同1.4倍，食物繊維は同1.2倍となる．

成分：タンパク質，カルシウム，カリウム，鉄，ビタミンB_1，脂肪酸エステル（コイクセノライド）

効能：利尿作用，抗腫瘍作用，肌荒れ改善やイボ取り，解熱鎮痛消炎作用

調理：ハトムギ茶として煎じて飲用するほか，シリアル食品に加工され食用する．

●ハマボウフウ

別名：八百屋防風

学名：*Glehnia littoralis*

原産地：日本　多年草

使用する部位：根・根茎

特徴：浜辺の砂地に自生するセリ科植物．正月の屠蘇に用いられる生薬の一つ．

成分：クマリン配糖体，インペラトリン，ソラレン，ベルガプテン，オステノール

効能：発汗作用，解熱作用，去痰作用，鎮痛作用

調理：クセがなく生のままでも食べることができ，刺身のつまやサラダ，またはさっと茹でて酢の物や和え物，おひたしなどに用いられる．生の根茎は味噌漬けで食用される．

●バレリアン

別名：セイヨウカノコソウ，纈草（けっそう），吉草（きっそう）

学名：*Valeriana officinalis*

原産地：ヨーロッパ　多年草

使用する部位：根，根茎，茎，

特徴：甘い香りを漂わせる可憐な花とは対照的に，乾燥させた根や葉は悪臭ともいわれる強烈な匂いを放つ．

成分：吉草酸，ジアゼパム，トリアゾラム

効能：鎮静・催眠作用

調理：乾燥した根を細かく切りハーブティーとして飲用したり，ノンアルコール炭酸飲料のルートビア材料に用いる．

また，食品の風味付けにも用いられる．

ヒ

●ビーバーム
別名：ワイルドベルガモット，モナルダ，タイマツバナ，
学名：*Monarda didyma, M. fistulosa, M. citriodora*
原産地：北アメリカ　多年草木
使用する部位：葉，花
特徴：花と葉はベルガモットオレンジに似た香りがするため，別名を（レッド）ベルガモットという．青酸を含むので摂取量に注意が必要．
成分：精油成分（チモール，カルバクロール）
効能：殺菌作用，健胃，駆風作用
調理：葉はハーブティーとして飲用するほか，肉料理のスパイスとしても用いられる．

●ヒソップ
別名：ヤナギハッカ
学名：*Hyssopus officinalis*
原産地：ハンガリー　多年草
使用する部位：若葉，枝葉，花穂
特徴：柳に似た細長い葉と青紫色の花穂からさわやかなハッカ香を漂わせる．
成分：カンファー，ピネン，1,8-シネオール，グリコシド，タンニン
効能：鎮咳作用，抗菌・抗ウイルス作用，抗炎症作用，防虫作用，脱臭作用，強壮作用，収れん作用，発汗作用
調理：若葉はサラダやハーブティーに，乾燥した葉はスパイスとして利用される．甘い香りは香水，アルコール飲料の香味付けに用いられ，フランス産リキュールの「シャルトリューズ」の隠し味にも使われている．

フ

●フキ
別名：ばっけ，コロコニ
学名：*Petasites japonicus*
原産地：日本　多年草
使用する部位：葉，葉柄，花茎（ふきのとう）
特徴：食用にする長い部分は「葉柄（ようへい）」といい，地下茎は有毒のため誤食に注意する．肝毒性のフキノトキシンを含むので，必ず灰汁（あく）抜きをしてから用いる．
成分：β-カロテン，ビタミンB_2,ナイアシン，葉酸，カルシウム，リン，マグネシウム，カリウム，クロロゲン酸，フキノリド
効能：抗酸化作用，細胞修復作用，鎮咳作用，消化促進作用
調理：花茎のふきのとうは灰汁抜き後に天ぷらや煮物にする．葉柄は灰汁抜き後，または塩漬け・糠漬けで保存し塩抜き後に和え物や炒め物にする．

●フィーバーヒュー
別名：マトリカリア，ナツシロギク，ミッドサマーヒナギク，学生ボタン，クリサンテムム・バルセニウム，ピレスラム・パルセニウム
学名：*Tanacetum parthenium*
原産地：西アジア～バルカン半島　多年草
使用する部位：花，葉
特徴：古くから鎮痛解熱剤として使用され，近年は「18世紀のアスピリン」と呼ばれてその薬効が見直されている．
成分：パルテノリド，ゲルマクラノリド，ピレトリン，カンファー，タンニン，ボルネオール，チラミン
効能：鎮痛作用，解熱作用，駆風作用，鎮静作用，抗炎症作用，防虫作用
調理：生葉はサラダやサンドイッチの具にされることもあるが，皮膚炎や口内

炎の原因となることもあるので注意が必要. 乾燥した花と葉はお茶や料理の香り付けに用いるほか, スープの香辛料としても使われる.

へ

●ベニバナ

別名: 紅花, サフラワー, アメリカン・サフラン, バスタード・サフラン, 呉藍(くれのあい), 末摘花(すえつむはな)

学名: *Carthamus tinctorius*

原産地: エジプト 一年草・越年草

使用する部位: 花, 種子

特徴: 花と種子それぞれから食用油が採れ, 健康に有益な不飽和脂肪酸や多量のビタミンE, B群, ミネラル類を含む.

成分: リノール酸, オレイン酸, ビタミンE, 食物繊維, フラボン, カルコン

効能: 血圧降下作用, 血流改善作用, 抗炎症作用, 鎮痛作用, 抗腫瘍作用, 免疫賦活作用

調理: 乾燥した花弁は水に浸してティーとする. また, サフランの代用品として色・風味付けに利用される.

●ベルガモット

学名: *Citrus bergamia*

原産地: イタリア南部 常緑高木

使用する部位: 果皮, 枝葉

特徴: 果実は非常に苦みが強いため食用としては使われず, 主に果皮・葉から得られる精油抽出の目的で栽培される. アールグレイティーの香り付けに使われる甘い柑橘香が特徴.

成分: 果皮／酢酸リナリル, リモネン, リナロール, ベルガプテン, 果肉／ポンシリン, ネオヘスペリジン, ナリンジン

効能: 鎮静作用, 催眠作用, 血行促進作用, 抗菌作用, 健胃作用, 抗うつ作用, 駆風作用

調理: 食用には適さないため, ベルガモ

ットを用いた料理はない. 紅茶のアールグレイは, ベルガモットから抽出したオイルで着香している.

●ヘンルーダ

別名: ルー, コモンルー, ハーブオブグレイス, 芸香(うんこう)

学名: *Ruta graveolens*

原産地: 地中海沿岸 常緑小低木

使用する部位: 葉, 茎, 実

特徴: かつては「眼鏡のハーブ」と信じられ, ミケランジェロとレオナルド・ダ・ヴィンチは常食したといわれるが, 有害成分を含むため妊娠中の内服および過剰摂取は危険視される.

成分: 2-ウンデカノン, リモネン, ルチン, タンニン, シネオール, アルカロイド

効能: 鎮静作用, 催眠作用, 抗炎症作用, 抗ウイルス作用, 鎮痙作用, 駆虫作用

調理: 多量に使うと有毒だが, 北イタリアやクロアチアでは「グラッパ」や「ラキ」と呼ばれるリキュールの風味付けにヘンルーダが使われる.

ホ

●ホースラディッシュ

別名: マウンテンラディッシュ, グレートレフォール, レッドコール, 西洋ワサビ, わさびだいこん

学名: *Armoracia rusticana*

原産地: ヨーロッパ南東部 多年草

使用する部位: 葉, 根, 花

特徴: 辛み成分はカラシナと同じシニグリン. 粉ワサビやチューブ入りワサビの原料となっている.

成分: ビタミンC, 葉酸, ビタミンB2, B6, ナイアシン, 食物繊維, カリウム, マンガン, 鉄, マグネシウム, 鉄, 銅, 亜鉛, シニグリン, グルコシノレート

効能: 殺菌作用, 抗真菌作用

調理: 根をすりおろしたものをロースト

ビーフに添えるのが一般的．マスタードを加えたものは，「テュークスベリー・マスタード」と呼ばれ，イングランドで親しまれている．

●ホップ

別名：西洋唐花草（セイヨウカラハナソウ）

学名：*Humulus lupulus*

原産地：西アジア・カフカス付近　多年草

使用する部位：毬果

特徴：ビール原料の一つ．雌雄異株で雌株には松毬（まつかさ）様の「毬花（きゅうか）」が育ち，これがビールの苦みや香り，泡立ちのもととなる．

成分：ルプリン，キサントフモール，イソキサントフモール，8-プレニルナリンゲニン，ホップフラボノール，プレニルフラボノイド，ビタミンE，C，B_6

効能：健胃作用，鎮静作用，エストロゲン様作用，消化促進作用，安眠作用，抗酸化作用，抗菌作用

調理：乾燥させた雌穂をハーブティーにして飲用すると，薄いビールのような味わいが楽しめる．

●ボリジ

別名：ルリジサ，ルリヂシャ（瑠璃苣），ビーブレッド，マドンナ・ブルー

学名：*Borago officinalis*

原産地：地中海沿岸地方　一年草

使用する部位：花，葉，種子

特徴：古くから薬効が知られ，病気治療のほか食用や染料として用いられてきた．ピロリジンアルカロイドという肝毒性の成分が含まれるので，摂取量に注意する．

成分：カルシウム，カリウム，γ-リノレン酸，サポニン，タンニン，カルシウム

効能：解熱作用，抗炎症作用，発汗作用，鎮痛作用，湿疹改善作用，抗うつ作用

調理：芳香のある若葉はサラダなどで生食される．花の蜜の甘さと酸味はデザートに向き，花の砂糖漬けはケーキのトッピングにされる．また，葉を絞った汁にレモンと砂糖を加えたものは，爽やかな清涼飲料となる．

マ

●マグワート

別名：オウショウヨモギ

学名：*Artemisia vulgaris*

原産地：ネパール　多年草

使用する部位：葉，根，

特徴：薬草，あるいは魔除けのハーブとして用いられてきたが，有毒成分のツジョンを含むため，摂取には注意が必要．

成分：ビタミンA，B_1，B_2，C，D，1,8-シネオール，ツジョン，ボルネオール，カンファー，ピネン，アルテミシニン（セスキテルペンラクトン），リナロール，ネロール

効能：通経，駆虫，抗痙攣，健胃，抗喘息，神経鎮静，月経促進，子宮強壮，抗菌，血行促進

調理：ヨーロッパでは若い枝葉を肉・魚料理に苦みを加える香辛料として用いる．

●マジョラム

別名：茉天刺那（マヨラナ），ノッテッド・マジョラム

学名：*Origanum majorana*

原産地：地中海沿岸・アラビア　多年草

使用する部位：葉，花，茎

特徴：オレガノと同属で古くから香辛料やサラダに用いられてきた．催眠作用があり，運転前などの摂取には適さない．

成分：ビタミンA，C，K，カルシウム，カリウム，銅，亜鉛，マンガン，マグネシウム，鉄，ゼアキサンチン，テルピネオール，テルピネン，サビネン，

リナロール，カンフル，ボルネオール

効能：鎮静作用，血流促進作用，鎮痛作用，食欲増進作用，強壮作用，解毒作用

調理：肉料理と相性の良いハーブ．ソーセージやパテ，鶏や豚のロースト料理に使われ，肉の臭みを消して甘くスパイシーな風味を加える．

●マレイン

別名：セイヨウゴマノハグサ，バーバスカム，キャンドルウィック，ビロードモウズイカ

学名：*Verbascum thapsus*

原産地：ヨーロッパ，アジア，北アフリカ　2年草

使用する部位：地下茎，茎，葉，花

特徴：古代ローマ時代には長い穂に牛脂や樹脂をしみこませたものを松明（たいまつ）として利用したため，キャンドルウィック，魔女のろうそくとも呼ばれた．花の蒸留水はやけどの治療や湿疹の改善に使われる．

成分：サポニン，グリコシド，ビタミンB$_2$，B$_{12}$，パントテン酸，ビタミンD，ヘスペリジン，マグネシウム，硫黄，p-アミノ安息香酸，フラボノイド，サポニン

効能：鎮痛作用，去痰作用，抗鎮痙作用，抗炎症作用，抗菌作用，収れん作用，抗ウイルス作用，殺菌作用

調理：花のみ，または花と葉を乾燥させたものをティーとして飲用する．

ミ

●ミツバ

別名：ミツバゼリ

学名：*Cryptotaenia canadensis* subsp. *Japonica*

原産地：日本〜東アジア　多年草

使用する部位：葉茎，葉

特徴：セリ科の香味野菜．ほうれん草に匹敵するほどのビタミンAを含み，日本料理の彩りに欠かせない存在．

成分：鉄，カリウム，β-カロテン，カルシウム，ビタミンC，β-ミルセン，β-ピネン，クリプトテーネン，ミツバエン

効能：鎮静作用，食欲増進作用，抗ストレス作用，解毒作用，抗がん作用，抗酸化作用

調理：お吸い物や茶わん蒸し，サラダの彩りに．香りとシャキシャキの食感を残したおひたしや和え物も食欲をそそります．

●ミョウガ

別名：花みょうが，妹香（めのか），ジャパニーズ・ジンジャー

学名：*Zingiber mioga*

原産地：日本〜東アジア　多年草

使用する部位：花穂，若芽の茎

特徴：独特の香りと食感で好みが分かれる香味野菜．ショウガの近縁種．中国でも栽培されるが，生薬としての利用が主で食用にするのは日本のみ．

成分：カリウム，α-ピネン類，ミョウガジアール，カンフェン，アントシアニン，食物繊維

効能：鎮静作用，発汗作用，食欲増進作用，解毒作用，血流改善作用，抗菌作用，抗炎症作用

調理：麺類や豆腐，鍋料理の薬味として使うほか，天ぷらや甘酢漬けにするのが一般的．

●ミルクシスル

別名：マリアアザミ，オオアザミ，オオヒレアザミ

学名：*Silybum marianum*

原産地：地中海沿岸　一年草・二年草

使用する部位：新芽，茎，葉，根，種子

特徴：種子には，「シリマリン（シマリン）」と呼ばれるフラボノイド混合物が含まれ，この成分にタンパク質の合成を助けて肝細胞のダメージを修復し再生さ

せる作用があると研究されている.

成分：シリマリン，リノール酸，オレイン酸

効能：抗酸化作用，抗ウイルス作用，解毒作用，抗がん作用

調理：花や葉をサラダ，茎は茹でて料理に利用し，根は漬け物などにして食べられ，種はハーブティーとしても利用される.

ヤ

●ヤロウ

別名：セイヨウノコギリソウ，コモンヤロー，オールドマンズ・ペッパー，デビルズ・ネトル，ミルフォイル，ソルジャーズ・ウンドワート

学名：*Achillea millefolium*

原産地：ヨーロッパ　多年草

使用する部位：花，葉，茎

特徴：古代戦士は矢で負った傷の血止めにこの薬草を使っていたことから，ギリシャ神話の英雄アキレスに由来する学名がつく．スコットランドでは，伝統的な傷薬の軟膏が Yarrow（ヤロウ）から作られている

成分：各種揮発油(リナノール，カンファー，サビネン，カマズレン)，セスキテペン・ラクトン，フラボノイド，アルカロイド(アキレイン)，ポリアセチレン，トリテルペン，サリチル酸，クマリン，タンニン

効能：抗痙攣作用，収れん作用，苦味強壮作用，発汗作用，血圧降下作用，解熱作用，内出血の止血作用，月経促進作用，抗炎症作用

調理：若葉を絞ったジュースを，水やソーダ水で薄めて飲む方法は作用も強いが，反転効果が現れることもある．乾燥した全草を煮出したティーを飲用または温湿布にするのが一般的.

ユ

●ユーカリ

別名：桉樹

学名：*Eucalyptus globulus*

原産地：オーストラリア　常緑高木

使用する部位：葉

特徴：種が多く，一般的に薬用とされるのは「ユーカリプタス・グロブルス」．この木から抽出されたユーカリオイルはイギリスで医薬品として認証されている．ただし，精油での中毒死も発生しているため，医師や有資格者の指導の下で使用すべき.

成分：シネオール，ピネン，シトロネラール，フラボノイド，タンニン

効能：抗菌・抗ウイルス作用，抗炎症作用，去痰作用，殺菌作用，鎮痛作用

調理：飲用よりもティーでのうがいや蒸気吸入により，精油の有効成分と鎮静効果のある香りを取り入れる方法が一般的.

ラ

●ラッキョウ

別名：ナメミラ　オオニラ　サトニラ　カミラ

学名：*Alliun chinense*

原産地：中国　多年生植物

使用する部位：鱗茎

特徴：平安時代に中国から伝わり，主に薬用とされた．薤白(ガイハク)という生薬名を持つ.

成分：硫化アリル，フルクタン，サポニン，フラボノイド

効能：疲労回復，抗菌作用，解毒作用，血流改善作用，発汗作用，食欲増進作用,

調理：甘酢漬けや醤油漬け，はちみつ漬けなどにするのが一般的．生食もでき，刻んで炒め物にしたり，天ぷらにするなどアレンジもさまざま.

ニ

●ニガヨモギ

別名：苦蓬，艾葉，ワームウッド

学名：*Artemisia absinthium*

原産地：ヨーロッパ，北アメリカ，中央〜東アジア，北アフリカ　多年草

使用する部位：葉，枝，花穂

特徴：ヨモギの近縁種でよく似ているが，長い線毛で覆われた葉は灰緑色となり，強い苦み成分を含む．

成分：アブシンチン，アナブシンチン，シネオール，ツジョン，タンニン

効能：消化促進作用，解熱作用，駆虫作用，強壮作用，鎮静作用，催眠作用，殺菌・抗菌作用

調理：ニガヨモギの葉とそのほかの香料植物を抽出して作ったリキュール「アブサン」が有名．白ワインに葉を浸したベルモットやチンザノのほか，ごく少量をスープやソースに用いる．

ラ

●ラベージ

別名：ロベージ，ロベージルート

学名：*Lavisticum officinale*

原産地：ヨーロッパ　多年草

使用する部位：花，葉，茎，根，種

特徴：プランターでも簡単に栽培できる園芸植物で，葉はハーブとして用い，根は料理に，種子はホールあるいはすり潰してスパイスに使われる．

成分：ビタミンC，B群，ケルセチン

効能：鎮痛・鎮痙作用，抗菌・抗ウイルス作用，利尿作用，解熱作用，発汗作用

調理：ライムの香りがする葉は生あるいは乾燥してハーブティーにする．セロリに似た味わいの葉茎はサラダやスープ，シチューの具としたり，刻んでソースに加えられる．薄く切った根も野菜として調理される．

●ラベンダー

別名：ラベンダー，コモン・ラベンダー，イングリッシュ・ラベンダー

学名：*Lavandula angustifolia*

原産地：地中海沿岸，インド，カナリア諸島，北アフリカ，中東　多年生植物

使用する部位：花，葉

特徴：ラヴァンドラ属は古くから多くの病気に対する万能薬として利用されている．

成分：酢酸リナリル，リナロール，β-カリオフィレン，酢酸ラベンディル，テルピネン-4-オール

効能：抗炎症作用，抗菌作用，鎮痛作用，催眠作用，疲労回復作用

調理：花や葉は食欲増進のハーブとして料理の香り付けに使われたり，そのままサラダやデザートに用いられる．

●ランプス

別名：ワイルドリーク，スプリングオニオン，ラムソン，野ネギ

学名：*Allium tricoccum*

原産地：北アメリカ　多年生植物

使用する部位：葉，葉軸

特徴：野生のタマネギで，ガーリックとタマネギを併せたような風味を持つ．北アメリカでは人気の高い春野菜だが，近年の消費増を受けてカナダでは絶滅危急種として保護されている．

成分：ビタミンA，C，コリン，クロム，セレン

効能：鎮咳作用，強壮作用，抗菌・抗ウイルス作用，抗酸化作用，抗がん作用

調理：キッシュやピザ，卵料理，サラダ，ジャガイモ料理などの風味付けに用いられる．

レ

●レモンバーベナ

別名：香水木（コウスイボク），防臭木（ボウシュウボク）

学名：*Aloysia citrodora*

原産地：南米　落葉低木

使用する部位：葉

特徴：葉が放つレモンに似た清涼感ある香りは，乾燥しても失われにくく，ハーブティーは「ベルベーヌ」と呼ばれてフランスのカフェで定番となっている.

成分：シトラール，ゲラニオール，リモネン，ネロール

効能：鎮静作用，抗うつ作用，消化促進作用，食欲増進作用，殺菌作用，抗炎症作用，抗けいれん作用，抗酸化作用

調理：魚や肉料理，サラダ，野菜のソテーに刻んだ葉を入れ，レモンの風味を加える.冷水を入れたデカンタに一枝さして香り付けをする.

●レモンバーム

別名：メリッサ，コウスイハッカ，セイヨウヤマハッカ

学名：*Melissa officinalis*

原産地：南ヨーロッパ　多年草

使用する部位：葉

特徴：アロマテラピーでは「メリッサ」と呼ばれ，頭をすっきりさせて記憶力をアップさせる「学者のハーブ」としても活用される.

成分：シトロネラール，シトラール，ゲラニアール，タンニン，フェノール酸，ロスマリン酸

効能：鎮静作用，消化促進作用，鎮痙作用，解熱作用，抗菌・抗ウイルス作用，発汗作用

調理：生でもドライでも使用でき，ハーブティーで飲用したり料理やケーキに風味を添える香味料とされる.

□

●ローズマリー

別名：マンネンロウ，シーデュー，メイテツコウ

学名：*Rosmarinus officinalis*

原産地：地中海沿岸　多年生常緑低木

使用する部位：葉，茎

特徴：海岸に近いところに育つことから海のしずくを意味する名前が付けられた.若返りのハーブとしても知られる.

成分：シネオール，カルノシン酸，テルペノイド，フラボノイド，カフェタンニン類

効能：抗酸化作用，血行促進作用，駆風作用，消化促進作用，鎮痛作用，収れん作用，抗菌作用

調理：子羊のローストには欠かせないハーブ.そのほか肉・魚・野菜料理とも相性が良く，生葉・乾燥葉ともに便利に使えて素材の味を引き立てる万能さが魅力.

掲載生薬一覧

索引

索
引

謝　辞

　刊行に際し、以下の方々に感謝を申し上げます。

　本書の執筆には、都築学園グループの日本薬科大学教授陣をはじめとする漢方薬学研究者におおいにご協力いただきました。また、すばらしい編集をしていただいた斉藤弓子氏、刀根由香氏、出版にご尽力いただいた水野昌彦氏に感謝を申し上げます。そして最後に、本書を彩るすばらしい写真を提供くださいましたハウス食品グループ本社株式会社および同社の田口利久氏、吉原純氏に特段の感謝を申し上げます。

丁　宗鐵

編著者略歴

丁 宗鐵（てい むねてつ）

昭和22年11月6日 東京生まれ.
横浜市立大学医学部大学院修了 医学博士.
米国スローン・ケタリング癌研究所に客員研究員として留
学. 北里研究所東洋医学総合研究所研究部門長, 東京大学大
学院生体防御機能学講座客員助教授, 東京女子医科大学特任
教授を歴任. 現在, 日本薬科大学学長.

スパイス百科 ―起源から効能、利用法まで―

平成 30 年 1 月 30 日　発　行

編著者　丁　　宗　鐵

発行者　池　田　和　博

発行所　**丸善出版株式会社**

〒101-0051 東京都千代田区神田神保町二丁目17番
編集：電話 (03) 3512-3261／FAX (03) 3512-3272
営業：電話 (03) 3512-3256／FAX (03) 3512-3270
http://pub.maruzen.co.jp/

© Munetetsu Tei, 2018

企画・編集・組版・株式会社 果林社
印刷・シナノ印刷株式会社／製本・株式会社 星共社

ISBN 978-4-621-30269-9　C0577　　　　Printed in Japan